JN013367

カーボンニュートラルへの化学工学

CO_2分離回収，資源化から
エネルギーシステム構築まで

化学工学会 編

丸善出版

カバー掲載写真について

表紙：

INPEX 提供．同社新潟県長岡鉱場に設置されたメタネーション試験設備（プラント設計・施工は日立造船）．新エネルギー・産業技術総合開発機構（NEDO）の委託事業（次世代火力発電等技術開発/次世代火力発電基盤技術開発/CO_2 有効利用技術開発）のもと建設された．全体像は図 4.23 を参照．

裏表紙：

JFE スチール提供．同社西日本製鉄所福山地区に設置された高炉ガスを用いた物理吸着 CO_2 分離実証ベンチプラント．NEDO の委託事業（環境調和型プロセス技術の開発/水素還元等プロセス技術の開発（フェーズⅡ-STEP 1））のもと建設された．全体像は図 2.22 を参照．

袖：

名古屋大学提供．名古屋大学，東邦ガス，東京理科大学，東京大学，中京大学，日揮が開発する冷熱を利用した大気中 CO_2 直接回収技術「Cryo-DAC」．NEDO の委託事業（ムーンショット型研究開発事業）の中で開発を進めている．

序　文

地球温暖化に対する危機意識は，日に日に高まっている．しかし，近代社会における生活の質を維持しつつ，カーボンニュートラルを実現する確固たる解はなく，我々はエネルギー供給と利用における最も合理的な選択肢を模索する真っ只中にいる．これを打破する最右翼が技術イノベーションであり，主要各国の政策面での後押しを背景に研究開発が急加速している．

本書は，そのようなカーボンニュートラル技術開発の最前線にいる大学や企業の研究者達によって執筆された書籍である．二酸化炭素の回収，再生可能エネルギー（太陽光，風力），炭素フリー燃料（水素，アンモニア），カーボンリサイクル（メタネーション），エネルギー戦略や各技術の社会的位置づけを，専門的な観点から解説している．本書を読めば，カーボンニュートラル実現に必要な技術や政策に関する情報が得られるであろう．また各章末に掲載した実践的な演習問題は，内容の深い理解に役立つだろう．

本書のタイトルに含まれる「化学工学」は，原料から価値ある製品を製造する工程の設計や大量生産システムを構築するための技術やノウハウを体系化した学問だ．化学工学は，化学産業の様々な課題，たとえば，コスト削減や省エネ化の解決法を提示してきた．カーボンニュートラルに向けて取り組むべき課題は，①再生可能エネルギーの拡大，②省エネの徹底，③二酸化炭素の回収・貯留・利用（カーボンリサイクル）に集約できるが，これらはまさに化学工学の課題でもあり，その貢献が期待される．

なお，カーボンニュートラルに貢献し得る個別技術は多岐にわたるため，いくつかの重要な技術，たとえば原子力，蓄電，バイオマス，地熱などは本書に含められなかった．これらの詳細については他書籍を参照されたい．

カーボンニュートラル目標達成の2050年まであと30年弱．その時，本書の内容が検証されることになる．本書で語られる技術が結実するかもしれない．そこでは，太陽電池，風車，大容量蓄電池，二酸化炭素回収・貯留・利用，水素，アンモニア，カーボンニュートラル燃料が，もっと身近に感じられる世界に様変わりしているだろう．現状では予想し得ない革新的エネルギーシステムも，出現するかもしれない．本書がそのような未来を創る一助となれば，編者としては望外の喜びである．

2022 年 10 月

名古屋大学
則 永 行 庸

執筆者一覧

(故)秋　山　友　宏	北海道大学大学院工学研究院
泉　屋　宏　一	日立造船株式会社 脱炭素化事業本部
宇佐美　徳　隆	名古屋大学大学院工学研究科
苔　蔗　寂　樹	東京大学大学院総合文化研究科
佐　藤　勝　俊	名古屋大学大学院工学研究科
紫　垣　伸　行	JFE スチール株式会社 スチール研究所
田　中　浩　之	株式会社 INPEX 再生可能エネルギー・新分野事業本部
永　岡　勝　俊	名古屋大学大学院工学研究科
名久井　恒　司	東京理科大学産学連携機構
能　村　貴　宏	北海道大学大学院工学研究院
＊則　永　行　庸	名古屋大学未来社会創造機構
橋　﨑　克　維	一般財団法人エネルギー総合工学研究所 炭素循環エネルギーグループ
橋　本　　　望	北海道大学大学院工学研究院
林　　　潤一郎	九州大学先導物質化学研究所
平　山　幹　朗	名古屋大学大学院工学研究科
福　本　一　生	名古屋大学未来社会創造機構

藤木淳平	名古屋大学未来社会創造機構
町田　洋	名古屋大学未来社会創造機構
丸田　妙	株式会社 INPEX 再生可能エネルギー・新分野事業本部
溝口莉彩	元 名古屋大学大学院工学研究科 博士前期課程
宮本広樹	株式会社 INPEX 再生可能エネルギー・新分野事業本部
本巣芽美	名古屋大学大学院環境学研究科
安田　陽	京都大学大学院経済学研究科
吉原　弘	株式会社 INPEX 再生可能エネルギー・新分野事業本部
若山　樹	株式会社 INPEX 再生可能エネルギー・新分野事業本部
Cheolyong Choi	三菱瓦斯化学株式会社 新潟工場研究技術部
Wei Zhang	中国石油大学

［五十音順・所属は 2022 年 12 月現在，＊は編集委員長］

目　　次

3　再生可能エネルギーとカーボンフリー燃料　*73*

6 総　論 ［林 潤一郎］ *221*

本書は，化学工学会監修，化学工学の進歩 55 最新 脱炭素への工学，三恵社（2021）の内容を加筆修正のうえ出版したものです．

1

カーボンニュートラル実現に向けた技術展開と課題

1.1 はじめに

2021 年 8 月初旬に国連[1)]の気候変動に関する政府間パネル（IPCC）が第 6 次評価報告書に，次のようなショッキングな記載を行った[2)]．その内容をまとめると，「人類の活動により排出された温室効果ガス（GHG）が地球の温暖化を引き起こしていることは疑う余地がなく，今後，GHG の排出量を低く抑えたとしても，20 年以内に産業革命前の気温から 1.5 ℃上昇すると予想される」というものである．この 1.5 ℃の気温の上昇というのは温暖化の影響が人類に深刻な影響を与える境界と考えられており，2040 年頃より豪雨や熱波といった異常気象がさらに頻発すると予想されている．

GHG として一番に思い浮かべるのは，二酸化炭素（CO_2）であるが，水蒸気やメタン，亜酸化窒素（一酸化二窒素，N_2O），フロンなども温暖化の促進に大きく寄与している気体である．実際，地球温暖化係数をみると，水蒸気を除くこれらの物質は軒並み大きな値となっている（水蒸気には地球温暖化係数が設定されていない）．それでも，これまでの人類の経済活動により排出した量および大気中の濃度上昇を考えると，現在の地球温暖化の引き金となっている物質は CO_2 と考えるのが自然な流れといえる．もちろん，気温の上昇に伴い大気中の水蒸気やメタンの濃度も上昇しており，温暖化およびそれに伴う気候変動が加速していることは想像に難くない．

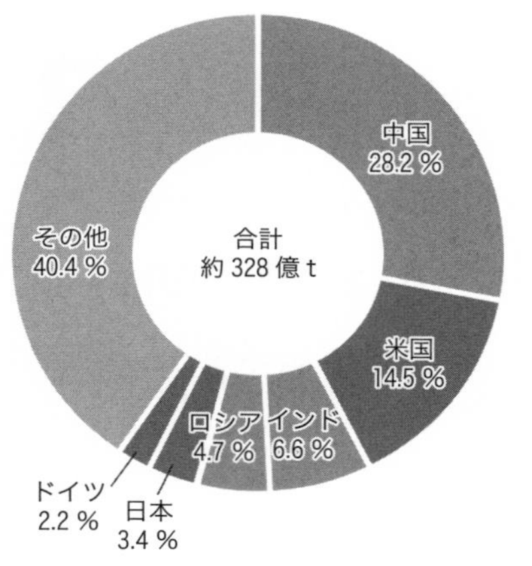

図 1.1　世界の CO_2 排出量（2017 年）
最新のデータは IEA の Web サイト（https://www.iea.org/data-and-statistics/data-tools/greenhouse-gas-emissions-from-energy-data-explorer）から閲覧できる．
［EDMC エネルギー・経済統計要覧 2020 年版］

世界の CO_2 排出量は約 33 Gt/year（2017 年）であり（**図 1.1**），我が国は，中国，米国，インド，ロシアに続いて世界で 5 番目に CO_2 を排出している[3)]．これらの CO_2 排出量の多くはエネルギー起源である．人類は産業革命以降，石炭，石油，天然ガスといった化石燃料からエネルギーを取り出し利用してきた．このエネルギーを取り出す方法として，化石燃料を燃焼する方法がこれまで用いられてきた．化石燃料は基本的に有機物であることから，有機物中の炭素原子（C）と水素原子（H）が空気中の酸素と結びつき CO_2 と水（水蒸気）が生成する．人類は，この過程で生成する反応熱をエネルギーとして利用してきたが，生成物質である CO_2 と水蒸気はそのまま大気に放散させてきた．結果的に，これまで化石燃料として地下に閉じ込められていた C を人類が CO_2 の形に変換して大気中に放出し，地球規模の温暖化が起こっているわけである．もちろん，自然界には植物のように CO_2 を必要とするものも存在するが，それらが必要とする以上の速度で人類が CO_2 を排出してきたことに温暖化の端を発している．

本章では，この温暖化抑制を目的としたカーボンニュートラルと脱炭素社会実現に向けた取り組みと，その実現に向けた課題を紹介し解説する．

1.2　カーボンニュートラル

IPCC の報告書[2)]にもあるように，今後，人類の活動により排出される GHG の量を低減したからといって，温暖化の流れは止まらない．その理由として，これまでの温暖化により地球上の水分が蒸発し，GHG である水蒸気の量が増加していること，氷河などに覆われていた地表面近くの天然ガスも気温の上昇により大気に徐々に放出されていることなどにより，温暖化を促進しているからである．しかしながら，先に述べたように，現在の温暖化が人類の活動により排出された GHG，とくに CO_2 に起因していることは疑いようのない事実であり，この GHG の大気への排出を低減させ，将来的には排出量をゼロに，さらには人類がこれまで大気に排出してきた分をも回収するネガティブエミッションの技術が必要不可欠である．

実際，我が国でも 2020 年 10 月に菅義偉内閣総理大臣が「2050 年までに，GHG の排出を全体としてゼロにする，すなわち 2050 年カーボンニュートラル，脱炭素社会の実現を目指す」と宣言している[4]．

GHG の排出量を低減するには，量の観点から化石燃料をエネルギー源として今後用いない，もしくはエネルギーを取り出した際に発生する CO_2 を分離回収するというのが最も即効性のある方法である．人類の経済活動および発展を止めるというのは現実的ではないことから，その意味でも，できるだけ省エネルギー化を行いつつ，化石燃料代替のエネルギーの導入を促進していくことが最も有効な方法といえる．次に，これまで大気中に排出してきた/現在も排出している GHG，その中でも CO_2 を分離回収し，その CO_2 をどのようにするのかがカーボンニュートラルと脱炭素社会実現の鍵になる．

1.3　代替エネルギーの導入

国連の統計によると 2022 年の世界人口は約 80 億人となっている[5]．また，同時に経済成長が進んだことから，世界の一次エネルギー消費量は 2019 年には石油換算で 139 億 t に達している．このうち約 85 % が天然ガス，石油，石炭由来である（図 **1.2**）．人類の経済活動を止めることなくカーボンニュートラルを目指すには，この CO_2 排出源となっている化石燃料を代替するエネルギーの導入・普及が必要である．

近年，風力や太陽光といった再生可能エネルギーの導入が進んだといっても，現状は 4 % 程度である[6]．再生可能エネルギーの導入・普及の妨げとなっているのがコストであることは，容易に想像がつく．国際エネルギー機関（IEA）が 2040 年の世界のエネルギー需要の展望を複数のシナリオを想定して算出しているが，2015

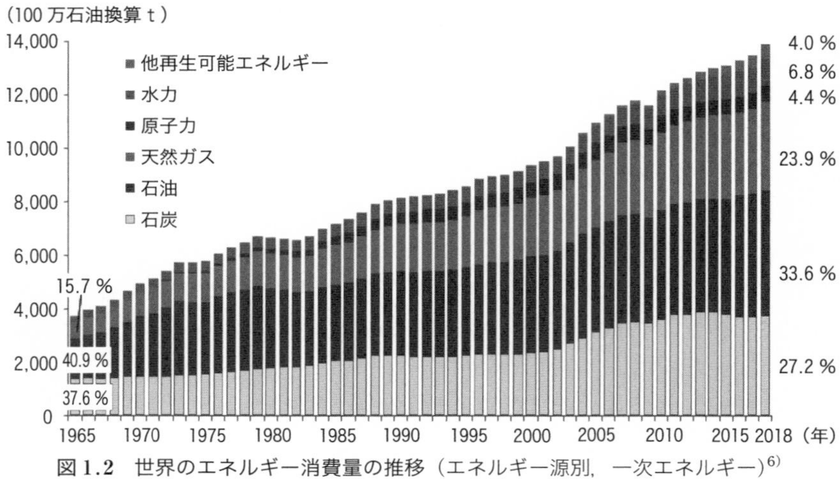

図 1.2　世界のエネルギー消費量の推移（エネルギー源別，一次エネルギー）[6)]

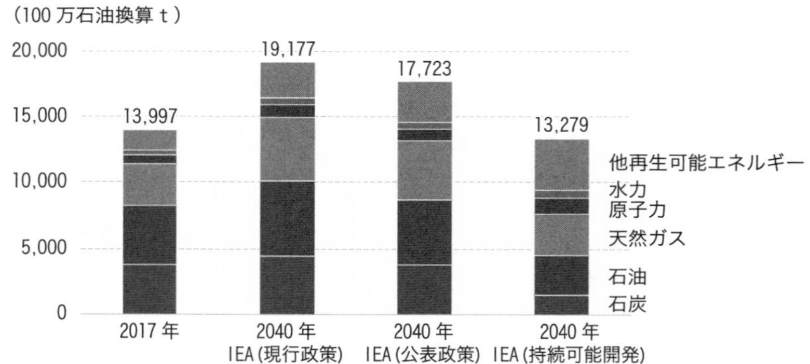

図 1.3　世界のエネルギー需要展望（エネルギー源別，一次エネルギー）[6)]

年開催の COP21（気候変動枠組条約第 21 回締約国会議）で採択されたパリ協定の目標を遵守する産業革命前と比べた気温上昇を 2℃より下方に抑えることから逆算した場合の再生可能エネルギー導入量でさえも，化石燃料の半分程度である（図 1.3）．加えてここでは，再生可能エネルギーとしては，風力，太陽光，地熱のほかにバイオマスなども含まれている．バイオマスの燃料利用はカーボンニュートラルの観点からは決して間違っているとはいえないが，ゼロまたはネガティブエミッションの実現は難しい．いずれにせよ，これらのデータを見ても，すべてのエネルギーを非化石燃料で賄うというのは当面は現実的とはいえない．

識者に問う

Q　IPCC 事務局により CO_2 排出量の増加予測がなされています．2030 年時点で，2010 年に比べて，現状の各国目標を達成しても 13.7％ 増えるという予測を踏まえ，グローバルな視点で，我が国がカーボンニュートラルの推進に貢献していくためにはどうすればよいでしょうか？

A　発展途上国の経済発展の観点から，当面は，最新鋭の天然ガス火力技術など（含む，CCUS（carbon dioxide capture, utilization and storage）技術）の技術移転での支援が必要です．世界の現状の古い低発電効率石炭火力の 5％ を止めるだけでエネルギー転換部門の（CO_2 排出を）73％ を低減できるという論文も出ています．

併せて，財政支援も行うことが重要です．経済発展後に，自らカーボンニュートラルを実現できるように今の先進国が支えることが大切であり，決して，再生可能エネルギーの奪取や再生可能エネルギー技術だけを押し売りするようなことがあってはなりません．

［回答者：一般財団法人エネルギー総合工学研究所　部長　橋﨑克維］

しかしながら，カーボンニュートラルと脱炭素社会の実現には省エネルギー化の取り組みと合わせて，最大限の再生可能エネルギーの導入が必要不可欠であり，政策面や経済面の整備が急務となる．同時に，再生可能エネルギーの供給先と需要先をつなぐ技術の開発や政策を提案することが急務といえる．

1.4　CO_2 の分離回収

これまで述べてきたとおり，再生可能エネルギーなどの化石燃料代替のエネルギーのみでエネルギー需要をすべて賄うことは現実的ではない．そこで重要な技術となるのが，排出される GHG を分離回収する技術である．GHG，とくに CO_2 の分離回収における最大の論点は分離時に消費するエネルギー量である．二酸化炭素分離回収・貯留（CCS：carbon dioxide capture and storage）を敷設した火力発電所は，CCS の導入により発電効率が大幅に低下するといわれている．また，CO_2 の分離回収プロセスが CCS 全体の 75％ のエネルギーを占めているともいわれている[7]．このように分離回収のエネルギーはコストとして各産業に直接影響を与える．

ギブズの自由エネルギーおよびエクセルギーの観点から議論すると，分離にはエネルギーを要する．その値は，混合によるギブズの自由エネルギー変化（$|\Delta G_{\mathrm{mix},T_0}|$）に相当するもので，理想気体よりなる混合物 n モル（モル分率 x_i）を標準温度 T_0 で純物質に分離するときの理論最小仕事 W_{sep} は，次の式で表すことができる[8]．

$$W_{\mathrm{sep}} = -\Delta G_{\mathrm{mix},T_0} = -nRT_0 \sum_i x_i \ln x_i \qquad (1.1)$$

ここで，R は気体定数である．

なお，分離プロセスが実際に消費するエネルギー量はこの W_{sep} に比べ非常に大きい．この値は標準温度における平衡の値であることから，分離が起こる状態まで物質を変化させるのに要するエネルギーや，分離のために要する時間（分離速度）について考慮していないためで，この式をそのまま実プロセスの評価に用いるのは適切ではない．

産業部門における CO_2 の分離回収で最も多く用いられている方法は，アミン水溶液を用いて CO_2 を化学的に吸収する方法である．この方法ではアミンと CO_2 が化学的に結合するために，CO_2 を取り出すには逆反応を進める必要がある．アミンと CO_2 の反応の例は次のように表される[9]．

$$\begin{aligned} &\mathrm{CO_2} + 2\,\mathrm{Amine} \rightleftharpoons \mathrm{AmineH^+} + \mathrm{AmineCOO^-} \\ &\mathrm{CO_2} + \mathrm{H_2O} + \mathrm{Amine} \rightleftharpoons \mathrm{AmineH^+} + \mathrm{HCO_3^-} \end{aligned} \qquad (1.2)$$

これらの正・逆の反応に伴う反応熱が必要となる．また，水溶液を用いる場合は CO_2 が水に溶け込むことからその分離にもエネルギーが必要となる．このアミン水溶液を用いた化学吸収法での CO_2 の分離回収のエネルギー消費量が大きいということで，昨今の研究開発の流れとして，新規のアミンを提案し，上記の化学反応に伴う反応熱を小さくすることや，アミン水溶液ではなく別の溶剤を用いること[10]，ほかの物質を導入することで反応熱の低減を図ることが提案されている[11]．また，アミン以外の物質を吸収材として用いる方法などの提案や，ヒートポンプを使い反応熱を循環再利用するプロセス開発がなされている[12]．筆者の研究室においても，アミン水溶液を用いるのではなく，金属酸化物を吸収材として用い CO_2 吸収時に生じる熱をヒートポンプにて吸収材の再生時に供給するプロセスを提案している．このプロセスでは，**図 1.4** に示すように，固体の金属酸化物と CO_2 の接触を促進するために流動層を用いている．この方法を用いることで，燃焼排ガスをイメージした CO_2 濃度 20〜30 % からの CO_2 分離回収において，シミュレーショ

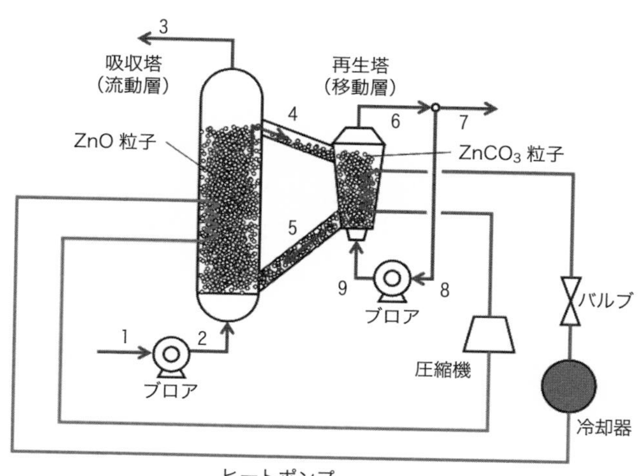

図 1.4 循環流動層を用いた二酸化炭素分離プロセスイメージ[13)]

ン上は必要なエネルギー量が 1 GJ/t-CO_2 以下になることを報告している[13)].

化学吸収法以外にも，吸着分離法や膜分離法，深冷分離法などが提案されているが，多くの装置で吸収分離法と同じくエネルギー消費量の低減が重要な課題となっている．また，CO_2 を含む気体に含有される物質によって適した分離法を決める必要性も出てくる．たとえば，CO_2 透過膜材料として有機膜と無機膜，とくにゼオライト膜が提案されているが，水分を多く含む気体の場合，ゼオライトが劣化することから，ゼオライト膜を用いることはできない．このように，エネルギーのみならず，対象とする混合気体に適した分離プロセスの設計が必要不可欠となる．

このほかにも燃焼時に発生する CO_2 をより効率よく取り出す方法としてケミカルルーピングを用いる方法や，空気から酸素を取り出し，その酸素の中で燃焼することで燃焼排ガス中に窒素を含まない酸素燃焼法なども提案されているが，空気から酸素を分離する際のエネルギー消費量も大きい．

温暖化を抑制するという観点から考えると高濃度の CO_2 源のみならず，低濃度の CO_2 源，さらには，大気からの CO_2 の分離回収も視野に入れる必要があり，よりエネルギー的に効率的かつ各 CO_2 源に適した CO_2 分離回収技術の開発が望まれる．

1.5　CO_2 の貯留・利用

1.4 節で述べたとおり，CO_2 の分離回収に必要なエネルギーはコストとして産業に大きく影響を与える．分離回収後の CO_2 が製品として価値が大きいのであれば問題ないが，CO_2 は非常に安定な物質で利用先が限られているのが現状である．主な用途として，工業用もしくは医療用の炭酸ガスレーザーや溶接，フロン代替の冷媒や冷却用のドライアイスなどがある．ほかにも植物の成長促進や農作物の貯蔵，炭酸飲料や消火剤といった用途がある．これらの用途を見てわかる通り，CO_2 そのものを他の物質の原料として使うことはあまりない．

温暖化抑制を目的として，比較的高濃度の CO_2 排出源から低コストで CO_2 を分離回収し，地中などに貯留する CCS が提案され，我が国でも，北海道の苫小牧において実証プロジェクトが実施されている．この実証プロジェクトでは，安定的に CO_2 の貯留が進んでいることが報告されている[14]．しかしながら，我が国においては適切な貯留場所が限られていること，また CO_2 を貯留する CCS は貯留量の限界があること，貯留している CO_2 が漏出する危険もあり，恒久的な解決策とはなり得ないことを忘れてはならない．なお，世界的に見た場合には，回収した CO_2 を油田に供給することで，原油をより多く取り出す原油増進回収（EOR：enhanced oil recovery）が見込め，単純な CCS ではなく，CO_2 の有効利用にもつながっているのも事実である．**図 1.5** は産業（発電所や工場など）に CCS 施設を導入した場合のイメージを表している．化石燃料やバイオマスからエネルギーおよび原料を産業に供給し，そこから排出される排ガス中に含まれる CO_2 を分離回収して，地中や海底に貯留している．

そこで重要となるのが，分離回収した CO_2 を原料として燃料や化学製品などの有価物へと転換する二酸化炭素分離回収・利用（CCU：carbon dioxide capture and utilization）である．この CCU を用いることで，炭素を循環するカーボンニュートラルな社会構築につながる．

厳密には CCU とはいえないが，前述の冷却用ドライアイスや冷媒，炭酸飲料や植物の成長促進などに用いるのも重要な CO_2 の有効利用方法である．この中でも，農業と連携して，トマトやイチゴといった植物の成長を促進することは供給する CO_2 が植物に取り込まれている点，さらには食物生産につながるという意味でも

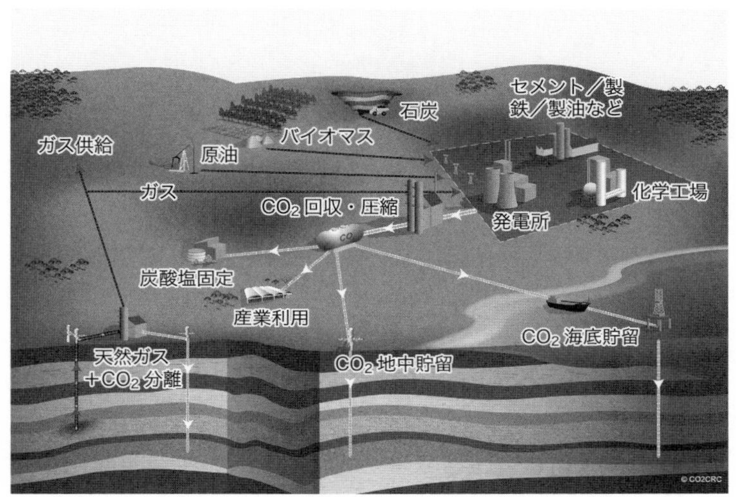

図 1.5　CCS 施設イメージ[15)]

非常に有用な方法であるといえる．CO_2により成長促進し食物をつくる農業法はほかの用途と比較して，潜在的なCO_2の利用量は多い．一方で，必要なCO_2の濃度はそれほど高くなく大規模に処理することができないという課題がある．

これらに対し，CO_2を化学品や燃料の原料に転換する，いわゆる CCU 導入の動きが活発化している．実際，CO_2を有価物に転換できれば前述の炭素循環を促進することができる．この CCU の一つとして注目されている技術がメタン化（メタネーション）である．そのほかにも，CO_2からメタノールを合成し，そのメタノールからグリーンエネルギーといわれるジメチルエーテル（DME）や化学品原料となるオレフィンを製造することが提案されており，実用化した例も報告されている[16)]．ただし，メタンやメタノール，DME といった有価物を燃料として利用することは，再度CO_2を排出することを意味する．また，エネルギー/エクセルギーの観点からも，決して有効な利用方法とはいえない．そのため，今後はできるだけ燃料から原料へという道筋をつくることが望まれる．

また，これらの有価物への化学的な転換においてもう一つ重要な課題がある．それは，CO_2とともに原料となる水素をどのように供給するかである．水素は宇宙に最も多く存在する元素ではあるが，地球上ではその多くが水や炭化水素といった化合物として存在しており，水素ガス（H_2）が豊富に存在するわけではない．そ

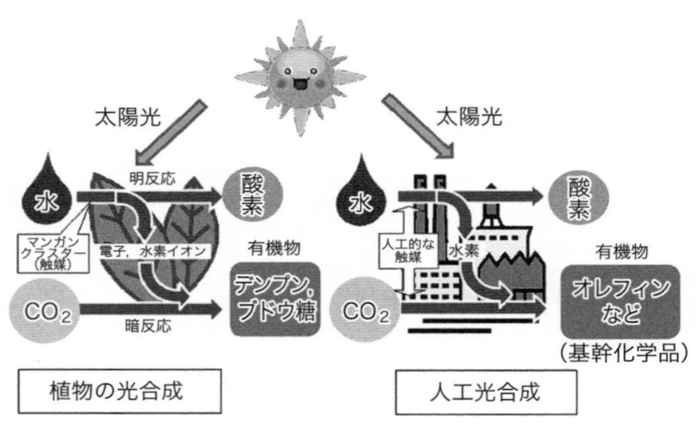

図 1.6　人工光合成の概念[17)]

のため，CO_2 を有価物に転換するには，これらの化合物から効率的に水素を製造するプロセスが必要不可欠となる．近年は，カーボンニュートラルの観点からも再生可能エネルギーを使って水を電気分解するグリーン水素の利用が提案されているが，コストも含めた課題も多く存在する．実際，地球上に存在する水の多くは海水であり，その中に多数存在する物質の影響により，海水を電気分解することは決して容易ではない．そのため，地球上に多く存在する海水を分解して水素を製造する技術の研究開発が必要である．

電気分解以外の方法として，経済産業省では，人工光合成つまり光触媒を使って水を分解するとともに CO_2 をオレフィンなどの有価物に転換する技術を支援し，実用化に向けた研究開発を行っている（図 1.6）[17)]．

このほか，CO_2 を藻類などに吸収させ，燃料や有価物に転換する技術の検討も進んでいる．重要な鍵となるのが，藻類の生育環境である．たとえば，供給する CO_2 の濃度は数％程度が適していると報告されている．また，pH としては 6〜8 程度の中性が適しており，pH が小さく酸性が強くなると藻類が死滅することが報告されている[18)]．そのため，火力発電所やごみ処理場といった CO_2 源からの CO_2 回収には，酸性ガスである SO_x や H_2S などの除去を行い，適切な pH とすることが必要不可欠である．適切な酸性ガスの処理方法の開発が望まれる．

また，藻類を用いて燃料を作る検討がこれまで多くなされてきたが，生成した油分を藻類から取り出すことが難しいという指摘がなされている．また同時に，エネルギーや環境の観点からも効率的な水分の除去や藻類生育後の水処理方法の提案が必要となる．現状では，こういったプロセス技術および生育のための水環境を整えるためにコストが大きくかかり，生成される燃料が高価となり導入・普及の障害となっている．また，経済活動で排出される CO_2 の量に比べ時間あたりに処理できる量が少ないという点もデメリットとして挙げられ，導入に向けてこれらの課題を解決する必要がある．

このほかにも，生育した藻類をバイオマスとしてガス化した後，派生ガスからフィッシャー-トロプシュ（FT）合成などにより有価物をつくる方法，もしくは藻類によって直接サプリメントなどをつくる方法などがあり，研究開発が進められている．これらの方法では，原料となる CO_2 の濃縮を必要としない場合が多いが，生育環境を整えることが困難であること，製品までの工程の数が増えるといった課題がある．

1.6　全体を通した取り組みと課題

ここまで，CO_2 分離回収や CCS，CCU の各技術についての取り組みや課題を紹介してきた．ここでは全体を通して考えた場合にどういった課題があるのかを見ていきたい．

これまで見たように地球温暖化は人類の活動により排出された CO_2 に起因している．そのため，地球温暖化を抑制するには，大気中に排出している CO_2 ならびに，これまで人類が排出してきた CO_2 を分離回収する必要がある．しかしながら，CO_2 を分離回収するにはエネルギーを必要とする．そして，そのエネルギーをコストとして考えた場合，コストをかけて取り出した CO_2 を有効に利用しない限り経済的には成り立たず，あくまでも環境への影響を低減する取り組みとしてとらえる必要がある．

その意味では，CO_2 を貯留する CCS は抜本的な解決になり得ないことは明らかである．そのため，今後は CCU を推進することが必要不可欠といえる．

では，CCU を推し進めればよいのかというと，必ずしもそうとはいえない．CCU の中でも燃料をつくることは，CCS と同じで一時的な CO_2 の貯蔵にしかなり得ない．そのため，CO_2 から化成品などに転換する技術の開発がより進められるべきである．それにより，炭素の循環を推し進め，社会全体のカーボンニュートラルを進めていく必要があると考える．

そのためには，CO_2 からつくり出すことのできる化成品の多様化が必要といえる．また，原料となるCO_2の純度を上げることなく化成品を製造する技術の開発が進むのが望ましい．同時に，これらの化成品製造には化石燃料由来の化成品以上にコストがかかっていることから，CO_2から製造した化成品をサポートする仕組みや政策が必要となる．

近年，ヨーロッパを中心にサーキュラーエコノミー（循環経済）という言葉が注目されている．この言葉は「製品，素材，そのほかの資源の価値を可能な限り長く維持し，生産と消費における資源の効率的な利用を促進することによって資源利用に伴う環境影響を低減し，廃棄物の発生ならびに有害物質の環境中への放出を最小限にする経済システム」を表しており[19)]，炭素の循環も対象に含まれている．

このサーキュラーエコノミーを地区や地域といった小さなコミュニティにおいて導入し，実践するとともに，国単位の大きなコミュニティにおいても同様に実践していくことが重要であると考える．そのためには，各地区や地域で炭素を循環する媒体となる適切な物質の選定を行うとともに，その物質をつくり出すために必要となる原料，エネルギーの循環を推し進めていく必要がある．

1.7　おわりに

本章では，温暖化抑制に資するカーボンニュートラル・脱炭素社会実現に向けた現在の技術開発の紹介と将来の展開および，その課題についてまとめた．

本分野は日々，研究開発が進んでいるため，本章の内容もすぐに更新されていくことになるが，取り組みや政策の流れは当面は変わらない．その意味でカーボンニュートラル・脱炭素社会の実現には，各フェーズにおける需要と供給をよく理解し，炭素循環を促進するための技術開発の推進が今後も最も効果的であると考える．

参考文献（第1章）

1）United Nations　https://www.un.org/en/（2022/12/19 閲覧）
2）The Intergovernmental Panel on Climate Change, Global Warming of 1.5℃. https://www.ipcc.ch/site/assets/uploads/sites/2/2019/06/SR15_Full_Report_High_Res.pdf（2022/12/19 閲覧）
3）経済産業省資源エネルギー庁：日本のエネルギー，2020.
4）首相官邸：第二百三回国会における菅内閣総理大臣所信表明演説，2020 年 10 月 26 日.

https://www.kantei.go.jp/jp/99_suga/statement/2020/1026shoshinhyomei.html（2022/12/19 閲覧）
5）United Nations Population Division.
https://www.un.org/development/desa/pd/（2022/12/19 閲覧）
6）経済産業省資源エネルギー庁：エネルギー白書，2020.
7）Goto, K.; Okabe, H.; Shimizu, S.; Onoda, M.; Fujioka, Y.: Evaluation method of novel solutions for CO_2 capture, *Energy Procedia*, **1**, 1083-1089（2009）.
8）Atkins, P.; de Paula, J.: Atkins' Physical Chemistry 8th ed. Oxford（2006）.
9）飯嶋正樹，中谷晋輔：燃焼排ガスからの CO_2 回収技術，化学工学，**77**，300-303（2013）.
10）Singto, S.; Supap, T.; Idem, R.; Tontiwachwuthikul, P.; Tantayanon, S.; Al-Marri, M. J.; Benamor, A.: Synthesis of new amines for enhanced carbon dioxide（CO_2）capture performance: the effect of chemical structure on equilibrium solubility, cyclic capacity, kinetics of absorption and regeneration, and heats of absorption and regeneration, *Sep. Purif. Technol.*, **167**, 97-107（2016）.
11）Machida, H.; Esaki, T.; Yamaguchi, T.; Norinaga, K.: Energy-Saving CO_2 Capture by H_2 Gas Stripping for Integrating CO_2 Separation and Conversion Processes, *ACS Sustain. Chem. Eng.*, **8**, 8732-8740（2020）.
12）Kishimoto, A.; Kansha, Y.; Fushimi, C.; Tsutsumi, A.: Exergy recuperative CO_2 gas separation in post-combustion capture, *Ind. Eng. Chem. Res.*, **50**, 10128-10135（2011）.
13）Kansha, Y.; Ishizuka, M.; Mizuno, H.; Tsutsumi, A.: Design of energy-saving carbon dioxide separation process using fluidized bed, *Appl. Therm. Eng.*, **126**, 134-138（2017）.
14）経済産業省：苫小牧における CCS 大規模実証試験 30 万トン圧入時点報告書（「総括報告書」），2020 年 5 月.
15）CO2CRC　https://co2crc.com.au/（2022/12/19 閲覧）
16）Carbon Recycling International　https://www.carbonrecycling.is/（2022/12/19 閲覧）
17）経済産業省資源エネルギー庁：CO_2 を“化学品”に変える脱炭素化技術「人工光合成」，2018.
https://www.enecho.meti.go.jp/about/special/johoteikyo/jinkoukougousei.html（2022/12/19 閲覧）
18）小松精二，石田 豊，川嶋之雄，徳田 廣：スジアオノリによる二酸化炭素固定，水産増殖，**42**，515-520（1994）.
19）Regulation（EU）2020/852 of the European parliament and of the council on the establishment of a framework to facilitate sustainable investment and amdnign regulation（EU）2019/2088, *Official Journal of European Unioin*, 2020.
https://eur-lex.europa.eu/legal-content/EN/TXT/PDF/?uri=CELEX:32020R0852&from=EN（2022/12/19 閲覧）

演習問題

問題 1.1　分離プロセスに必要となる仕事

(a) 図 1.7 のように溶媒は通すが溶質は通さない半透膜で仕切られた容器が存在すると

する．このとき，溶液側に浸透圧をかけることで，溶媒が透過することを止めることができる．この浸透圧 π は半透膜を挟んで化学ポテンシャルが等しいことに由来する．

$\pi V = n_{\mathrm{B}}RT$ を証明せよ．ここで，V は溶媒の全体積であり，$V = n_{\mathrm{A}}V_{\mathrm{m}}$ と表せる．また，V_{m} は溶媒Aのモル体積であり，圧力範囲が十分に小さいことから，一定であるとみなせる．また，R は気体定数，T は温度を表す．また，希薄な理想溶液を仮定し，ラウールの法則に従うとする．希薄であることから，$\ln x_{\mathrm{A}} = \ln(1 - x_{\mathrm{B}}) \approx -x_{\mathrm{B}} \approx -n_{\mathrm{B}}/n_{\mathrm{A}}$ としてよい．このとき，n_{A}，n_{B} は溶媒Aおよび溶質Bの物質量，x_{A}，x_{B} は溶媒Aおよび溶質Bのモル分率を表す．

(b) ある溶液を逆浸透膜法にて純溶媒と溶質の濃度が濃くなった溶液とに連続的に分離する際に必要となる仕事は浸透圧相当以上となる．ほかにどういった仕事が必要になるか説明せよ．

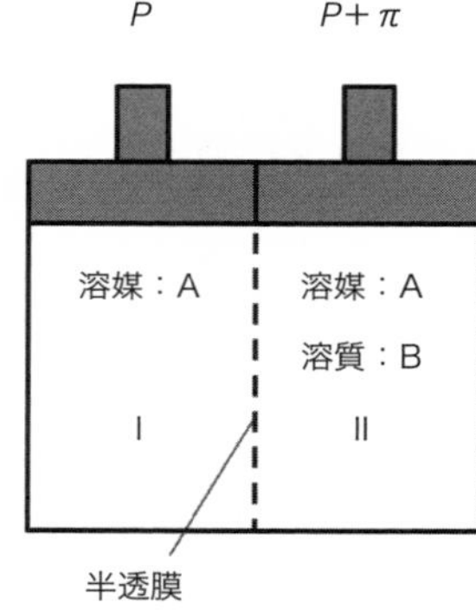

図 1.7　浸透圧

2

CO_2の分離回収技術

2.1　吸収液法によるCO_2分離回収

2.1.1　は じ め に

CO_2分離回収技術として多く採用実績のある吸収液法に関して，主に高圧で用いられる物理吸収法，低圧で用いられる化学吸収法を説明する．また，最新の吸収液としてCO_2吸収時に相分離する吸収液やプロセスの統合による省エネ化などを紹介する．

吸収液法によるCO_2分離回収技術は，温暖化対策としての利用のみではなく，合成ガス製造プラント，天然ガス精製プラントや回収CO_2を原料として用いる尿素プラントなどで，古くから実績がある手法である．その手法は物理吸収法と，化

表2.1　物理吸収法，化学吸収法の比較

	物理吸収法	化学吸収法
吸収原理	CO_2分子として液相に溶解	CO_2はアミンなど塩基と化学的に結合した状態で吸収
適したCO_2圧力	高圧（大気圧以上）	低圧（大気圧以下）
再生方法	圧力差	温度差
溶解度の特徴	圧力に対し線形	圧力に対し指数的
吸収熱	低い（10～15 kJ/mol）[1]	高い（60～90 kJ/mol）[2]

学吸収法に大別される．それぞれの特徴を表 **2.1** にまとめる．

2.1.2　物理吸収法

a.　原理

物理吸収法においては，CO_2 は CO_2 分子として液相に溶解する（図 **2.1**）．ヘンリー則に従うことが多く，圧力と液相への CO_2 溶解量は線形関係に近い．吸収熱は小さく，圧力差で再生させる．再生時に大気圧以下にするケースは少ないので，処理ガス中の CO_2 分圧が大気圧以上か望ましくは 0.5～1 MPa 程度ある場合に適用される．プロセスシミュレータで採用している熱力学式としては状態式（PC-SAFT など）が挙げられる．図 **2.2** に代表的な吸収液である Selexol の成分の一つ，ジエチレングリコールジメチルエーテルへの CO_2 溶解度の温度・圧力依存性を示した．

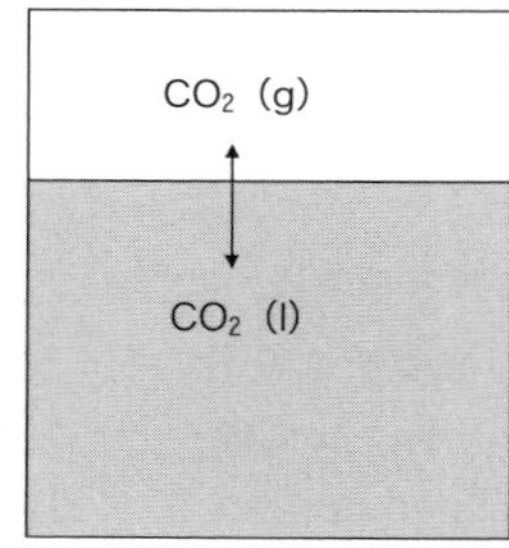

図 **2.1**　物理吸収の概念図

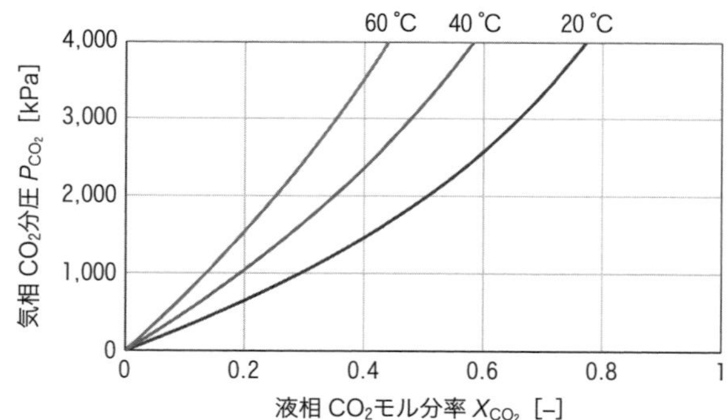

図 **2.2**　Selexol の成分の一つであるジエチレングリコールジメチルエーテルへの CO_2 溶解度
Aspen Plus® V12 による推算結果（PC-SAFT 状態式）

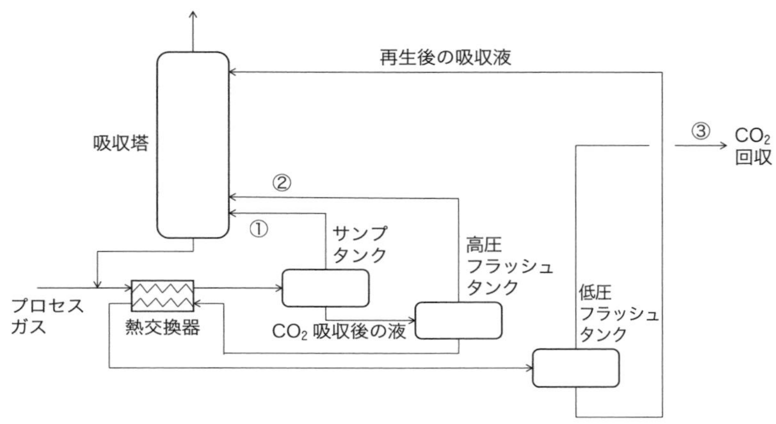

図 2.3　Selexol プロセス[3)]

b. プロセス

図 2.3 に代表的な天然ガス精製を想定した Selexol プロセス[3)]を示す．プロセスガスは吸収液と混合，冷却されたのち，分離され吸収塔に供給される（①）．分離後の吸収液は 2 槽以上のフラッシュタンクで再生される．最初の高圧フラッシュタンクのオフガスはエタン，プロパンなどを含み吸収塔に戻され（②），第 2 以降のフラッシュタンクのオフガスは CO_2 として回収される（③）．

c. 代表的な吸収液

Selexol（セレクソール，ポリエチレングリコールジメチルエーテル），Purisol（プリソール，NMP（*N*-メチル-2-ピロリドン）），Rectisol（レクチゾール，冷メタノール）が有名である．CO_2 の選択的な溶解，溶剤の揮発性の抑制などが選定の際のポイントとなる．

d. 実用例

表 2.2 に大規模 CCS（carbon dioxide capture and storage）プロジェクトでの物理吸収法が採用されたケースをまとめた．Selexol 法が主流であり，用途としては天然ガス精製がほとんどを占める．また全ケースが原油回収増進（EOR：enhanced oil recovery）用途での回収となる．

また，国内では大崎クールジェンプロジェクトにおける CO_2 分離回収型 IGCC（Integrated gasification combined cycle）実証試験で物理吸収法が採用されている[4)]．燃焼前回収（pre-combustion）という技術であり，燃焼後回収より高圧下で CO_2 を回収できるため，物理吸収法の特徴を活かすことで発電効率の低下を小さ

表 2.2　大規模 CCS プロジェクトでの物理吸収法[5,6]

分離プロセス	プロジェクト	国	用　途	回収量/Mtpa*
Selexol	Terrell Natural Gas Processing Plant	米　国	天然ガス精製	0.4～0.5
Selexol	Shute Creek Gas Processing Plant	米　国	天然ガス精製	7
Selexol	Century Plant	米　国	天然ガス精製	8.4
Selexol	Lost Cabin Gas Plant	米　国	天然ガス精製	0.9
Selexol	Coffeyville Gasification Plant	米　国	肥料製造	1
Rectisol	Great Plains Synfuels Plant and Weyburn-Midale	カナダ	合成天然ガス	3

*　Mtpa：million tons per annum　(年間 100 万 t)

くすることが可能である．

e.　新規物理吸収液

新しい物理吸収液の提案もなされている．イオン液体，深共晶溶媒などが代表的であり[7]，それらの特徴は従来の Selexol と比較して，蒸気圧が非常に小さく，溶媒ロスが低減できることが挙げられる．また，分子の設計でガス溶解度などを調整できるため，ほかのガスに対する CO_2 の選択性が高い．一般的に圧力差で吸収・再生を行う物理吸収法では CO_2 以外のガス成分も回収 CO_2 に混入し，純度低下の原因となるが，選択性の向上は上記課題を克服する．また，疎水性高分子溶液の提案もなされている[8]．一般の Selexol は水をあまり吸収しないが，過剰な水分と混合するとゲル化する．提案されているシロキサン系疎水吸収液は水の溶解性は検出不可能なレベルにあり，過剰な水分とのゲル化も生じない．IGCC などのガス流には水分が含まれるので有望な候補といえる．

2.1.3　化学吸収法

a.　原理

化学吸収法では，CO_2 は液相に物理吸収後，塩基との化学反応により吸収される．下記は代表的な化学反応である．

$$CO_2 + 2\,\text{Amine} \rightleftarrows \text{AmineH}^+ + \text{AmineCOO}^- \quad (2.1)$$

$$CO_2 + H_2O + \text{Amine} \rightleftarrows \text{AmineH}^+ + HCO_3^- \quad (2.2)$$

CO_2 が 2 分子のアミンと反応して吸収されるカルバメート反応（式(2.1)）と，

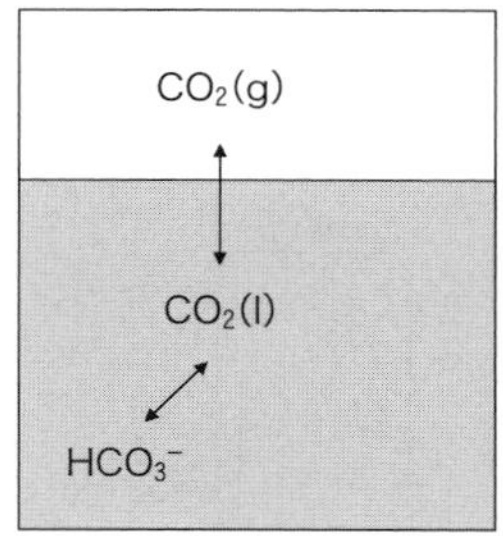

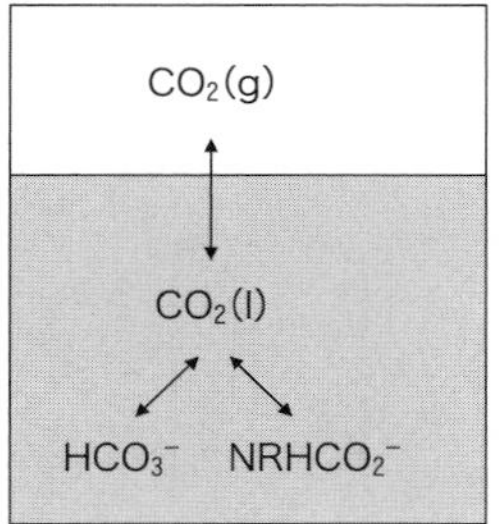

図 2.4 化学吸収の概念図
（左）バイカーボネート反応のみ：第 3 級アミン，（右）バイカーボネート反応およびカルバメート反応：第 1 級，第 2 級アミン

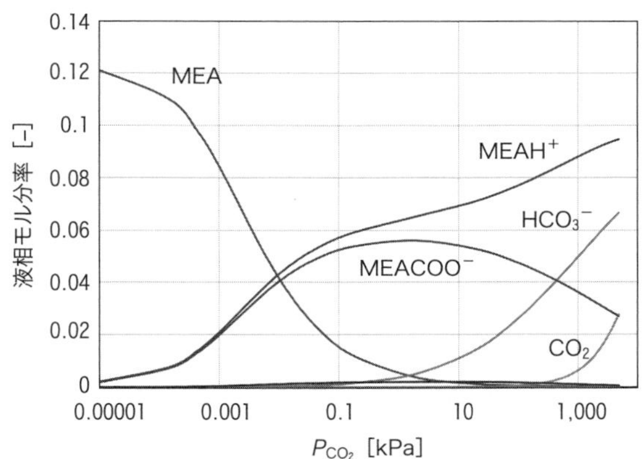

図 2.5 MEA 水溶液への CO_2 溶存状態（40 ℃）
Aspen Plus® V12 による推算結果（e-NRTL 式）

CO_2 とアミン，H_2O が各 1 分子で反応して吸収されるバイカーボネート反応（式(2.2)）がある．反応熱は物理吸収＜バイカーボネート反応吸収＜カルバメート反応吸収の関係がある．また，第 3 級アミンではカルバメート反応は起きず，バイカーボネート反応のみとなる．第 1 級，第 2 級アミンではどちらの反応も起こるが，低圧，低 CO_2 濃度側ではカルバメート反応が主で，高圧，高 CO_2 濃度側ではバイカーボネート反応が支配的となる（**図 2.4**）．**図 2.5** には，代表的吸収液 MEA（モノエタノールアミンまたは 2-アミノエタノール）への CO_2 圧力と溶存成分の関係が示されている．溶存状態は ^{13}C-NMR などの解析で調べることができる．

プロセスシミュレータで採用している熱力学式としては電解質に適用した活量係

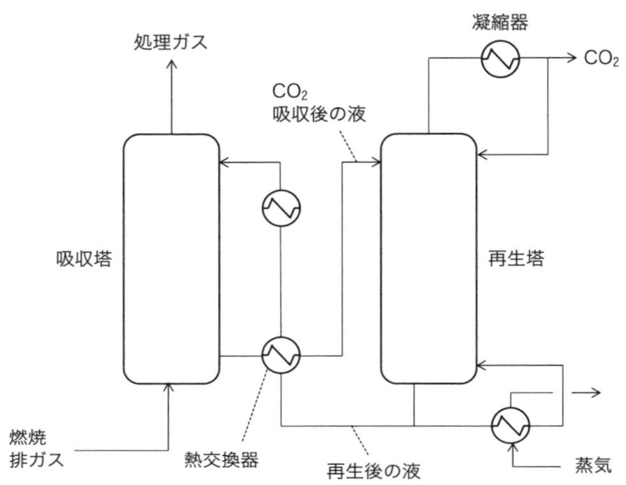

図 2.6　化学吸収の代表的プロセスフロー

数モデル（e-NRTL 式など）が挙げられる．

b.　プロセス

図 2.6 に化学吸収の代表的プロセスフローを示す．吸収塔は 40～50 ℃，再生塔は 100～130 ℃程度で運転される．吸収塔では燃焼ガスが塔底より供給され，吸収液が塔頂より供給されることで，CO_2 とアミン溶液は向流接触される．吸収後の液は熱交換により，80 ℃程度に昇温され再生塔に供給される．再生塔塔底部のリボイラーで加熱され，逆反応および水蒸気などによるストリッピングにより CO_2 は脱離し，塔頂より回収される．塔頂より水蒸気も多く同伴するため，それらをコンデンサーで冷却除去したのち CO_2 を回収する．そのほか，酸化や熱により劣化したアミンを除去する工程などが含まれる．

吸収塔，再生塔とも充塡塔などで構成され，各メーカー独自の吸収液の性能を発揮できる充塡物を採用しているケースも多い．

c.　代表的吸収液

代表的な吸収液として第 1 級アミンの MEA，第 2 級アミンの DEA（ジエタノールアミン），第 3 級アミンの MDEA（*N*-メチルジエタノールアミン）などがある．そのほか，各メーカーで省エネルギー化を可能にする吸収液を開発している．特徴的なアミンとして，ヒンダードアミンと呼ばれるアミノ基の周りにかさ高い置換基を有するタイプが挙げられ，高い CO_2 吸収率，低反応熱などの特徴を有する．

表 2.3 化学吸収法が採用された大規模 CCS プロジェクト[5,6]

分離プロセス	プロジェクト	国	用　途	回収量 /Mtpa
MEA	CNPC Jilin Oil Field CO_2 EOR	中　国	天然ガス精製	0.6
MDEA	Sleipner CO_2 Storage	ノルウェー	天然ガス精製	1
aMDEA	Snøhvit CO_2 Storage	ノルウェー	天然ガス精製	0.7
aMDEA	Gorgon CO_2 Injection Project	ノルウェー	天然ガス精製	4
Amine	Uthmaniyah CO_2-EOR Demonstration	サウジアラビア	天然ガス精製	0.8
Amine	Abu Dhabi CCS (Phase 1 being Emirates Steel Industries)	UAE	鉄鋼生（水素還元）	0.8
Benfield	Enid Fertilizer	米　国	肥料製造	0.7
Adip-X	Quest	カナダ	水素製造	1
Cansolv®	Boundary Dam Carbon Capture and Storage	カナダ	石炭火力発電	1
KM CDR Process®	Petra Nova Carbon Capture	米　国	石炭火力発電	1.4

d. 実用例

表 2.3 に化学吸収法が採用された大規模 CCS プロジェクトをまとめた．化学吸収法においても天然ガス精製への適用例が多く，2件は火力発電所からの CCS となっている．

世界で最初に CCS を実証したノルウェーのスレイプニルプロジェクトでは化学吸収法が採用されている．天然ガスの随伴CO_2を回収し，帯水層貯留を実施している．1996 年 9 月 15 日以来稼働している世界初のオフショア CCS プラントであり，年間 100 万 t のCO_2が貯留されている．

e. 新規吸収液（非水または低含水吸収液・相分離液）

省エネルギー化を目標とした吸収液開発は世界的に進められている．CO_2分離回収のエネルギー構成より，反応熱の減少，サイクルあたりのCO_2回収量の増加，水蒸気損失熱の低減などが有効となる．また，再生温度の低減による，余剰の排熱利用と連携しやすいプロセスの構築も有効となり得る．water-lean 溶媒としては Ion Clean Energy 社，CHN Energy 社，RTI 社などがパイロット試験を実施している．IFPEN/Axens の DMX プロセスは相分離型吸収液の先駆的取り組みであり，熱交換後のCO_2に富む溶液相のみを再生塔に供給するプロセスである．Machida らはCO_2吸収時に相分離する吸収液を開発し，再生温度の低減（90 ℃）や省エネルギー化の見込みを得ている[9]．本ケースでは相分離後の両相を再生塔に供給しており，相分離前後の平衡関係の変化により低温度差で駆動することを利用している．相分離型吸収液に関しては総説[10,11]も参照されたい．

2.1.4　吸収塔の設計

充塡塔を使ったガス吸収プロセスの設計方法や設計指針は，理論的にも経験則的にもほぼ確立している．理論的に設計する場合は，要求される目標処理量から余裕をもって逆算した液ガス比を求め，予想される圧力損失を確認するとよい．また，多くの研究者が物性値から物質移動係数などを推算できる経験式を数多く提案しており，類似の系があれば簡単に求められる．類似の系がない場合は，ラボスケールで実際に実験し，総括物質移動容量係数を求める必要がある．詳細は書籍[12〜15]を参照されたい．古くからラボスケールやあまり大きくないスケールでの処理には，不規則充塡が用いられる．近年では，規則充塡物と呼ばれる薄く密に織られた俵状の充塡物が登場し，低圧損かつ高分離度が得られるようになった．大型の充塡塔を想定する場合は規則充塡物が使えるため，この使用を勧める．規則充塡物の場合の設計方法は，不規則充塡の場合とやや異なる．一般にメーカーが規則充塡物の理論段数基準の性能表を提示しているため，これから計算していくとよい．また，特定の大きさの場合は非常に簡便な経験則も提案されているので，概算を知る場合に都合がいい．詳細は，書籍[15]を参照されたい．または，プロセスシミュレーションソフトを利用して計算することもできる．ソフトを利用する場合は，多くの設定因子をユーザー側が指定する必要がある．この設定はやや上級者向きであるので，ベンダー等のサポートを受けながら進めるとよい．プロセスシミュレータとしてはAspen Plus® などが代表的であり，塔設計において速度論ベースの詳細な設計に基づいたエネルギー収支，物質収支などが得られる．吸収塔では段効率が低いことが知られており，平衡段に基づく計算のみでは塔の設計が困難となる．Aspen Plus® によりパイロットプラントの吸収塔内の温度変化などを良好に表現できることが報告されている[16]．

2.1.5　エネルギー・コスト試算

吸収液法において所要エネルギーの大部分は再生塔リボイラー部の熱負荷であ

り，ブロアーや吸収液の送液のエネルギーはそれと比較すると小さい．リボイラー熱負荷の計算には，大きく分けて塔のエンタルピー収支から必要なエネルギーを概算する手法とプロセスシミュレータを活用する方法がある．エンタルピー収支による計算手法として，Goto らはリボイラー部熱負荷を反応熱，蒸気潜熱，吸収液の顕熱に分け，合計することで試算する手法を提示している[17]．本試算の特徴として，吸収液の物性（CO_2 溶解度，反応熱，液比熱）のみからエネルギーを試算できるため，吸収液をスクリーニングする際などは有効である．プロセスシミュレータとしては前述の Aspen Plus® などが代表的であり，エネルギー収支，物質収支に基づくエネルギー試算結果が得られる．得られたリボイラー熱負荷を回収 CO_2 で除することで単位 CO_2 あたりのエネルギーが算出される．上述の二つの方法はエンタルピー収支に基づく点では同じであり，大きくずれることはない．両手法でのクロスチェックなどにより計算結果の妥当性を評価することができる．

プラントコスト試算に関しては，ベースとなるプラントのコストに対し，0.6 乗則と呼ばれるスケールファクターなどで概算する手法とプロセスシミュレータを活用する手法がある．カーネギーメロン大学が開発した IECM（Integrated Environmental Control Model, https://www.cmu.edu/epp/iecm/iecm_dl.html）は無料で公開されているコスト評価ソフトであり，火力発電所に対して代表的な吸収液法のプラントコストや CO_2 回収にかかる総コストまで計算可能である．発電所の規模なども変更可能であり，その際機器に応じて 0.6 乗則などが適用されている．吸収液自体の変更はできないが，再生塔熱負荷など修正できる箇所もあり，CO_2 回収コスト低減が発電単価へ与える影響などを把握することができる．また，プロセスシミュレータで試算することも可能であり，Aspen Process Economic Analyzer は Aspen Plus® で構築したガス吸収プロセスから建設費，運転費などの計算が可能である．また，独自の吸収液やプロセスの評価を行うことができる．塔設計，ユーティリティコスト，材料費など詳細な設定ができる一方，絶対値での評価をする際にはベースとなる文献の再現性の確認などから行う必要がある．

2.1.6 プロセスの改良による省エネ化

a. 自己熱回収

CO_2 吸収プロセスに自己熱回収を組み合わせた省エネルギー化検討例がある．Kishimoto らは吸収塔で発生する反応熱と再生塔塔頂から出る水蒸気潜熱を自己熱回収するプロセスを提案し（図 **2.7**），省エネルギー化できることを報告している[18]．

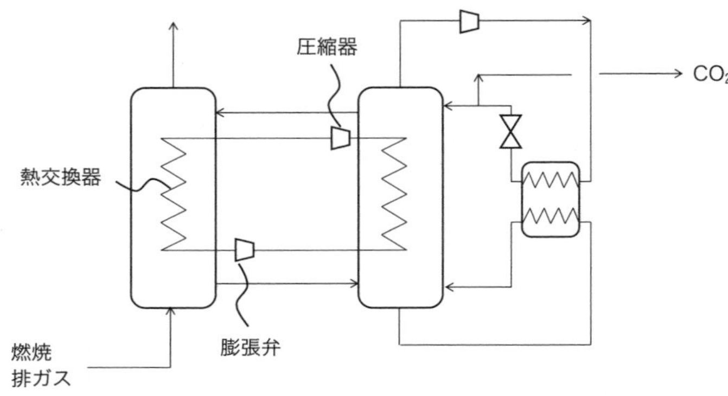

図 2.7　化学吸収に自己熱回収を組み合わせたプロセス

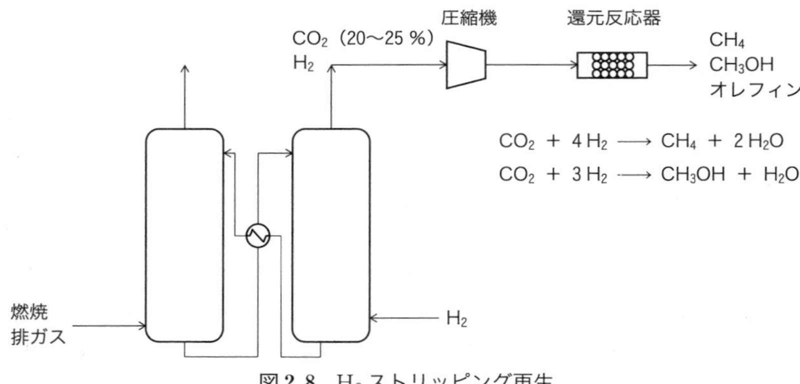

図 2.8　H_2 ストリッピング再生

b. 水素ストリッピング再生

Machida らは回収 CO_2 を利用する CCU（carbon dioxide capture and utilization）の中でも CO_2 を再生可能エネルギーによる電解で得た水素で還元しメタネーションやメタノール化などを想定した統合プロセスを提案した[19]（図 2.8）．メタネーションでは還元反応器に要求されるガスは CO_2：20 %，H_2：80 % となる．通常は高純度の CO_2 を回収後に H_2 と混合することが想定されるが，H_2 の供給を再生塔下部に移すと，再生塔内 CO_2 分圧が低下し再生が促進される．本技術を使うことで再生塔の温度を 60 ℃で運転できる試算が得られている．また，ラボスケールの連続運転装置で，吸収塔 55 ℃，再生塔 65 ℃の温度差 10 ℃での連続運転実績を得た．再生温度の低減により，排熱の利活用や吸収液劣化の低減なども期待される．

2.1.7　お わ り に

吸収液法は，実績があることから先行的に採用が進んでいる．GCCSI（Global CCS Institute）のレポート “Technology Readiness and Costs of CCS”[20] において，技術成熟度レベル（TRL：technology readiness level）がまとめられており，一般的なアミン法，物理吸収法（Selexol など）は 9（商業活動）とされている．また，新規吸収液として紹介した water-lean 溶媒や相分離タイプも 2014 年時 4-5（基本システム開発-実用化技術開発）が 2020 年時 4-7（基本システム開発-実用システムのデモンストレーション）へ，イオン液体も 2014 年時 1（アイディア提案）が 2020 年時 2-3（コンセプト設計-ラボ実証）へと進展しており，今後さらに省エネルギー，低コスト化を達成する技術が発展していくと思われる．プロセスに関しても，CO_2 排出元や回収後の CO_2 還元器の廃熱の利用などを組み合わせることでさらなる高効率化が期待される．

参考文献（2.1 節）

1）Rayer, A. V.; Henni, A.; Tontiwachwuthikul, P.: High Pressure Physical Solubility of Carbon Dioxide（CO_2）in Mixed Polyethylene Glycol Dimethyl Ethers（Genosorb 1753）, *Can. J. Chem. Eng.*, **90**, 576–583（2012）.

2）Goto, K.; Okabe, H.; Chowdhury, F. A.; Shimizu, S.; Fujioka, Y.; Onoda, M.: Development of Novel Absorbents for CO_2 Capture from Blast Furnace Gas, *Int. J. Greenh. Gas Control*, **5**, 1214–1219（2011）.

3）Rackley, S. A.: Absorption Capture Systems, *Carbon Capture and Storage*, pp. 115–149, Elsevier（2017）.

4）Ishizeki, Y.; Shiya, M.: The Progress of Osaki Coolgen Oxygen-Blown IGCC Demonstration Project, *J. Combust. Soc. Jpn.*, **59**, 235–242（2017）.

5）Glob. CCS Inst.: Global Status of CCS 2020, 2020.

6）中尾真一：排出源に則した CO_2 分離回収技術の実用化展開，革新的環境技術シンポジウム，2020.

7）Theo, W. L.; Lim, J. S.; Hashim, H.; Mustaffa, A. A.; Ho, W. S.: Review of Pre-Combustion Capture and Ionic Liquid in Carbon Capture and Storage, *Appl. Energy*, **183**, 1633–1663（2016）.

8）M. Enick, R.; Koronaios, P.; Stevenson, C.; Warman, S.; Morsi, B.; Nulwala, H.; Luebke, D.: Hydrophobic Polymeric Solvents for the Selective Absorption of CO_2 from Warm Gas Streams That Also Contain H_2 and H_2O, *Energy Fuels*, **27**, 6913–6920（2013）.

9）Machida, H.; Ando, R.; Esaki, T.; Yamaguchi, T.; Horizoe, H.; Kishimoto, A.; Akiyama, K.; Nishimura, M.: Low Temperature Swing Process for CO_2 Absorption-Desorption Using Phase Separation CO_2 Capture Solvent, *Int. J. Greenh. Gas Control*, **75**, 1–7（2018）.

10）Zhang, S.; Shen, Y.; Wang, L.; Chen, J.; Lu, Y.: Phase Change Solvents for Post-Combustion CO_2 Capture: Principle, Advances, and Challenges, *Appl. Energy*, **239**, 876–897（2019）.

11）Zhuang, Q.; Clements, B.; Dai, J.; Carrigan, L.: Ten Years of Research on Phase Separation Absorbents for Carbon Capture: Achievements and next Steps, *Int. J. Greenh. Gas Control*, **52**, 449-460 (2016).
12）化学工学会編：改訂七版 化学工学便覧，丸善出版（2011）.
13）恩田格三郎監修：化学装置設計・操作シリーズ 2　増補 ガス吸収，化学工業社（2001）.
14）Kohl, A. L.; Nielsen, R.: Gas Purification, 5th ed., Gulf Professional Publishing (1997).
15）Green, D. W.; Southard, M. Z.: Perry's Chemical Engineers' Handbook, 9th ed., McGraw-Hill (2018).
16）Plaza, J. M.; Van Wagener, D.; Rochelle, G. T.: Modeling CO_2 Capture with Aqueous Monoethanolamine, *Int. J. Greenh. Gas Control*, **4**, 161-166 (2010).
17）Goto, K.; Chowdhury, F. A.; Yamada, H.; Higashii, T.: Potential of Amine-Based Solvents for Energy-Saving CO_2 Capture from a Coal-Fired Power Plant, *J. Jpn. Inst. Energy*, **95**, 1133-1141 (2016).
18）Kishimoto, A.; Kansha, Y.; Fushimi, C.; Tsutsumi, A.: Exergy Recuperative CO_2 Gas Separation in Post-Combustion Capture, *Ind. Eng. Chem. Res.*, **50**, 10128-10135 (2011).
19）Machida, H.; Esaki, T.; Yamaguchi, T.; Norinaga, K.: Energy-Saving CO_2 Capture by H_2 Gas Stripping for Integrating CO_2 Separation and Conversion Processes, *ACS Sustain. Chem. Eng.*, **8**, 8732-8740 (2020).
20）Glob. CCS Inst.: Technology Readiness and Costs of CCS, 2021.

2.2　吸着・固体吸収法によるCO_2分離回収

2.2.1　は じ め に

CCUS（carbon dioxide capture, utilization and storage）の基盤技術として重要な役割を担うCO_2分離回収技術は，その実現のためにコスト削減が期待されており，さまざまな排出源に対して吸収法，吸着法，膜分離法などさまざまな技術開発がなされている．CO_2分離回収技術は，適用先の特性（ガス特性や回収要求仕様）に応じた最適な技術の選択が重要であるため，どれか一つの技術が確立されれば，すべてに対応できるというものではない．本節では，数ある分離技術の中から，多孔質材料などの固体を分離材として用いる吸着・固体吸収法によるCO_2分離回収技術について，関連技術の基礎から開発状況について概説する．

吸着とは，界面（一般的には，固体表面）において特定の物質（ここではCO_2）がバルク濃度よりも濃縮された状態になる現象のことであり（**図 2.9**），その吸着現象を利用して分離回収，除去，濃縮などを行う方法を吸着法という．吸着は界面現象であるため，多くの場合，比表面積の大きい多孔質材料が吸着材として用いられる．吸着現象には，ファンデルワールス力によって生じる物理吸着と化学結合を

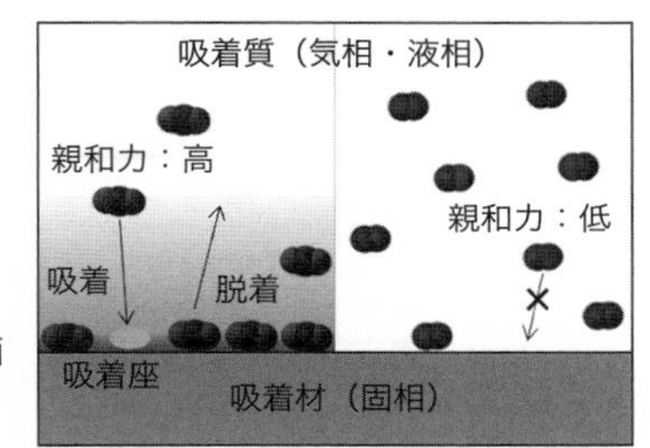

図 2.9　吸着現象のイメージ

伴う化学吸着があり，一般的には，物理吸着により分離を行う吸着材を物理吸着材，化学吸着により分離を行う吸着材を化学吸着材と呼ぶ．ただし，CO_2 分離回収の分野においては，化学吸収剤を多孔質材料に担持した複合材料など，多様な材料が提案されており，CO_2 の分離機構が吸収，吸着に関わらず，固体の分離材（分離膜を除く）がすべてまとめて solid sorbent（直訳：固体吸収材）または単に sorbent と称される．本節では，物理吸着材以外の化学反応を伴う材料を固体吸収材として定義する．

2.2.2　CO_2 分離回収における吸着・固体吸収法

吸着・固体吸収法による CO_2 分離回収技術といっても，排出源ごとに要求される分離性能は異なる．**表 2.4** は吸着・固体吸収法を適用できる代表的な CO_2 排出源をまとめたものである．吸着・固体吸収法は，化石燃料の燃焼後の排ガスから CO_2 を分離回収する post-combustion CO_2 capture（CO_2/N_2 分離），化石燃料をガス化・水蒸気改質して生成した CO_2 を燃焼前に分離回収する pre-combustion CO_2 capture（CO_2/H_2 分離），産業プロセスにおいて天然ガスやバイオガスに含まれる CO_2 の分離（CO_2/CH_4 分離），近年注目されている大気から直接 CO_2 を分離する DAC（direct air capture，$CO_2/N_2/O_2$ 分離）などに適用可能である．

CO_2 分離回収の技術的な難易度は，基本的に排ガス中の CO_2 濃度とガス圧力に依存し，CO_2 濃度・圧力が低い（つまり CO_2 分圧が低い）ほど困難であり，回収エネルギーが高くなる．とくに，CO_2 濃度が 10 % 以下になると回収エネルギー・コストが急激に増加するとの報告もある[1)]．日本における CO_2 分離回収コストに関しては，IPCC の報告書[2)]とそのもととなった文献[3,4)]におおむね基づいて試算された 2005 年の地球環境産業技術研究機構（RITE）の報告書[5)]があり，しばしば目にする「アミン水溶液で CO_2 分離回収コストが ¥4,200/t-CO_2」という数値は，この報告書からの引用である．このコストは 100 万 t-CO_2/year 規模の CCS を想定

表 2.4　吸着・固体吸収法を適用可能な CO_2 排出源の例

排　出　源		CO_2 濃度 [vol%(dry)]	圧力 [bar]
石炭火力発電		12～14	1
天然ガス火力発電	単一サイクル	7～10	1
	複合サイクル	3～4	
石油火力発電		11～13	1
石炭ガス化複合発電		45	30～40
製鉄（高炉ガス）	燃焼前	20	2～3
	燃焼後	27	1
セメントキルン		14～33	1
天然ガス生産（スウィートニング）		2～65	9～80
大気		0.04	1

［IPCC 報告書[2]をもとに筆者作成］

して新設の石炭火力発電所の排ガス（CO_2 濃度 12.4 %）からアミン吸収法（吸収液：KS-1™[6]）で CO_2 分離回収をする場合の CO_2 分離回収・昇圧コスト（アボイデッドコスト，7 MPa までの昇圧を含む）であり，排ガス中の CO_2 濃度，圧力などの異なるほかの排出源を想定した CO_2 分離回収コストとの単純比較による技術評価は意味をなさないため，取り扱いには注意が必要である．また，当該 CO_2 分離回収コストは，設備費を 2001 年ベースで算出しており，2003 年以降高騰しているプラントコスト[7,8]を考慮すると，現在価格では ¥4,200/t-CO_2 を大きく上回る可能性が非常に高い．吸着・固体吸収法は，post-combustion の先行技術であるアミン吸収法と比較されるため，このコストが一つの目安となっており，いかにコスト削減できるかという研究開発が推進されている．また，吸着法においては，小～中規模において多くの実用実績があるが，CCS に対応できるほど大規模化した事例はないため，大規模回収対応という課題もある．

現在，CO_2 分離回収技術において，吸着・固体吸収法は，最も盛んに研究開発が行われている分野である．**図 2.10** に Web of Science™[9]により調査した 2000 年以降の技術別論文数の推移を示す．検索は CO2 & (capture or separation) & adsorption, absorption, or membrane で実施した．各技術とも報告数は 2010 年頃から急増しているが，とくに，吸着に関連した研究報告が多いことがわかる．これ

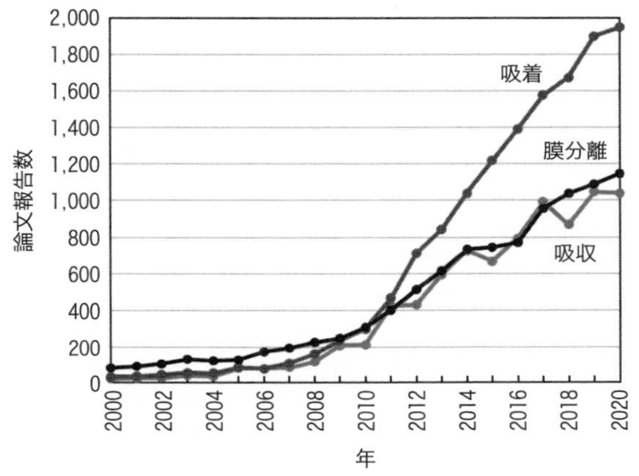

図 2.10　CO_2 分離回収技術の研究報告数
［Web of Science™ を用いた分析結果をもとに筆者作成］

は期待の表れであることに加え，研究開発（とくに材料研究）への参入が比較的容易であるためと考えられる．いずれにしても年間 2,000 報の論文が出版されている状況であり，すべての研究を追跡することは実質不可能であるため，本節では，日本の研究開発事例を中心に紹介する．海外を含めた詳細な動向については，review article[10～12]や各種報告書[13,14]などを参照されたい．

2.2.3　材　　料

先述のとおり，吸着・固体吸収法で使用される材料は，物理吸着材と固体吸収材の二つに大別できる．まず，基本的な性能評価手法について概説した後，それぞれについて代表的なものを開発状況と併せて紹介する．

a.　基礎性能評価

吸着材・固体吸収材の基礎的な性能評価については，一般的な吸着法と同様であり，重要な要素は，吸着平衡（吸着等温線）および吸着速度，熱特性（吸着熱，比熱など）である．固体吸収材における現象は，正確には吸着ではなく吸収が主であるが，ここでは，説明の簡易化のため，すべて吸着で統一する．また，多孔質材料の細孔特性についても材料開発において重要であるが，本節では割愛する．材料評価手法の詳細については JIS[15～17]や専門書[18,19]などを参考にされたい．

吸着等温線　吸着等温線は，ある温度において，単位重量（または体積）あたりの吸着材にどのぐらいの量の目的物質（CO_2 およびその他成分）が吸着されるか

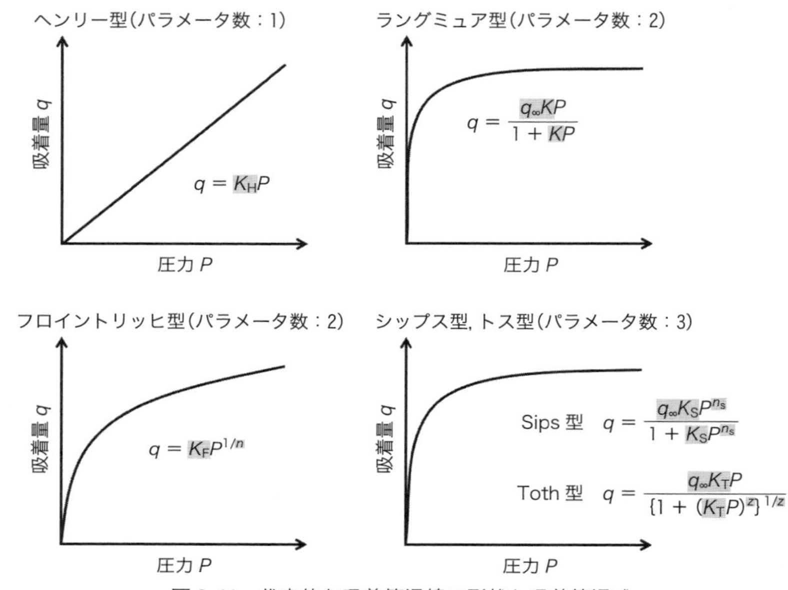

図 2.11　代表的な吸着等温線の形状と吸着等温式
網かけはパラメータ

を示す指標であり，平衡吸着量と圧力の関係で表される．測定方法としては，重量法と容量法，流通法があるが，市販の比表面積測定装置（容量法）を用いて測定されることが多い．実験により得られた吸着等温線は，フィッティングによる解析により適切な吸着等温式（吸着等温線モデル）[20]で近似的に表現され，そのモデルから吸着機構に関する情報を得ることもできる．**図 2.11** に CO_2 吸着でよく用いられる吸着等温式とその形状を示す．図中の式に網かけで示した記号は，固有パラメータであり，異なる温度で測定した吸着等温線を解析し，パラメータの温度依存性も算出することが望ましい．通常パラメータ数が増えるほどデータとの一致性は高くなるが，その価値があるかということは検証する必要がある．等温式の選択に関しては，決定係数（R^2）や自由度調整済決定係数（adjusted R^2），二乗平均平方根誤差（RMSE），赤池情報量規準（AIC），ベイズ情報量規準（BIC）などを用いた解析が必須である．

吸着等温線は，CO_2 だけでなく対象とする排ガスに含まれる他の成分についても測定する必要があるが，研究初期においては，2～3 の主成分についてのみ検討する場合が多い．post-combustion であれば，まず CO_2 と N_2 の吸着等温線を測定

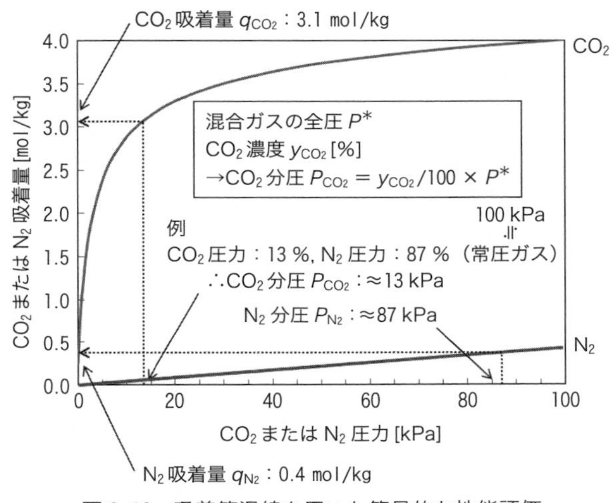

図 **2.12**　吸着等温線を用いた簡易的な性能評価

することになるが，H_2O の吸着等温線も測定しておくことが望ましい．図 **2.12** に CO_2 吸着等温線と排ガス組成の関係，および吸着量の計算例を示す．また，各成分の等温線より，混合物からの吸着分離において重要な要素である吸着選択性 S が概算可能である．選択性については，以下に示すとおりいくつかの定義があるため，研究開発の段階や目的に合ったものを使用されるとよいだろう．

① 各成分の吸着量 q_i から計算（あまり適切ではない）：$S_{1/2}=\dfrac{q_1}{q_2}$

② 各成分の吸着量と気相のモル分率 y_i から計算：$S_{1/2}=\dfrac{q_1/y_1}{q_2/y_2}$

③ 各成分の吸着等温線の初期の傾き K_H から計算：$S_{1/2}=\dfrac{K_{H_1}}{K_{H_2}}$

④ IAS 理論で推算された気相および吸着相のモル分率 x_i から計算：$S_{1/2}=\dfrac{x_1/y_1}{x_2/y_2}$

外成分系吸着　理想吸着溶液（IAS：ideal adsorbed solution）理論[21]は，計算が少し煩雑であるが，単成分吸着等温線から多成分吸着等温線を推算するためによく用いられる手法である．通常，多成分系吸着においては競争（競合）吸着による吸着量低下が生じるため，この手法を用いて混合ガスに対する吸着量の推算がなされる．より簡便に単成分系吸着等温線から多成分系における成分 i の吸着量 q_i を計算する手法としては，ラングミュア型等温式を多成分系に適用した extended-ラ

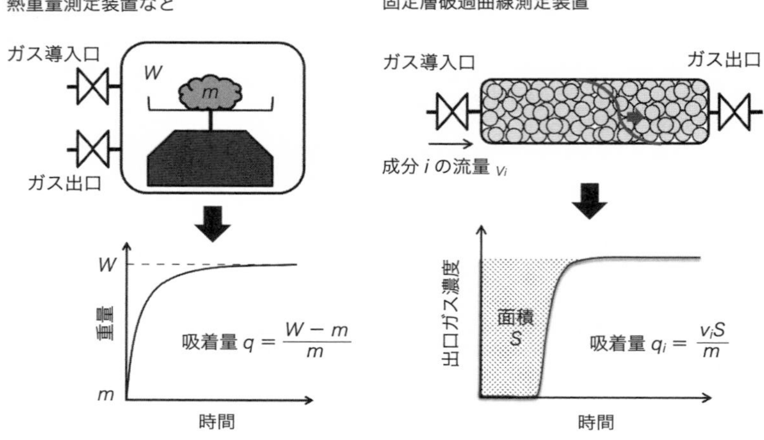

図 2.13　吸着速度の測定手法

ングミュア式があり，こちらも広く利用されている．目的成分（CO_2）以外の物質の吸着量が非常に少なければ，競争吸着は無視することも可能である．

$$\text{extended-ラングミュア式}: q_i = \frac{q_{\infty,i} K_i P_i}{1+\sum K_i P_i} \tag{2.3}$$

吸着速度　吸着速度は，その名のとおり吸着材にどのぐらいの速さで物質（CO_2）が吸着されるかを表す指標であり，吸着量の時間変化から推定される．測定方法としては，吸着等温線と同様に重量法，容量法，流通法を用いることができ，熱重量測定装置（重量法）や固定層破過曲線測定装置（流通法）を用いて測定される吸着曲線や破過曲線を解析することで，吸着速度モデルとそれに対応する吸着速度定数（物質移動係数K，拡散係数D）を推定する（図 **2.13**）．吸着等温線測定時の圧力緩和曲線から推算することも可能である．吸着速度モデルに関しては，粒子の内部（粒子内拡散）と外部（境膜物質移動）を分けたモデルが厳密であるが，プロセスシミュレーションをする際には計算負荷の低減のために，簡略化された線形推進力（LDF：linear driving force）近似[22]が用いられることが多い．図 **2.14** に上記二つの吸着速度モデルの違いを示す．しかしながら，モデルの簡略化に伴って正確性が低下することがあるため，利便性と正確性を兼ね備えた適切なモデルの選択が重要である．吸着速度モデルに関しても，非常に多数のモデルが提案されているため[23]，LDF モデルが正確性に欠く場合には，ほかのモデルが検討される．

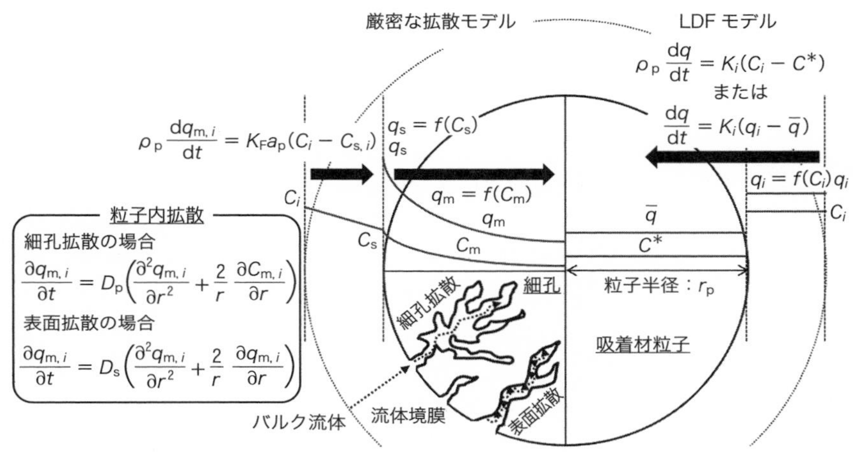

図 2.14 吸着速度モデルの概略図

C：濃度，ρ_p：粒子密度，a_p：単位体積あたりの粒子外表面積

吸着熱　吸着は発熱を伴う現象であり，吸着の際に発せられる熱量を吸着熱と呼ぶ．当然，吸着の逆反応である脱着の際には，それに伴った熱を加える必要がある．つまり，再生エネルギーの目安となる物理量である．この吸着熱の測定方法には2種類あり，いくつかの異なる温度で等温線測定を行い，その結果をクラウジウス-クラペイロン式により解析し，微分吸着熱ΔQを算出する方法と，熱量計で直接測定する方法である．示差熱熱重量同時測定装置（TG-DSC）を用いれば，ある条件における吸着量と吸着熱，吸着速度の同時測定が可能である．

$$\text{クラウジウス-クラペイロン式：} \ln\frac{P_1}{P_2} = \frac{\Delta Q}{R}\left(\frac{1}{T_1} - \frac{1}{T_2}\right) \tag{2.4}$$

以上で述べたような材料評価が実施されることが望ましいが，吸着等温線データの収集・解析は比較的容易である一方，吸着速度データの収集・解析は煩雑であり，技術的な専門知識も要するため，重要であるにも関わらず，評価，議論されないことも多い．吸着等温線だけでは，正確な分離性能はわからないうえ，装置・操作設計もできないため，吸着速度の評価も実施し，シミュレーションなどで分離性能を評価することが望ましい．

b. 物理吸着材

物理吸着材として代表的なものは，多孔質カーボン材料，ゼオライト，金属有機構造体（MOF：metal-organic framework）である．活性炭や分子篩炭（CMS：

carbon molecular sieve），ゼオライト（5A，13X）に関しては，古くから研究されており，現在に至るまで多くの研究報告がある[24〜28]．とくに，ゼオライト 13X は吸着・固体吸収法においてベンチマークとされる材料であり，新規材料との吸着性能比較によく用いられている．

CMS は，CH_4/CO_2の速度分離能に優れており，すでに国内企業で製品化されている．ゼオライトに関しても，国内企業でCO_2-PSA 装置に採用され実用化されている．また，新エネルギー・産業技術総合開発機構（NEDO）の「環境調和型製鉄プロセス技術開発 COURSE50」において，JFE スチールが 6 t/day 規模の PVSA プロセス（ゼオライト 13X）で高炉ガスからのCO_2分離回収を実施しており，その結果から 100 万 t/year 規模の実機を設計している[29,30]．西武技研は，福岡県飯塚市「低炭素社会先進技術開発事業」において，0.1 t/day 規模のハニカムロータ型プロセス（ゼオライト：種類不明）で焼却炉排ガスからのCO_2分離回収を実証試験しており，継続の研究開発も行われているようである[31,32]．

物理吸着材をCO_2分離回収に使用する際に懸念されることは，排ガス中に含まれる水蒸気である．CMS では，水蒸気による影響はほとんどないとの報告[24]があるが，ゼオライトに関しては，水蒸気がCO_2よりも強く吸着されるため，CO_2吸着量が顕著に低下することが知られている．そのため，実際のプロセスにおいては，前処理として露点 −30〜−40 ℃まで排ガスの除湿を行う工程が必要となるが，除湿装置は，初期投資設備費の約 40 % を占めるとの試算[33]もあり，回収コスト低減の妨げとなっている．そのため，吸着・固体吸収法においては，水蒸気共存条件下においても，乾燥条件のゼオライト 13X と同等以上のCO_2吸着性能を有する吸着材・固体吸収材の開発が望まれている．

日立製作所は，酸化セリウム系のCO_2吸着材を開発しており，DAC の条件において，水蒸気吸着によるCO_2吸着量の低下がほとんど生じないことを見出しており，乾燥条件においてもゼオライト 13X よりも優れた吸着性能を示すことを報告している[34〜36]．また，CMS を筆頭としたカーボン系材料は，ゼオライトよりも水蒸気の影響を受けにくいことから，CO_2吸着分離用途の多孔質カーボンの研究開発も盛んに行われており，とくに，窒素 N や酸素 O，硫黄 S などのヘテロ原子をドープした活性炭やグラフェンに関する報告が増えている[37〜39]．カーボンへの窒素ドープは，低圧領域のCO_2吸着量の向上に有効であることが示唆されており[30]，post-combustion 条件でCO_2吸着量が大きくないというカーボン系材料の弱点を改善できる可能性がある．

近年，さまざまな用途で注目を集めているMOFは，CO_2 分離回収分野への応用研究も数多くなされている．MOFは，金属イオンと多座有機配位子からなる高分子錯体であり，金属イオンと配位子の組み合わせにより，多種多様な構造を有するMOFの合成が可能である一方，構造が配位結合によって成り立っているため，空気中の水分で構造が壊れてしまうなど，材料の安定性および取り扱いの困難さが懸念されている．ただし，近年では水蒸気耐性のあるMOFも見出されており，実用化への期待が高い．SIFSIX-3-Cuは，DAC条件において，水蒸気の影響もほとんどなく，非常に高い CO_2 吸着性能を示すことが知られている[40]．そのほかにも，HKUST-1やMIL-101 (Cr)，Mg-MOF-74，UiO-66シリーズなど多くのMOFが高い CO_2 吸着性能を有すると報告されている．

日本においては，NEDOの「グリーン・サステイナブルケミカルプロセス基盤技術開発/副生ガス高効率・分離精製プロセス基盤技術開発」において，各種 CO_2 分離回収をターゲットに種々のMOFの開発が行われた[41]．近年では，Hiraideら がELM-11と呼ばれるシグモイド型の特殊な CO_2 吸着等温線（ゲート型吸着）を示すMOFをHKUST-1と併用した高速度 CH_4/CO_2 分離システムを提案し，ゲート型MOFが CO_2 吸着分離回収システムの高効率化・省エネルギー化に有用であることを明らかにし，実用可能性を示している[42]．

以上で挙げた材料以外にも，共有結合性有機構造体（COF：covalent organic framework）[43]や，かご状有機分子からなる多孔性有機結晶（POC：porous organic cage，またはPOM：porous organic molecule）[44,45]など新しい多孔質材料が開発されており，各材料とも今後の進展が期待される．

c.　固体吸収材

固体吸収材は，化学吸収法から発展した材料であり，化学吸収法で課題となっている再生エネルギーの低減ができると期待されている．化学吸収法では，アミンなどの吸収剤は水を溶媒として水溶液の状態で使用されるため，加熱再生の際に溶媒である比熱の大きい水も同時に加熱しなければならないが，溶媒（水）の代わりに比熱の小さい固体（多孔質材料）を使用すれば再生エネルギーの低減が可能ということである．つまり，固体吸収材は，多孔質材料を基材として，CO_2 と化学的に反応する物質（吸収剤）を細孔内に物理的に担持したり，細孔表面に表面修飾（化学的に担持）したりした材料である．吸収剤としては，化学吸収法と同様にアミン化合物やアルカリ金属炭酸塩が使用される．ただし，化学吸収法と異なる点は，比較的高分子量で蒸気圧の低いアミン化合物が使用される点である．一方，基材としては，メソポーラスシリカや多孔質カーボン，ゼオライト，MOFなど多孔質材料であれば基本的には何でも使用可能である．したがって，吸収剤－担体の組み合わせにより，無数の固体吸収材が作製可能であるが，CO_2吸収性能はその組み合わせによって決まるため，それぞれの選定が重要である．

アルカリ金属炭酸塩系固体吸収材　アルカリ金属炭酸塩系の固体吸収材に関しては，1990年代から検討されている．四国総合研究所がLi_2CO_3，Na_2CO_3，K_2CO_3，Rb_2CO_3，Cs_2CO_3をシリカ，アルミナ，活性炭に担持させた固体吸収材を検討しており，担体は活性炭が適していると報告している[46]．この炭酸アルカリ担持活性炭に担持する炭酸塩種については，$Na_2CO_3 > K_2CO_3 > Cs_2CO_3$の順に$CO_2$の脱離エネルギーが低下するとのことであるが，80℃以下ではK_2CO_3が優れており，80～130℃の範囲ではRb_2CO_3およびCs_2CO_3がよいとのことである[47]．アルカリ金属炭酸塩は，水（水蒸気）とともに下記の反応によりCO_2と反応する．

$$M_2CO_3 + CO_2 + H_2O \rightleftarrows 2\,MHCO_3 \quad (M = \mathrm{Na,\ K,\ Rb,\ Cs}) \tag{2.5}$$

つまり，炭酸アルカリ担持活性炭では，物理吸着材のように対象ガスをあらかじめ除湿する必要がない．また，高温でもCO_2を分離可能であることから，排ガスの冷却（減温）設備も必要ないという利点を有しており，K_2CO_3担持活性炭を小規模プラントに適用した場合にCO_2回収エネルギーが2 GJ/t-CO_2程度と試算した結果もある[47]．一方，韓国のKIER（Korea Institute of Energy Research）とKEPRI（Korea Electric Power Research Institute）のグループは，同様のアルカリ炭酸塩系固体吸収材を用いた実ガスプラント試験を実施し，5 GJ/t-CO_2程度の再生エネルギーであったことを報告しており，再生エネルギー低減が課題であることが示唆されている[48]．アルカリ炭酸塩系固体吸収材は，基本的に再生温度が高い（140～200℃）ため，低温再生のための試みが行われており，NasimanとKanohは，ナノコンポジット化することで再生温度の低下および反応速度が向上することを見出している[49]．

アミン系固体吸収材　次に，アミン化合物を担持もしくは修飾した材料であるアミン系固体吸収材について述べる．化学吸収液として用いられるアミン化合物は，**図2.15**に示した反応によりCO_2を捕集することが知られている．固体吸収材においても，同様の反応が生じるが，水蒸気が吸収された状態においてもカルバメート形成反応が主であると考えられている．また，担持するアミン化合物の反応性に関しては，第1級＞第2級＞第3級の順で高いが，反応熱も同様のため，再生エネル

反応機構

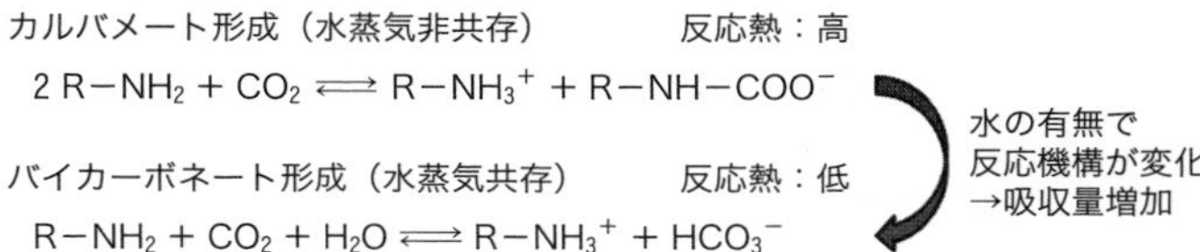

アミンの級数と CO_2 反応性

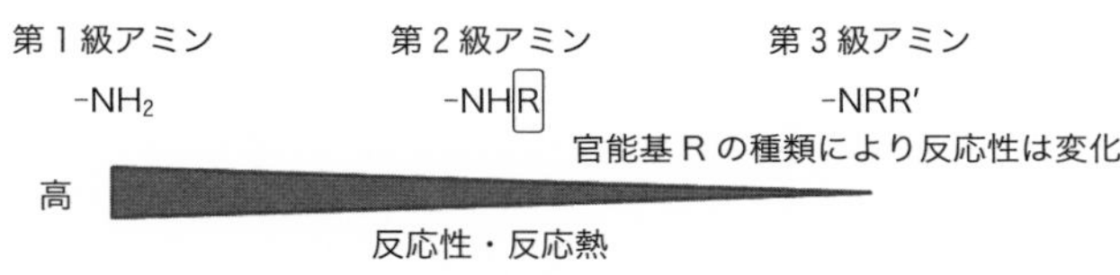

図 **2.15** アミン系固体吸収材の反応機構と反応性

ギーは第1級アミンが高くなる．したがって，CO_2 との反応性が高いが反応熱は低い第2級アミン化合物が，省エネルギー分離には適している．

アミン系固体吸収材は，アミンの担持方法により4種類に分類されている（図 **2.16**）．Class 1 は，多孔質材料の表面を化学的に修飾した材料で，修飾した官能基（吸収剤）の安定性に優れているが，導入できる官能基の量は，担体の表面積とリンカーとなる表面官能基量（シリカであれば，表面シラノール基量）に依存するため，上限があり，なおかつ比較的少ない．Class 2 は，多孔質材料の細孔内部に物理的に吸収剤を担持した材料で，導入官能器量が比較的少ないという Class 1 と比較して，担持量の増大が可能である一方，物理的に吸収剤を担持しているだけのため，担持された吸収剤の安定性は Class 1 より劣る．当該材料では，担持量は担体の細孔容積に依存する．Class 3 は，Class 1 と同様に多孔質材料の表面を化学的に修飾した材料であるが，表面官能基を起点とした重合反応を用いるという点が異なる．この重合反応により，導入官能器量の増大が可能である．Class 4 は，Class 1 または Class 3 と Class 2 の組み合わせで，官能基を表面修飾した担体に吸収剤を担持した材料である．

アミン系固体吸収材では，担持したアミノ基の密度が高いほど，アミン効率（＝CO_2 吸収量/担持したアミノ基量）が高く，CO_2 吸収量も高くなることが知られている[50]．これは，図 **2.15** で示したカルバメート形成反応に二つのアミノ基が必要であるためで，担持量が低い場合，アミノ基間の距離が遠くなり，反応が進行しにくくなるからである．つまり，CO_2 吸収量の増加を図るには，アミノ基密度を高

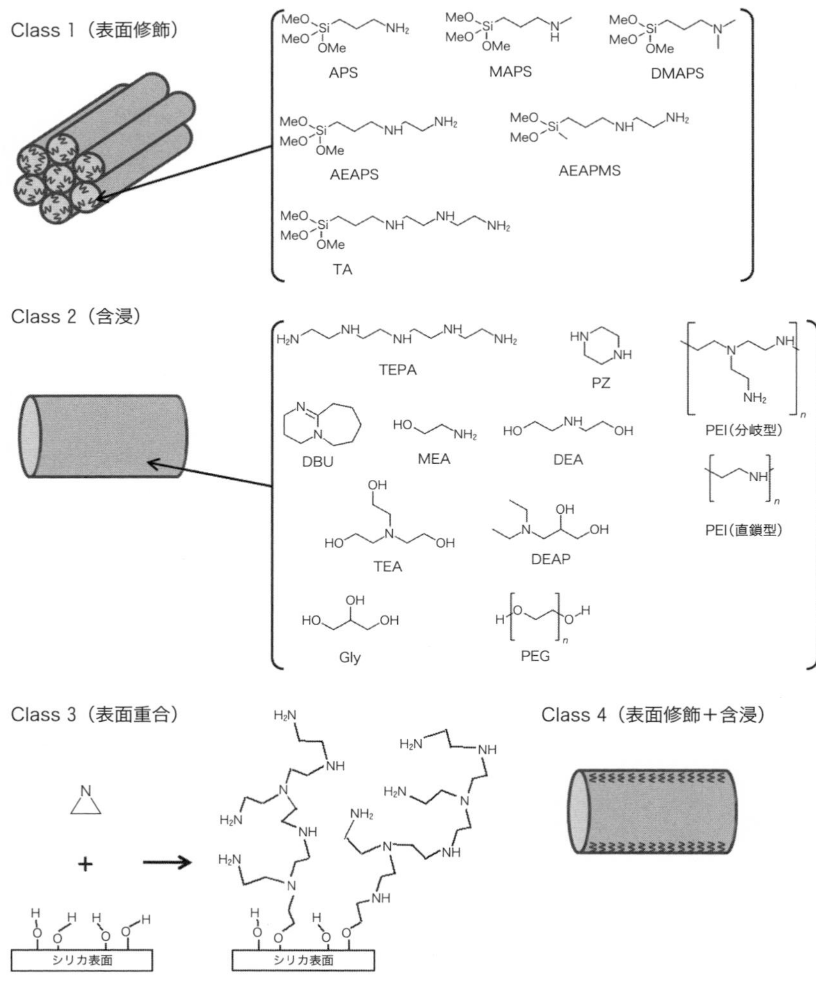

図 2.16　アミン系固体吸収材の分類

くできる Class 2〜4 の材料が適しており，固体吸収材の製造コストは材料作製の簡便さから Class 2 が比較的安価で作製できると考えられる．

国内の研究開発動向　　日本においては，RITE および川崎重工業（KHI）が研究開発を行っており，RITE では，2010 年より経済産業省の「二酸化炭素回収技術高度化事業（二酸化炭素固体吸収材等技術開発）」および「二酸化炭素回収技術実用化研究事業（先進的二酸化炭素固体吸収材実用化研究開発事業）」，新エネルギー・産業技術総合開発機構の「CCS 研究開発・実証関連事業/CO_2 分離回収技術の研究開発/先進的二酸化炭素固体吸収材実用化研究開発」および「CCUS 研究開発・実証関連事業/CO_2 分離回収技術の研究開発/先進的二酸化炭素固体吸収材の石炭燃焼排ガス適用性研究」において，研究開発が進められており，低温で再生可能な固体吸収材を見出している[51～53]．また，KHI は 1980 年代より CO_2 分離回収技術の研究開発を行っており，燃焼排ガスをターゲットとした独自の KCC（Kawasaki CO_2 Capture）システムを確立している[54,55]．2015 年度以降は，RITE と KHI が共同で上記事業を実施しており，関西電力の舞鶴発電所内にパイロットスケール試験設備（40 t/day 規模）を建設し，2022 年度から 2024 年度にかけて，石炭火力発電所から排出される燃焼排ガスからの CO_2 分離回収試験を実施する予定[56]とのことであり，動向が注目される．

2.2.4　分離プロセス

吸着・固体吸収材においては，一般的な吸着プロセスが適用可能であり，操作と装置の組み合わせでプロセスが決まる．操作に関しては，圧力を変化させて吸着と脱着を繰り返す PSA（pressure swing adsorption，常圧～加圧），VSA（vacuum swing adsorption，常圧～減圧），VPSA（vacuum pressure swing adsorption，減圧～加圧）や，温度を変化させて吸着と脱着を繰り返す TSA（temperature swing adsorption），その両方を組み合わせた PTSA（pressure and temperature swing adsorption）などを，排ガス特性および材料特性などに応じて選定する．ゼオライトでは PSA，VSA，VPSA，PTSA が検討されており，入熱する PTSA が回収純度，回収率はよくなるが，加熱冷却に要する時間が余分にかかり生産性は低下するため，VSA，VPSA が多く検討されている．一方，多くのアミン系の固体吸収材では，100～120 ℃ で再生させる TSA が採用されている[10,12]が，水蒸気により CO_2 吸収量が低下しないという特性を活かして，スチームストリッピングによる脱着プロセスも検討されており，その有効性が示されている[51,57]．スチームストリッピングの利点は，供給された水蒸気が吸収されることで生じる熱により CO_2 の脱離が生じることに加え，水蒸気が脱離した CO_2 をスウィープする（押し出す）ことで，気相の CO_2 分圧が低下するため CO_2 の脱離が促進される点である．KHI や RITE が開発した固体吸収材は，低温（60 ℃程度）での再生が可能であることから，減圧（低温）水蒸気によるスチームストリッピングが可能であるという特徴

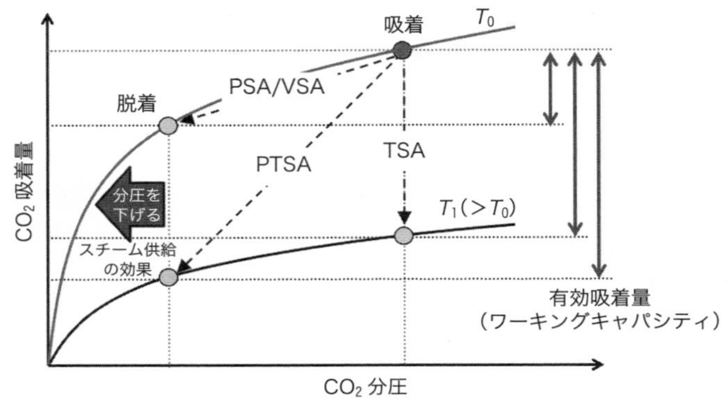

図 2.17　操作条件と有効吸着量の関係

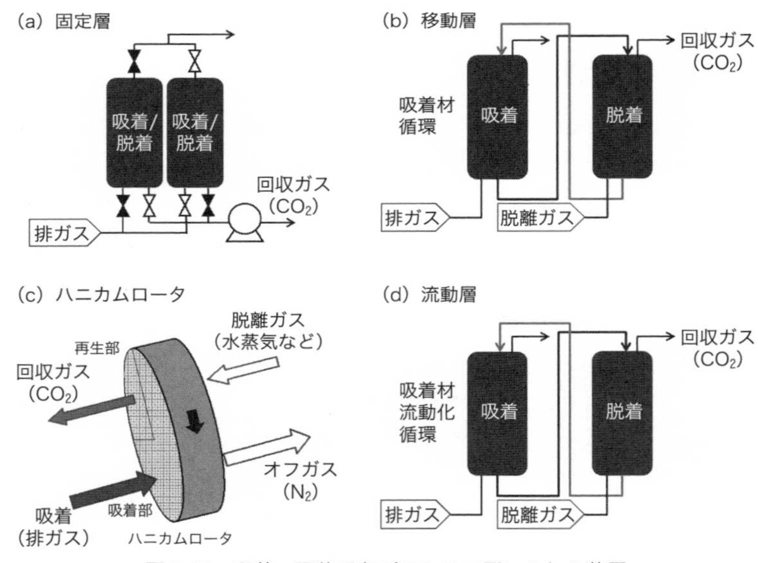

図 2.18　吸着・固体吸収プロセスで用いられる装置

をもっており，VSA と同様の操作が可能である．各操作と有効吸着量（ワーキングキャパシティ）の関係を**図 2.17** に示す．

また，装置に関しては，**図 2.18** に示すような固定層，ハニカムロータ，移動層および流動層の選択が可能である．装置に関しては，消費エネルギーの観点からは移動層，流動層が優れているという報告[58]はあるものの，それぞれに一長一短がある．COURSE50 プロジェクトでは固定層[29,30]，RITE-KHI プロジェクトでは移動層が採用されている[59]．KHI は独自に固定層，移動層（KCC プロセス）の研究開発も行っている[45,46]．また，西武技研はハニカムロータ型のプロセスを開発している[54,55]．韓国の KIER と KEPRI のグループは，アルカリ炭酸塩系固体吸収材に流動層プロセスを適用したパイロットプラントを石炭火力発電所で試験した実績がある[48]．

基本的には吸着特性を最大限活用して有効吸着量が大きくなるような操作が望ましいが，回収純度，回収率，後述のエネルギー消費量，装置費用などを考慮して最適な操作と装置を選定することになる．一般的には，小型装置を用いた試験やシミュレーションにより操作・装置設計が行われるが，エネルギー最適条件がコスト最適条件とはならない場合もあるため，検討の際には注意が必要である．

2.2.5 エネルギー・コスト評価

吸着・固体吸収プロセスでは，熱エネルギーと動力エネルギーの両方またはいずれか一方を使用する．熱エネルギーについては，多くの場合において蒸気エネルギーで供給されるため，必要なエネルギーは下式より算出可能である．常温 T_{amb} の水からある温度 T の水蒸気を生成する場合には，顕熱および潜熱を考慮する必要がある（式(2.6)）．一方，蒸気サイクルから抽気する場合などでは，潜熱のみを考慮することが多い（式(2.7)）ため，場合によって使い分けられている．

顕熱を考慮する場合：
$$\text{Regeneration energy}\left[\frac{\mathrm{GJ}}{\mathrm{t}}\right]=\frac{Q_{\mathrm{steam}}(\Delta H_{\mathrm{evp}}+C_{p\mathrm{w}}\Delta T)}{Q_{\mathrm{CO_2\,recvoery}}} \tag{2.6}$$

潜熱のみ考慮する場合：
$$\text{Regeneration energy}\left[\frac{\mathrm{GJ}}{\mathrm{t}}\right]=\frac{Q_{\mathrm{steam}}\Delta H_{\mathrm{evp}}}{Q_{\mathrm{CO_2\,recvoery}}} \tag{2.7}$$

ここで，Q_{steam} は供給する水蒸気量，$Q_{\mathrm{CO_2\,recvoery}}$ は CO_2 回収量，ΔH_{evp} は供給水蒸気温度 T における蒸発潜熱，$C_{p\mathrm{w}}$ は水の比熱，ΔT は $T-T_{\mathrm{amb}}$ である．また，再生エネルギーは，簡易的にワーキングキャパシティ q_{wc}，吸着材比熱 $C_{p\mathrm{s}}$，吸着熱 ΔH，および吸着温度と脱着温度の差 ΔT から下式で計算することも可能であり，材料のスクリーニングをする際には有効な方法である．

$$\text{Regeneration energy}\left[\frac{\mathrm{GJ}}{\mathrm{t}}\right]=\frac{C_{p\mathrm{s}}\Delta T+|\Delta H|q_{\mathrm{wc}}}{q_{\mathrm{wc}}} \tag{2.8}$$

一方，動力エネルギーについては，正確にはバルブなどの動力も考慮する必要があるが，通常，大部分を真空ポンプとコンプレッサー（またはブロワー）が占めるため，それらの動力の合計で概算できる．以下に算出式の一例を示す（効率 η を考えない場合もある）．真空ポンプ・コンプレッサー動力の計算式およびポンプ・コンプレッサー効率 η については，装置仕様および圧力域などに応じて適切な式・値を使用する．動力については，各種プロセスシミュレーションソフトを利用して推算することも可能であり，試験機で実測することもできる．

$$\mathrm{Power}_{\mathrm{comp./vac.}}\,[\mathrm{W}]=\frac{1}{\eta}\frac{\gamma}{\gamma-1}Q_{\mathrm{in}}P_1\left[\left(\frac{P_2}{P_1}\right)^{\frac{\gamma-1}{\gamma}}-1\right] \tag{2.9}$$

$$\mathrm{Power\ consumption}\left[\frac{\mathrm{GJ}}{\mathrm{t}}\right]=\frac{\int_{t_1}^{t_2}\mathrm{Power}_{\mathrm{comp.}}+\int_{t_3}^{t_4}\mathrm{Power}_{\mathrm{vac.}}}{Q_{\mathrm{CO_2\,recvoery}}} \tag{2.10}$$

ここで，γ は吸込ガスの比熱比，Q_{in} は吸込ガス量，P_1 は吸込ガス圧力，P_2 は吐出ガス圧力，$t_{1\sim4}$ はコンプレッサーおよび真空ポンプの稼働時間である．通常，真空ポンプ動力計算においては P_2 には大気圧が使用される．

また，CO_2 分離回収プロセスの前段で排ガスのコンディショニング（除湿など）を行う必要があれば，それに要するエネルギーも考慮する必要がある．コンディショニングについては，どこまでを CO_2 分離回収エネルギーとして考慮するかの決まりはないため議論が必要であるが，アミン吸収法と技術比較をするのであれば，少なくとも排ガスの除湿にかかるエネルギーは含めるべきである．CO_2 分離回収エネルギーを議論する際に，熱エネルギーと動力エネルギー（電力）の両者を公平にエネルギー等価で比較することが困難であることは，技術比較をするうえで認識しておくべき課題である．

コスト評価に関しては，適用先のシステムを考慮して上記のエネルギー試算および回収性能（回収純度，回収率）などに基づき実施することとなるが，CO_2 分離回収技術の標準的な評価手法はないため，適切な評価条件を検討する必要がある．RITE[5,60]や，低炭素社会戦略センター[61]，IPCC の報告書[2]，米国 National Energy Technology Laboratory（NETL）のレポート[62]などを参考にされたい．

2.2.6　おわりに

CO_2 分離回収技術は CCUS を実施するうえで必要不可欠な要素技術であり，実用化のために低コスト化が期待されている．その中でも吸着・固体吸収法による CO_2 分離回収は最も研究が盛んに行われている分野であり，post-combustion を中心に多種多様な排出源および回収条件に適合可能である．近年では，大規模回収の実証研究も進んでおり，固体吸収材による DAC に関する報告も多くなっている．また，製造コストや賦形などの課題はあるものの，MOF や COF などの新規材料も報告されており，今後の研究開発が期待される．

ただし，CO_2 分離回収技術は，適用先の特性に合わせた技術選択が重要であるため，吸収液法，吸着・固体吸収法，膜分離法のどれか一つの技術が確立されればよいわけではない．今後，研究開発，実証研究が進んで行くにつれ，各技術が得意とする適用先が明らかになり，補完的に用いられることになるであろう．CCUS の早期社会実装を実現すべく，関連分野と連携したより一層の研究開発の推進が期待される．

参考文献（2.2 節）

1) Faruque Hasan, M. M.; Baliban, R. C.; Elia, J. A.; Floudas, C. A.: Modeling, Simulation, and Optimization of Postcombustion CO_2 Capture for Variable Feed Concentration and Flow Rate. 2. Pressure Swing Adsorption and Vacuum Swing Adsorption Processes, *Ind. Eng. Chem. Res.*, **51**, 15665-15682 (2012).

2) IPCC: IPCC Special Report on Carbon Dioxide Capture and Storage. Prepared by Working Group III of the Intergovernmental Panel on Climate Change, Cambridge University Press (2005).

3) IEA Greenhouse Gas R&D Programme, Capturing CO_2, 2007.

4) Rao, A. B.; Rubin, E. S.; Berkenpas, M. B.: An Integrated Modeling Framework for Carbon Management Technologies, U. S. Department of Energy National Energy Technology Laboratory (2004).

5) 地球環境産業技術研究機構：「平成 17 年度 二酸化炭素固定化・有効利用技術等対策事業二酸化炭素地中貯留技術研究開発」成果報告書，2006.

6) 平田琢也，岸本真也，乾 正幸，辻内達也，島田大輔，川﨑晋平：排ガスからの CO_2 回収装置の当社実績と最近の取組み，三菱重工技報，**55**，42-47（2018）.

7) AACE Japan Section: Cost Engineering Journal, **28** (2020).

8) 日本機械輸出組合：2020 年 PCI/LF（プラントコストインデックス/ロケーションファクター）報告書，2020.

9) Clarivate™: Web of Science™.

10) Ünveren, E. E.; Monkul, B. Ö.; Sarıoğlan, Ş.; Karademir, N.; Alper, E.: Solid Amine Sorbents for CO_2 Capture by Chemical Adsorption: A Review, *Petroleum*, **3**, 37-50 (2017).

11) Pettinari, C.; Tombesi, A.: Metal-organic frameworks for carbon dioxide capture, *MRS Energy Sustain.*, **7**, E35 (2020).

12) Gelles, T.; Lawson, S.; Rownaghi, A.; Rezaei, F.: Recent advances in development of amine functionalized adsorbents for CO_2 capture, *Adsorption*, **26**, 5-50 (2020).

13) U.S. DOE/NETL, Carbon Capture Program R&D, 2020 Compendium of Carbon Capture Technology, 2020.

14) 特許庁：平成 29 年度 特許出願技術動向調査報告書（概要）CO_2 固定化・有効利用技術，

2018.
15) JIS Z8830：2013（ISO9277：2010），ガス吸着における粉末（固体）の比表面積測定方法．
16) JIS Z8831-2：2010，粉体（固体）の細孔径分布及び細孔特性―第2部：ガス吸着によるメソ細孔及びマクロ細孔の測定方法．
17) JIS Z8831-3：2010（ISO15901-3：2007），粉体（固体）の細孔径分布及び細孔特性―第3部：ガス吸着によるミクロ細孔の測定方法．
18) 多孔体の精密制御と機能・物性評価，S&T 出版（2008）．
19) 竹内 雍 監修：新訂三版 最新吸着技術便覧～プロセス・材料・設計～，エヌ・ティー・エス（2020）．
20) Al-Ghouti, M. A.; Da'ana, D. A.: Guidelines for the use and interpretation of adsorption isotherm models: A review, *J. Hazard. Mater.*, **393**, 122383 (2020).
21) Myers, A. L.; Prausnitz, J. M.: Thermodynamics of mixed gas adsorption, *AIChE J.*, **11**, 121-127 (1965).
22) Glueckauf, E.: Theory of chromatography. Part 10. ―Formulæ for diffusion into spheres and their application to chromatography, *Trans. Faraday Soc.*, **51**, 1540-1551 (1955).
23) Hu, Q.; Pang, S.; Wang, D.: In-depth Insights into Mathematical Characteristics, Selection Criteria and Common Mistakes of Adsorption Kinetic Models: A Critical Review, *Sep. Purif. Rev.* (2020).
24) 汲田幹夫，渡辺藤雄，架谷昌信：粒状 MSC による CO_2-PSA 分離特性，化学工学論文集，**19**，374-380（1993）．
25) 牧田武紀，平山孝平，樋口康二郎，縄田秀夫，泉 順，大嶋一晃：PSA 法によるボイラ排ガス中の CO_2 除去技術の基礎試験結果，エネルギー・資源，**14**，62-66（1993）．
26) 佐治 明，高村幸宏，野田英智，渡辺藤雄，松田仁樹，架谷昌信：燃焼排ガスからの二酸化炭素分離回収に対する PSA の適用性，化学工学論文集，**23**，149-156（1997）．
27) Hauchhum, L.; Mahanta, P.: Carbon dioxide adsorption on zeolites and activated carbon by pressure swing adsorption in a fixed bed, *Int. J. Energy Environ. Eng.*, **5**, 349-356 (2014).
28) Kumar, S.; Srivastava, R.; Koh, J.: Utilization of zeolites as CO_2 capturing agents: Advances and future perspectives, *J. CO_2 Util.*, **41**, 101251 (2020).
29) 斉間 等，茂木康弘，原岡たかし：PSA 法による高炉ガスからの炭酸ガス分離技術の開発，JFE 技報，**32**，44-49（2013）．
30) 斉間 等，茂木康弘，原岡たかし：圧力スイング吸着法による高炉ガスからの大規模 CO_2 分離・回収技術，ゼオライト，**31**，2-8（2014）．
31) 井上宏志：機能性ハニカムロータを用いた TSA 法による CO_2 分離回収技術，混相流，**29**，200-207（2015）．
32) 西武技研株式会社：九州環境エネルギー産業推進機構第 104 回エコ塾発表資料，2017．
33) 小杉佐内，雛田育利，丹羽健太郎，土屋活美，加藤雅裕：疎水性ゼオライトを用いた CO_2 分離回収設備の低コスト化，第 10 回日本エネルギー学会大会，ID: 7-5，2001．
34) Yoshikawa, K.; Sato, H.; Kaneeda, M.; Kondo, J. N.: Synthesis and analysis of CO_2 adsorbents based on cerium oxide, *J. CO_2 Util.*, **8**, 34-38 (2014).
35) Yoshikawa, K.; Kaneeda, M.; Nakamura, H.: Development of Novel CeO_2-based CO_2 adsorbent and analysis on its CO_2 adsorption and desorption mechanism, *Energy Procedia*, **114**, 2481-2487 (2017).
36) Yoshikawa, K.; Takahashi, E.; Miyake, T.: CO_2 Separation from Ambient Air by Novel CeO_2-Based Adsorbent, 14th Greenhouse Gas Control Technologies Conference (GHGT-14) Melbourne 21-26 Oct. 2018.　http://dx.doi.org/10.2139/ssrn.3365769

37）Petrovic, B.; Gorbounov, M.; Soltani, S. M.: Influence of surface modification on selective CO_2 adsorption: A technical review on mechanisms and methods, *Microporous Mesoporous Mater.*, **312**, 110751 (2021).

38）Liu, F.; Huang, K.; Ding, S.; Dai, S.: One-step synthesis of nitrogen-doped graphene-like meso-macroporous carbons as highly efficient and selective adsorbents for CO_2 capture, *J. Mater. Chem. A*, **4**, 14567-14571 (2016).

39）Fujiki, J.; Yogo, K.: The increased CO_2 adsorption performance of chitosan-derived activated carbons with nitrogen-doping, *Chem. Commun.*, **52**, 186-189 (2016).

40）Shekhah, O.; Belmabkhout, Y.; Chen, Z.; Guillerm, V.; Cairns, A.; Adil, K.; Eddaoudi, M.: Made-to-order metal-organic frameworks for trace carbon dioxide removal and air capture, *Nature Commun.*, **5**, 4228 (2014).

41）新エネルギー・産業技術総合開発機構：「グリーン・サステイナブルケミカルプロセス基盤技術開発/副生ガス高効率・分離精製プロセス基盤技術開発」事業原簿　公開版，2017.

42）Hiraide, S.; Sakanaka, Y.; Kajiro, H.; Kawaguchi, S.; Miyahara, M. T.; Tanaka, H.: High-throughput gas separation by flexible metal-organic frameworks with fast gating and thermal management capabilities, *Nature Commun.*, **11**, 3867 (2020).

43）Zeng, Y.; Zou, R.; Zhao, Y.: Covalent Organic Frameworks for CO_2 Capture, *Adv. Mater.*, **28**, 2855-2873 (2016).

44）Hasell, T.; Armstrong, J. A.; Jelfs, K. E.; Tay, F. H.; Thomas, K. M.; Kazarian, S. G.; Cooper, A. I.: High-pressure carbon dioxide uptake for porous organic cages: comparison of spectroscopic and manometric measurement techniques, *Chem. Commun.*, **49**, 9410-9412 (2013).

45）Wang, W.; Su, K.; El-Sayed, E. M.; Yang, M.; Yuan, D.: Solvatomorphism Influence of Porous Organic Cage on C_2H_2/CO_2 Separation, *ACS Appl. Mater. Interfaces*, **13**, 24042-24050 (2021).

46）林 弘，平野晋一，重本直也，山田進一：多孔質担体上の炭酸カリウムの担持状態と煙道ガス条件における湿性 CO_2 の捕捉機能，**12**，1006-1012 (1995).

47）重本直也：炭酸アルカリ担持活性炭による湿性排ガス中の CO_2 回収性能，化学工学会第 37 回秋季大会，J213-J214，2005.

48）Yi, K.-C.: Dry Solid Sorbent CO_2 Capture Project of 10MWe Scale, Carbon Sequestration Leadership Forum, 2015.

49）Nasiman, T.; Kanoh, H.: CO_2 Capture by a K_2CO_3-Carbon Composite under Moist Conditions, *Ind. Eng. Chem. Res.*, **59**, 3405-3412 (2020).

50）Hiyoshi, N.; Yogo, Y.; Yashima, T.: Adsorption characteristics of carbon dioxide on organically functionalized SBA-15, *Microporous Mesoporous Mater.*, **84**, 357-365 (2005).

51）Fujiki, J.; Chowdhury, F. A.; Yamada, H.; Yogo, K.: Highly Efficient Post-Combustion CO_2 Capture by Low-Temperature Steam-Aided Vacuum Swing Adsorption Using a Novel Polyamine-Based Solid Sorbent, *Chem. Eng. J.*, **307**, 273-282 (2017).

52）Yamada, H.; Chowdhury, F. A.; Fujiki, J.; Yogo, K.: Effect of Isopropyl-Substituent Introduction into Tetraethylenepentamine-Based Solid Sorbents for CO_2 Capture, *Fuel*, **214**, 14-19 (2018).

53）Yamada, H.; Chowdhury, F. A.; Fujiki, J.; Yogo, K.: Enhancement Mechanism of the CO_2 Adsorption-Desorption Efficiency of Silica-Supported Tetraethylenepentamine by Chemical Modification of Amino Groups, *ACS Sustain. Chem. Eng.*, **7**, 9574-9581 (2019).

54）Okumura, T.; Ogino, T.; Nishibe, S.; Nonaka, Y.; Shoji, T.; Higashi, T.: CO_2 capture test for a moving-bed system utilizing low-temperature steam, *Energy Procedia*, **63**, 2249-2254 (2014).

55）沼口遼平：アミン含浸固体吸収材を用いた CO_2 回収技術の開発，*Adsorption News*，**32**，5-9 (2019).

56）地球環境産業技術研究機構，川崎重工業株式会社，関西電力株式会社，プレスリリース，2020 年 9 月 24 日．
57）Sandhu, N. K.; Pudasainee, D.; Sarkar, P.; Gupta, R.: Steam regeneration of polyethylenimine-impregnated silica sorbent for postcombustion CO_2 capture: a multicyclic study, *Ind. Eng. Chem. Res.*, **55**, 2210-2220 (2016).
58）Gray, M. L.; Hoffman, J. S.; Hreha, D. C.; Fauth, D. J.; Hedges, S. W.; Champagne, K. J.; Pennline, H. W.: Parametric Study of Solid Amine Sorbents for the Capture of Carbon Dioxide, *Energy Fuels*, **23**, 4840-4844 (2009).
59）余語克則：二酸化炭素固体吸収材の実用化に向けた研究開発の進展，革新的 CO_2 分離回収技術シンポジウム，2021.
60）地球環境産業技術研究機構：「平成 18 年度　二酸化炭素固定化・有効利用技術等対策事業二酸化炭素地中貯留技術研究開発」成果報告書，2007.
61）科学技術振興機構低炭素社会戦略センター，CCS（二酸化炭素回収貯留）の概要と展望—CO_2 分離回収技術の評価と課題—．LCS-FY2015-PP-08，2016.
62）U.S. DOE/NETL: Cost and Performance Baseline for Fossil Energy Plants, DOE/NETL-2010/1397, 2013.

2.3　高炉ガスからの CO_2 分離回収技術

2.3.1　は じ め に

高炉法による製鉄プロセスでは，鉄鉱石をコークスにより還元して溶鉄を製造するため，大量の CO_2 を発生する．日本における鉄鋼業界からの CO_2 排出量は，国内 CO_2 排出量の約 15％を占めており，製鉄プロセスにおける CO_2 削減は，近年の CO_2 削減ニーズの高まりも受けて重要課題の一つとなっている．鉄鋼業界では，2008 年度より，新エネルギー・産業技術総合開発機構（NEDO）プロジェクト「環境調和型プロセス技術開発（COURSE50：CO_2 Ultimate Reduction System for Cool Earth 50)」において，製鉄プロセスからの CO_2 削減技術の開発に取り組んでいる[1,2]．図 **2.19** に，COURSE50 の概要を示す．COURSE50 における主要技術は，高炉における水素還元と高炉ガスからの CO_2 分離技術であり，さらに，それらの主要技術を支える技術として，コークス改良技術や CO_2 分離に必要なエネルギーを回収する未利用排熱回収技術の開発も行っている．

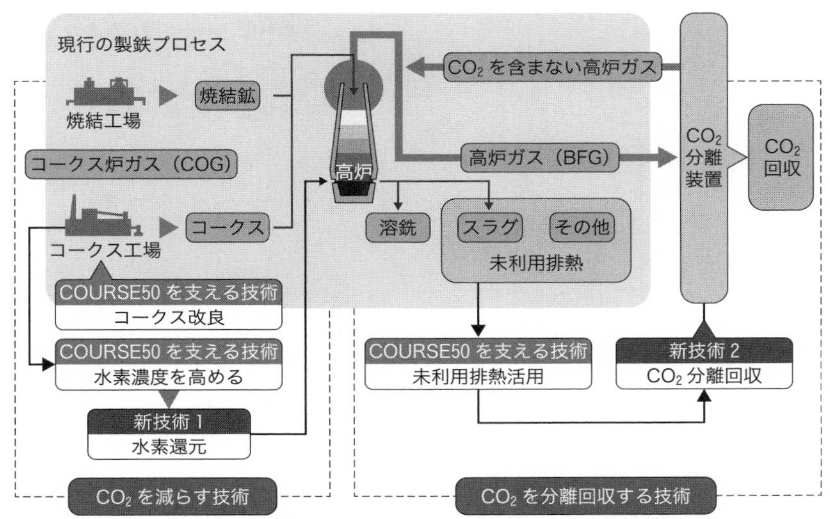

図 2.19　環境調和型プロセス技術開発 COURSE50[3)]

2.3.2　各種ガス分離プロセスとその特徴

図 2.20 に，排ガスの特性に応じたガス分離プロセス選択の考え方について示す．排ガス圧力が高圧の場合には，圧力をそのまま有効利用可能な物理吸収法や膜分離法が効率的である．一方で，排ガス圧力が低い場合には昇圧のための圧縮機動力が大きくなるため，昇圧処理に極力依存しない分離プロセスが望ましい．たとえば，空気からの酸素分離などに用いられる深冷分離法では，混合ガスを低温で液化させて各成分ガスの液化温度の違いによりガス分離を行う．また，目的ガスの濃度によっては，圧力スイング吸着法（PSA：pressure swing adsorption）のような物理吸着法も効果的に用いられる．深冷分離法や物理吸着法でも圧力操作が必要であるため完全に昇圧レス化することはできないが，たとえば PSA のガス吸着材を適切に選定することで，圧力スイング幅を小さくしてガス分離コストを削減することができる．化学吸収法は，特定ガスを選択的に吸収する吸収液によるガス分離を行うもので，代表的なプロセスとしてアミン吸収液による CO_2 分離がある．

2.3.3　物理吸着法と化学吸収法

製鉄プロセスで排出される高炉ガスは低圧で供給されるため，COURSE50 にお

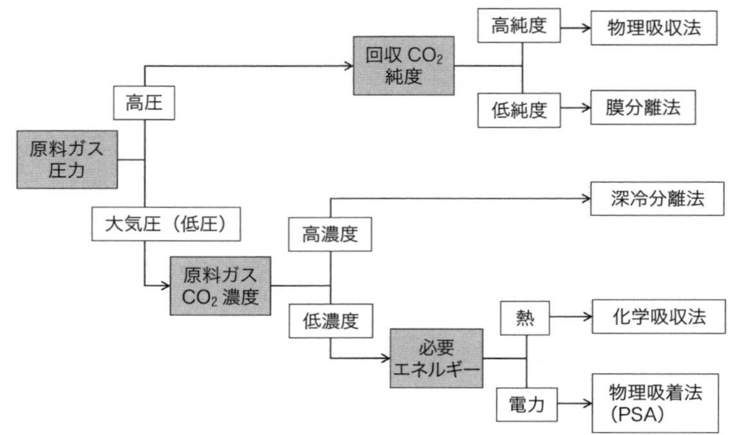

図 2.20　排ガスの特性に応じたガス分離プロセス選択

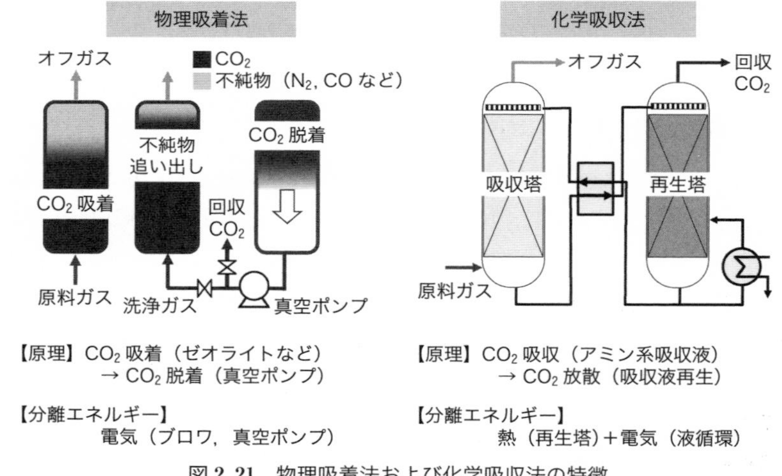

図 2.21　物理吸着法および化学吸収法の特徴

ける高炉ガスからの CO_2 分離では，物理吸着法および化学吸収法について検討した．図 2.21 に，物理吸着法と化学吸収法の特徴を示す．物理吸着法（PSA）では，たとえば 13X ゼオライトなどの CO_2 吸着材を充塡した吸着塔を複数設けて，吸着・脱着を繰り返しながら CO_2 分離を行う．脱着ガスの一部は，洗浄ガスとして別の吸着塔の不純物ガス追い出しのために循環利用され，洗浄ガス量により回収 CO_2 濃度が調整される．CO_2 分離に用いられる主なエネルギーは，圧力スイングのためのガス圧縮機および真空ポンプの電力である．一方で，化学吸収法では，CO_2 分離に用いられる主なエネルギーは，CO_2 吸収液の加熱再生処理に必要な熱エネルギーである．製鉄プロセスでは，副生ガス発電による電力や高温排熱など，さまざまな形態にて二次利用可能なエネルギーが得られるため，これらのエネルギーの運用方法に応じて物理吸着法または化学吸収法を適宜選択することが可能である．

2.3.4 物理吸着法による高炉ガスからの CO_2 分離技術

JFE スチールでは，COURSE50 開発技術の一つとして，物理吸着法による高炉ガスからの CO_2 分離技術開発に取り組んできた[3,4]．図 **2.22** に開発経緯を示す．最初に基礎研究として，吸着測定装置およびラボ PSA 実験装置を用いて，高炉ガスからの CO_2 分離に適した吸着材の選定および CO_2 分離性能のラボ評価を行った．次に，高炉ガス CO_2-PSA ベンチプラントを建設して，実際の高炉ガスを用いた CO_2 分離ベンチ試験により，CO_2 分離動力および吸着材耐久性に関する評価を行った．さらに，2013 年度以降のベンチ試験では，吸着塔高さを実機スケールの大規模 CO_2-PSA を想定した 1.5 m まで拡張して，吸着材充填層の圧力損失による影響や，累計 1,000 時間運転による吸着材長期耐久性を評価した．

図 **2.23** に，PSA による CO_2 分離プロセスの模式図を示す．図のように，吸着材を充填した吸着塔を複数設けて，吸着と脱着を繰り返しながら CO_2 を分離回収する．CO_2 吸着後の原料ガスは不純物ガス濃度が増加するため，吸着塔の上部に

図 **2.22** 物理吸着法による高炉ガス CO_2 分離（COURSE50）開発経緯

* ASCOA-3：Advanced Separation system by Carbon Oxide Adsorption, plant capacity > 3 t-CO_2/day

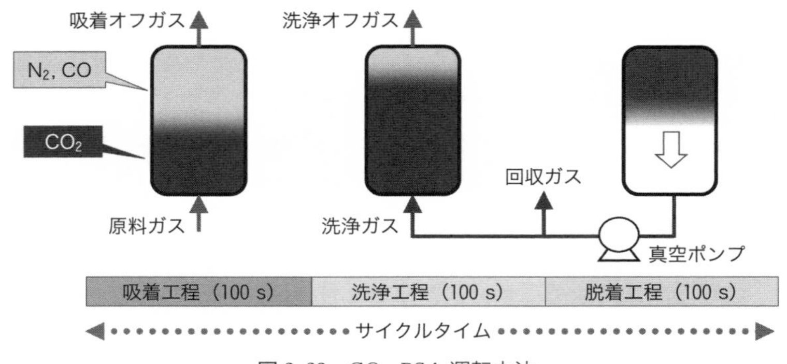

図 2.23　CO_2-PSA 運転方法

は不純物ガスが残存しやすい．また，吸着材間隙の気相領域にも不純物ガスが残存するため，これらを除去する方法として，脱着した CO_2 リッチガスの一部を吸着工程終了後の別の吸着塔に供給して不純物ガスを除去する洗浄工程がある．回収 CO_2 純度は，この洗浄ガス流通量を変化させて調整する．

高炉ガス CO_2 分離に適した吸着材として，13X ゼオライトを選定した．ゼオライトの中でもとくに大きい 12 員環をもつ FAU 型の 13X ゼオライトは細孔内部へのガス拡散が比較的速く，また，高炉ガスに含まれる N_2 や CO など CO_2 以外のガス成分に対して優れた CO_2 選択性を有するため，高炉ガスを原料とした大規模 CO_2-PSA に適した吸着材である．13X ゼオライトを用いる CO_2-PSA は減圧タイプの PSA（VSA（vacuum swing adsorption）とも呼ばれる）であるため，真空ポンプで減圧することで CO_2 を脱着させて吸着材を再生する．そのため，吸着塔が大型化して吸着材充填層の圧力損失が増加すると，真空ポンプによる減圧が不十分となり，CO_2 分離性能が低下する．また，13X ゼオライトは Si/Al 比が小さい親水性ゼオライトであり，高炉ガス中に含まれる水分による性能劣化も懸念される．このような 13X ゼオライト吸着材を高炉ガス CO_2-PSA に適用するうえで課題となる圧力損失影響および高炉ガス中の水分による影響について，以下それぞれラボ実験およびベンチ試験での評価を実施した．

a. 圧力損失による影響

CO_2-PSA の運転では，真空ポンプによる減圧操作で吸着材の再生を行う．ラボスケールの PSA 実験では小型吸着塔を使用するため，脱着工程における吸着塔内の圧力損失はとくに影響しないが，吸着塔が大型化すると，吸着材充填層内を流通する脱着ガス量が多くなり，吸着塔内の圧力損失の影響が大きくなる．CO_2 吸着

表 2.5 CO_2-PSA 実験の吸着材形状

【形状 1】 円筒, ϕ3.0 mm 外表面積比 0.5	【形状 2】 円筒, ϕ1.5 mm 外表面積比 1.0
【形状 3】 円筒, ϕ1.2 mm 外表面積比 1.25	【形状 4】 三つ葉, ϕ1.63 mm 外表面積比 1.16

材として 13X ゼオライトを用いる場合，CO_2 有効吸着量が大きくなる 10 kPa 以下程度まで減圧する必要があるため，圧力損失が大きくなると吸着材充塡層内の一部で CO_2 脱着が不十分になり，CO_2 回収量が低下する．圧力損失低減には，吸着材を大きくして吸着材充塡層内の間隙を広げることが効果的である．一方で，吸着材が大きくなると，吸着材内部の CO_2 拡散が遅延して吸着材の性能を損ねる可能性がある．吸着材形状による影響を調べるため，**表 2.5** に示す 4 種類の吸着材を使用したラボ CO_2-PSA 実験を行った[5]．材質はすべて同じ 13X ゼオライト（Zeolum F-9HA，東ソー製）で，形状のみ変化させている．表中の外表面積比は，細孔内表面を除いた吸着材の見掛け形状から求まる外表面積を，粒径 ϕ1.5 mm 吸着材の外表面積を 1 とした比率で示したものである．ラボ PSA 実験装置は，内径 40 mm の SUS 製の吸着塔 3 本を使用し，吸着材 120 g を各塔に充塡した．PSA 運転は，32 % CO_2，33 % CO，30 % N_2，5 % H_2 の混合ガス 40 NL/kg 吸着材/cycle を流通させて，吸着圧 151 kPa，脱着圧 9 kPa，サイクルタイム 300 s，回収 CO_2 濃度 90 vol% で実施した．実験結果を**図 2.24** に示す．グラフの横軸は外表面積比，縦軸は CO_2 回収量であり，結果より，吸着材形状による CO_2 回収量への影響はみられなかった．この結果より，吸着材内部へのガス拡散は十分に速く，ガス吸着速度は吸着材の見掛け形状に影響を受けないことがわかる．

b. 高炉ガス中の水分による影響

高炉ガスは，湿式除塵処理などの前工程による影響で水分を含有した湿ガスとして所内供給される．一般的に 13X のような親水性ゼオライトは水分吸着によりガ

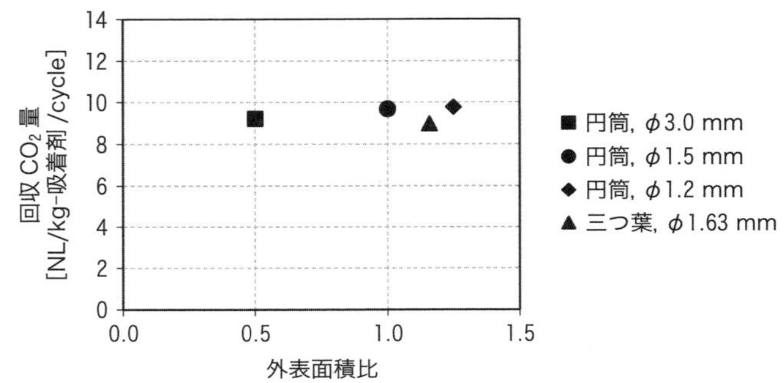

図 2.24　ラボ CO_2-PSA 吸着材形状と回収 CO_2 量[4)]

ス吸着性能が低下するため，商用 PSA では前処理として除湿を行っている．一方で，高炉ガスのような大量に発生するガスを完全に除湿することは実用上困難であるため，この除湿処理をいかに簡略化できるかが本件開発における技術課題の一つである．今回，13X ゼオライト吸着材の水分影響について，以下 2 種類のラボ評価を実施した[6)]．

① PSA で吸着材に吸着する水分量

② 吸着材に吸着した水分が CO_2 吸着量に与える影響

PSA で吸着材に吸着する水分量　PSA 運転中に吸着材に吸着したまま残存する水分量は，吸着材の親水性により変化する．今回，Si/Al 比の違いにより異なる親水性を有する NaX（13X）ゼオライトと NaY ゼオライトの 2 種類の吸着材を用いて，CO_2-PSA の吸着-脱着サイクルを想定した H_2O 吸着等温線の繰り返し測定を実施した．**表 2.6** に，本実験で用いた吸着材を示す．本実験における吸着等温線測定の開始前に，吸着材（1 g）に吸着した H_2O をすべて脱着させるため，573 K，1 Pa 以下で 5 時間の真空加熱前処理を行った．次に，298 K で H_2O 吸着等温線（吸着 0 → 2.5 kPa，脱着 2.5 kPa → 0.1 kPa）を測定した．脱着側の H_2O 吸着等温線の測定後，加熱処理を行わずに 298 K のまま 12 h で 1 Pa 以下になるまで吸着材の減圧再生処理を行い，再生後の吸着材の重量を測定した．そして，重量測定後の吸着材を前処理なしで再び上記と同様の H_2O 吸着等温線測定および減圧再生処理を 2 回繰り返して，吸着等温線の変化から吸着 H_2O の残存挙動を調べた．

図 2.25 に，H_2O 吸着等温線（298 K）の繰り返し測定結果を示す．1 回目の測定では，吸着材の真空加熱前処理を行っているため，最も H_2O 吸着量が大きくなっている．減圧再生後の吸着材重量から求めた残存 H_2O 吸着量は縦軸上に点で

表 2.6 吸着材の種類および物性値

項目	NaX ゼオライト	NaY ゼオライト
吸着材形状	円筒状	円筒状
ペレット外径 [mm]	1.5	1.5
ペレット平均長さ [mm]	3.2	3.2
マクロ-メソ細孔容積 [cm^3/g]	0.27	0.58
マクロ-メソ細孔径 [nm]	126	60
BET 表面積 [m^2/g]	802	775
充塡密度 [g/cm^3]	0.67	0.53
粒子密度 [g/cm^3]	1.58	1.11
Si/Al 比	1.4	2.9

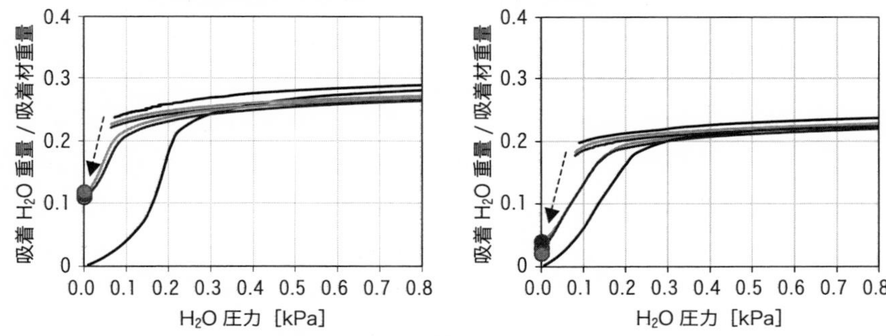

図 2.25 H_2O 吸着等温線（298 K）
繰り返し測定結果（左：NaX，右：NaY）

示しており，原点よりも高い位置にあることから，減圧再生のみではすべての H_2O を脱着させることができないことがわかる．一方で，一部の H_2O については減圧再生のみでも脱着されており，H_2O 吸着力分布の存在が示唆される．NaX と NaY の測定結果の比較より，親水性が高い NaX ゼオライトのほうが減圧操作のみで脱着可能な H_2O が少なく，PSA 脱着工程での吸着材の再生が難しいことがわかる．

吸着材に吸着した水分が CO_2 吸着量に与える影響　次に，吸着材に吸着した水分が PSA 運転時の CO_2 吸着量に与える影響を調べるため，H_2O 吸着量を調整した NaX，NaY ゼオライト吸着材の CO_2 吸着等温線測定を行った．H_2O 吸着量の

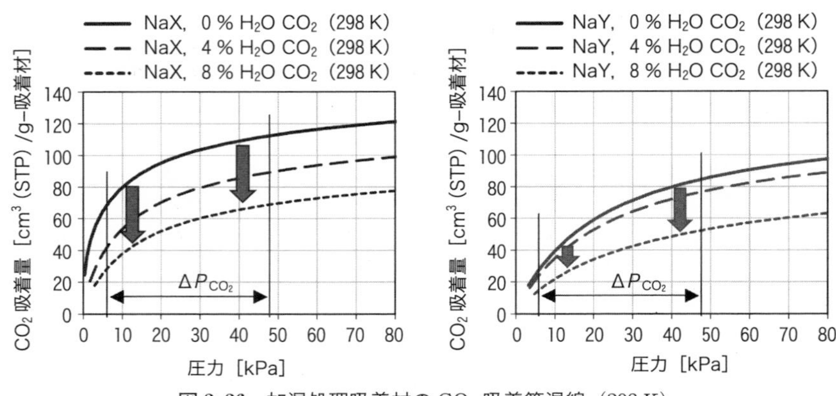

図 2.26　加湿処理吸着材の CO_2 吸着等温線（298 K）
測定結果（左：NaX，右：NaY）

調整は，蒸留水を入れた容器の上部に吸着材を 298 K で保持して約 30 % の重量増となるまで H_2O を吸着させた後，吸着材各 1 g を加熱温度 323～523 K の範囲で変化させた条件で 2 h の真空加熱処理を行い，加熱温度の差によって真空加熱処理後の H_2O 吸着量を 0 wt%，4 wt%，8 wt% になるように調整した．そして，H_2O 吸着量の調整後に，298 K にて 0 → 80 kPa の圧力範囲にて CO_2 吸着等温線の測定を行った．**図 2.26** に測定結果を示す．図の左側が NaX ゼオライト，右側が NaY ゼオライトの測定結果であり，いずれも H_2O 吸着量の増加に応じて CO_2 吸着量が減少している．図中の両矢印は，高炉ガスの CO_2 濃度と CO_2-PSA 圧力スイング範囲から想定される CO_2 分圧のスイング範囲である．左右のグラフを比較すると，NaX の CO_2 吸着等温線は CO_2 分圧スイング範囲においてほぼ平行移動する形で変化しているのに対して，NaY の CO_2 吸着等温線は全体的に傾きが小さくなるような形で変化している．CO_2-PSA における CO_2 分離性能は，**図 2.27** に示す有効吸着量 ΔQ，すなわち，CO_2 分圧スイング範囲に対する CO_2 平衡吸着量の変化と相関がある．**図 2.26** の各 CO_2 吸着等温線から求めた H_2O 吸着量と CO_2 有効吸着量 ΔQ_{CO_2} との関係を**図 2.28** に示す．結果より，NaX のほうが NaY よりも H_2O 吸着による有効吸着量の変化が小さく，原料ガス中の H_2O の影響を受けにくいことがわかる．実際の CO_2-PSA 運転中においては，**図 2.25** の結果より，H_2O 脱着が難しい NaX のほうが H_2O 吸着量が大きくなると予想されるが，**図 2.28** の結果より，CO_2 有効吸着量の変化については NaX のほうが抑制されるため，水分吸着による CO_2 分離性能への影響は限定的であり，減圧再生を繰り返す PSA 運転条件下

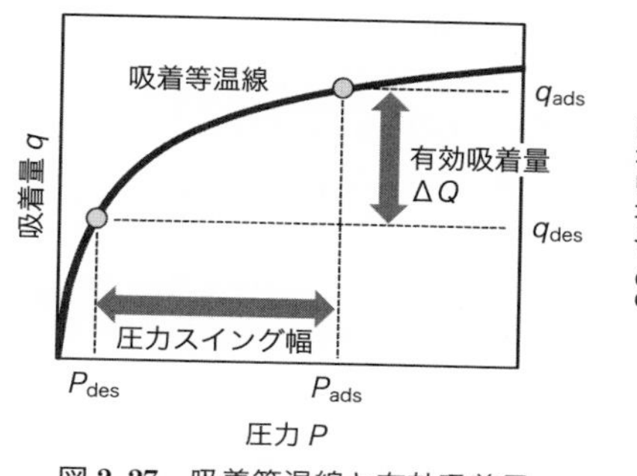

図 2.27 吸着等温線と有効吸着量

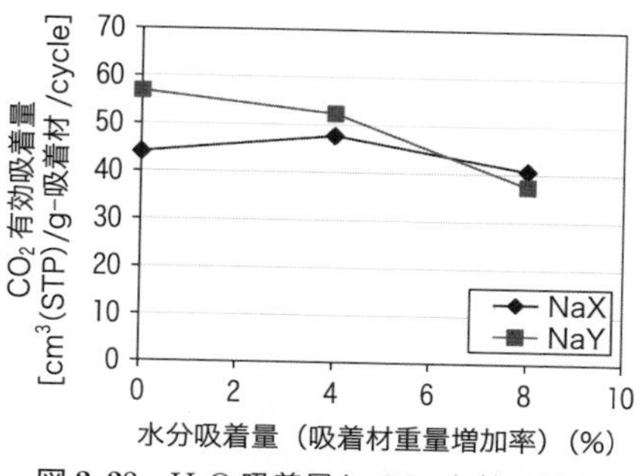

図 2.28 H_2O 吸着量と CO_2 有効吸着量

であればNaX（13X）ゼオライトも水分を含む高炉ガスの CO_2 分離に適用可能であることがわかる．

2.3.5 高炉ガス CO_2 分離ベンチ試験

上記ラボ実験で確認した CO_2-PSA の圧力損失影響および水分影響について，実際の高炉ガスを用いたベンチ試験による効果検証を行った．図 2.29 に，ベンチプラントの設備構成を示す．高炉ガスは，高炉ガス母管に設けた分岐配管から供給し，ブロワおよび圧縮機で加圧後，ガス冷却器および脱湿器で水分量を調整してから CO_2-PSA 吸着塔に供給される．吸着塔には 13X ゼオライト吸着材 240 kg が充填されており，CO_2 ガスを吸着後，真空ポンプで CO_2 を脱着させて回収する．回収ガスおよびオフガス（未吸着ガス）は，それぞれガス流量およびガス組成の分析

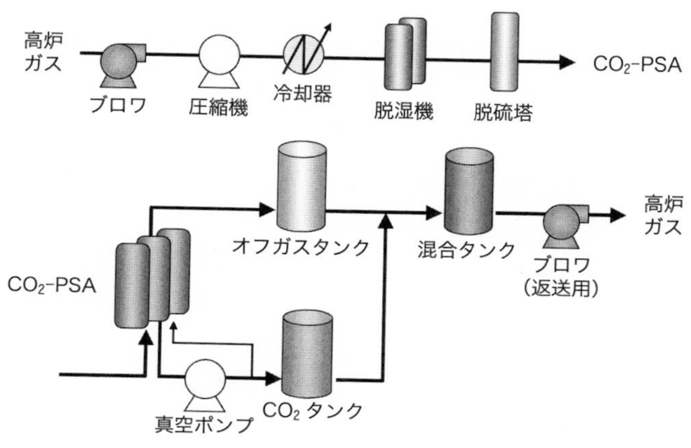

図 2.29 高炉ガス CO_2-PSA 実証ベンチプラント ASCOA-3 設備構成

表 2.7　吸着塔圧力損失と真空ポンプ電力原単位

吸　着　材	吸着塔圧力損失 [kPa]	CO_2回収量 [t-CO_2/day]	真空ポンプ電力原単位 [kWh/t-CO_2]
13X ゼオライト，φ1.5 mm	2.8	4.69	134.9
13X ゼオライト，φ3.0 mm	1.4	4.72	113.8

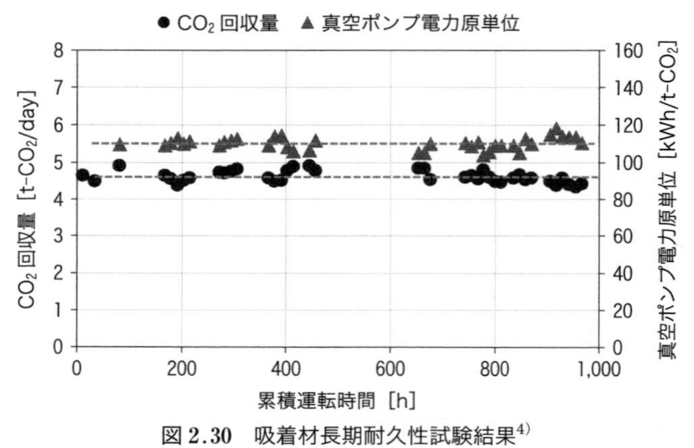

図 2.30　吸着材長期耐久性試験結果[4)]

後に混合タンクで混合して高炉ガス母管へ返送される．

ASCOA-3 運転は，原料ガス流量 400 Nm³/h，露点温度 −30 ℃，吸着圧 151 kPa，脱着圧 6～11 kPa，サイクルタイム 300 s の運転条件にて行った．回収 CO_2 濃度は，洗浄ガス流通時間を変更して 90～92 vol% に調整した．吸着材形状による影響を調べるため，φ1.5 mm 吸着材を充塡した運転試験と φ3.0 mm 吸着材を充塡した運転試験をそれぞれ実施して，吸着塔の圧力損失，CO_2 回収量，真空ポンプ電力原単位の測定結果を比較した．**表 2.7** に，測定結果を示す．φ3.0 mm 吸着材充塡時の圧力損失は φ1.5 mm 吸着材充塡時の圧力損失と比べて約半分に低下しており，顕著な圧力損失低減効果が得られている．真空ポンプ電力原単位については，φ1.5 mm 吸着材から φ3.0 mm 吸着材に変更することで約 15 % 低減した．

図 2.30 は，ASCOA-3 において φ3.0 mm 吸着材の新品を充塡した後に累積 1,000 h 運転による吸着材長期耐久試験を行った結果である．結果より，CO_2 回収量，真空ポンプ電力原単位はいずれも運転開始直後の性能を維持した．原料ガスお

よび回収ガスの水分量測定結果より，累積 600 h 運転以降では吸着する水分量と脱着する水分量がバランスした定常状態となっている．親水性を有する 13X ゼオライト吸着材の主な劣化要因は水分吸着であるが，**図 2.25** にて示したように，弱い吸着サイトに吸着した水分は真空ポンプによる減圧操作により脱着可能であるため，水分吸脱着のバランスにより定常的な運転状態が成立することが今回の長期運転性能維持の一因と推測される．

2.3.6 おわりに

本開発において，高炉ガスからの大規模 CO_2 分離 PSA を設計するうえで重要な吸着塔圧力損失の影響および高炉ガス中の水分による影響を，ラボ実験およびベンチ試験によりそれぞれ評価した．吸着塔圧力損失については，吸着材形状の改良により，顕著な CO_2 分離動力削減効果が得られた．高炉ガス中の水分影響については，吸着塔入側の脱湿器で水分量を適切に管理することで，親水性の 13X ゼオライトを高炉ガス CO_2 分離にも使用可能であることが明らかとなり，13X ゼオライトの優れた CO_2 吸着性能により高い CO_2 分離効率が得られた．

謝　辞

本成果は，国立研究開発法人新エネルギー・産業技術総合開発機構（NEDO）の委託業務「環境調和型プロセス技術の開発/水素還元等プロセス技術の開発（フェーズⅡ-STEP1）」（日本鉄鋼連盟 COURSE50）の結果得られたものである．

参考文献（2.3 節）

1) Miwa, T.; Okuda, H.: CO_2 Ultimate Reduction in Steelmaking Process by Innovative Technology for Cool Earth 50 (COURSE50), *J. Jpn. Inst. Energy*, **89**, 28-35 (2010).
2) Tonomura, S.: Outline of Course 50, *Energy Procedia*, **37**, 7160-7167 (2013).
3) 紫垣伸行，茂木康弘，原岡たかし：2.4 節 PSA 法による高炉ガスからの炭酸ガス分離技術の開発，新訂三版 最新吸着技術便覧～プロセス・材料・設計～（竹内 雍 監修），エヌ・ティー・エス（2020）．
4) Saima, H.; Mogi, Y.; Haraoka, T.: Development of PSA Technology for the Separation of Carbon Dioxide from Blast Furnace Gas, *JFE Tech. Rep.*, **19**, 133-138 (2014).
5) Shigaki, N.; Mogi, Y.; Haraoka, T.; Sumi, I.: Reduction of electric power consumption in CO_2-PSA with Zeolite 13X adsorbent, *Energies*, **11**, 900 (2018).
6) 紫垣伸行，茂木康弘，原岡たかし，鷲見郁宏：NaX，NaY ゼオライトを用いた CO_2-PSA における原料ガス水分影響，第 30 回日本吸着学会研究発表会 講演要旨集，38（2016）．

2.4　冷熱を利用したCO_2回収の新技術

2.4.1　は じ め に

炭化水素系燃料を燃焼した際に発生する排ガスを冷却して，燃焼排ガス中のCO_2を相変化，すなわち，液化あるいは固化させることにより，ほかの成分（主に窒素）と分離することができる．**図 2.31** に，燃焼排ガス冷却によるCO_2分離の基本プロセスを示す．このプロセスにおいて，CO_2を液化するのか，あるいは，固化して分離するのかを決定する主要な因子は，排ガス中のCO_2濃度（分圧）である．

つまり，排ガス中のCO_2分圧が，CO_2の三重点における圧力である 5.2 bar 以下の場合，気固分離が望ましいが，5.2 bar 以上であれば気液分離が可能である．もちろん，排ガス中のCO_2分圧が 5.2 bar 以下であっても，**図 2.31** に示すように，冷却する前に排ガスを昇圧してCO_2分圧を 5.2 bar 以上にすれば，液体CO_2として分離できる．

ガス冷却式のCO_2分離技術については，いくつかの総説[1～3)]がある．**表 2.8** に，これまで提案されている低温CO_2分離回収技術を整理した．これらはすべてプロセスシミュレーションなどによるエネルギー評価がされている段階のもので，商業的な操業に至っている例は含まれない．

石炭燃焼ボイラ発電排ガスのように，CO_2分圧が 0.13 bar 程度の排ガスを対象とする場合，−120 ℃程度まで排ガスを冷却，CO_2を固化して分離する．固化分離の場合，回収のエネルギーは 0.7～3.4 MJe/kg-CO_2である．排ガス中のCO_2濃

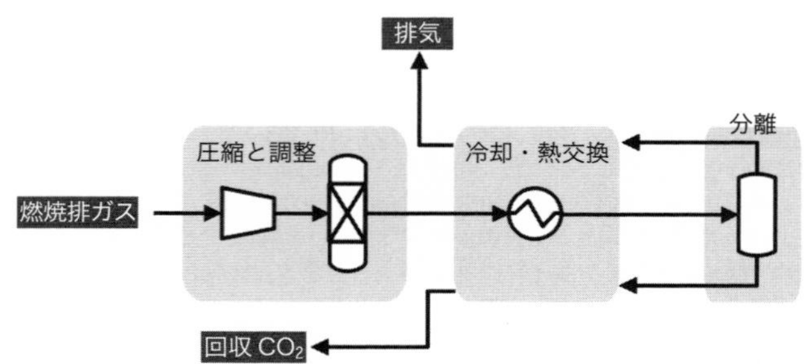

図 2.31　冷却式燃焼排ガス分離プロセスの概略

表 2.8 ガス冷却による CO_2 分離回収技術

想定対象ガス	CO_2 分圧 [bar]	昇圧後の CO_2 分圧 [bar]	分離温度 (℃)	回収率 (%)	分離エネルギー [MJe/kg-CO_2]	分離後の CO_2 の状態
PC[7)]	0.12	昇圧なし	−120	90	0.7〜1.2	固体
OxyFuel NGCC[6)]	0.8	26	−50	85	0.4	液体
PC[8)]	0.13	昇圧なし	−100	85	3.4	固体
IGCC[5)]	4	15	−36	90	0.395	液体
PC[9)]	0.13	昇圧なし	−120	90	1.2	固体
PC[4)]	0.12	昇圧なし	−120	90	0.74	固体
NGCC[4)]	0.04	昇圧なし	−120	90	1.67	固体

PC：石炭燃焼ボイラ発電排ガス，OxyFuel NGCC：酸素燃焼天然ガスコンバインドサイクル発電排ガス，IGCC：石炭ガス化プロセス生成ガス，NGCC：天然ガスコンバインドサイクル発電排ガス

度が低いほど，回収エネルギーは大きくなる．Jensen ら[4)]は，同一の排ガス冷却式 CO_2 回収技術を適用したときに，石炭燃焼ボイラ発電排ガス（CO_2 濃度 13 %）の場合，回収エネルギーは 0.74 MJe/kg-CO_2 であるが，CO_2 濃度が低い天然ガスコンバインドサイクル（NGCC）発電排ガス（CO_2 濃度 4 %）の場合，1.67 MJe/kg-CO_2 まで増加すると報告している．

一方，石炭ガス化で生成するプロセスガスで想定される CO_2 の分圧は 4 bar と高く，これを 15 bar まで昇圧後，−36 ℃まで冷却することで，液化して回収するプロセスが提案されている[5)]．この場合，0.35 MJe/kg-CO_2 という低い回収エネルギーの達成が見込める[5)]．

酸素燃焼式 NGCC 排ガスの CO_2 分圧は，0.8 bar であり，空気燃焼の場合よりも高い．これを 26 bar まで昇圧後，−50 ℃まで冷却，液化して回収するプロセスも提案されている[6)]．この場合，回収のエネルギーは，0.4 MJe/kg-CO_2 である．このケースでは，400 MWe 級の酸素燃焼 NGCC が想定されており，発電所内での消費電力を含まない場合の，いわゆるグロスの発電効率は 62 % である[6)]．空気分離による酸素製造と CO_2 回収に必要な動力エネルギーが発生するので，発電効率はそれぞれ，5.8 ポイントと 2.4 ポイント低下し，正味の発電効率は，そのほかのユーティリティ動力によるポイント低下も含めて最終的には，51.3 % となる．

通常の空気燃焼NGCCの燃焼後排ガスのモノエタノールアミン（MEA）化学吸収法によるCO_2回収を想定したエネルギー評価も行われているが，この場合の正味の発電効率は，49〜52 %である[6]．すなわち，排ガス冷却式CO_2回収型酸素燃焼NGCC発電の効率（51.3 %）とあまり変わらない．これは，CO_2回収型NGCC発電において，純酸素燃焼と冷却式CO_2分離を適用しても，特段の便益は期待できないことを意味する．

以上のように，さまざまなガス冷却式CO_2分離プロセスが提案されているが，これらに共通するのは，分離対象ガス全体を冷却して，CO_2をドライアイスあるいは液化炭酸として分離する方法である．これらは，投入する冷熱エネルギーを有効利用する視点からは，集めたいCO_2以外の成分（窒素など）にも冷熱を与えなければならず，非効率的である．

天然ガスの水蒸気改質や石炭ガス化で発生する，いわゆるプロセスガスや，燃焼後排ガスでも石炭火力発電の場合のように，高濃度のCO_2を含む場合，排ガス全体を冷却してCO_2を分離することに，一定の合理性が認められるかもしれない．しかし，今後低濃度CO_2を含有する天然ガス燃焼排ガスや，究極的には大気中CO_2の直接回収を考えた場合，CO_2以外の成分を冷却する無駄は決して看過できない．

Xuら[10]は，液化天然ガス（LNG）を燃料とする火力発電排ガス中のCO_2を，LNGの気化熱を利用して冷却，分離回収する一連の工程のプロセスシミュレーションを実施した．その結果，発電に使用するLNGすべての気化熱を利用しても，排ガスを冷却するエネルギーのわずか3 %を供給できるにすぎないと報告している．この数字（3 %）は，天然ガス燃焼排ガス中のCO_2濃度にほぼ相当する．1 molのメタン（天然ガスの主成分）を燃焼すれば，1 molのCO_2が生成することを考えれば，至極当然の結果と理解できよう．

以下では，まず，従来型の分離対象ガス全体を冷却するCO_2回収システム開発のうち，実用化[11]や省エネルギー化[12]に向けて開発が進んでいる有望な技術を選び解説する．次いで，名古屋大学が提案している，排ガス中のCO_2を化学吸収法により吸収液に濃縮し，そこからCO_2を回収する過程においてLNGの排冷熱を活用する新しい省エネルギーCO_2分離回収システム[13,14]について解説し，今後の展望を述べる．

2.4.2　分離対象ガス全体を冷却する CO_2 回収システム

a. cryogenic carbon capture（CCC）プロセス[11)]

まず，米国ブリガム・ヤング大学と Sustainable Energy Solutions（SES）社（Chart industry 社が買収）において開発が進められている CCC プロセスを紹介する．プロセスの概略を図 **2.32** に示す．

CCC は以下のプロセスで構成される．

① 排ガスを熱交換器によって固化する温度まで冷却

② 生成したドライアイスと気体を分離

③ 熱交換器でドライアイスが融解，液化炭酸として回収

④ その他のガスは熱交換器で復温され大気放散

これらの過程を CO_2 の相図を用いて描くと，図 **2.33** のようになる．

CO_2 を含む排ガスは，約 −140 ℃まで冷却され，CO_2 が固化する．固体 CO_2 は残りのガスから分離され，CO_2 の三重点における圧力（5.2 bar）以上に加圧後，熱交換器での復温により融解し，液体 CO_2 として回収される．CO_2 が気体から固化するときに発生する昇華熱（591 kJ/kg-CO_2）を，熱交換器を用いて，固体 CO_2 から液体 CO_2 に変化する際の融解熱（205 kJ/kg-CO_2）によって一部吸収する点が特徴であり，熱回生による冷却負荷の低減に寄与している．

石炭火力発電排ガスに本技術を適用した場合，CO_2 回収エネルギーは 0.894 MJe/kg-CO_2 であり，従来のアミン吸収の約 2/3 である[11)]．加えて，CO_2 回収型石炭火力発電の電力コスト（米国のケース）は，従来のアミン吸収を適用したとき

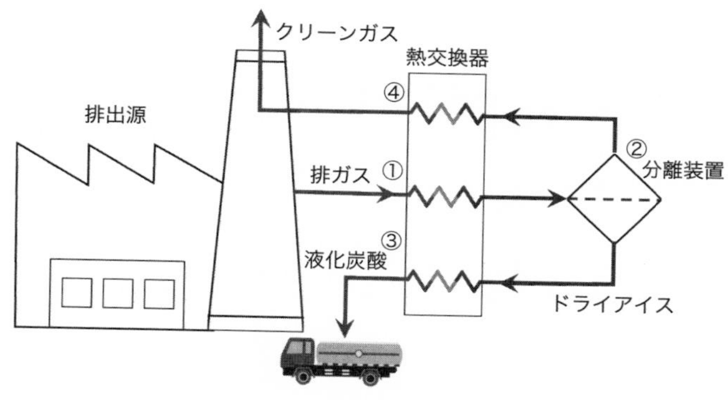

図 **2.32**　CCC プロセスの概略

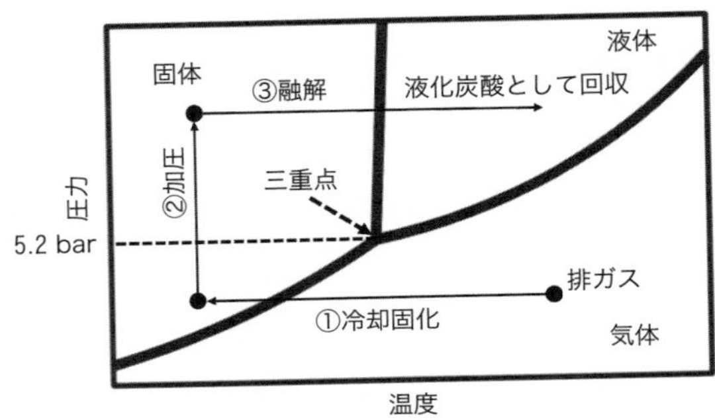

図 2.33　CO_2の相図と CCC（cryogenic carbon capture）プロセスの原理

106.5 US$/MWh であるのに対し，この CCC を適用すれば，87.46 US$/MWh まで低減できるとされる[11]．

b. スターリングクーラーを用いた CO_2 冷凍回収[12]

Song ら[12]は，石炭燃焼ガスを想定対象ガスとし，熱交換やスターリングクーラーにより段階的に燃焼排ガスを冷却して，CO_2をドライアイスとして回収するプロセスを提案した（図 2.34）．排ガスは 2 気圧程度に昇圧後，水分除去を経て，熱交換により −96 ℃まで冷却される．その後，2 機のスターリングクーラーにより −140 ℃まで冷却し，CO_2を固化，ドライアイスとして回収するシステムである．

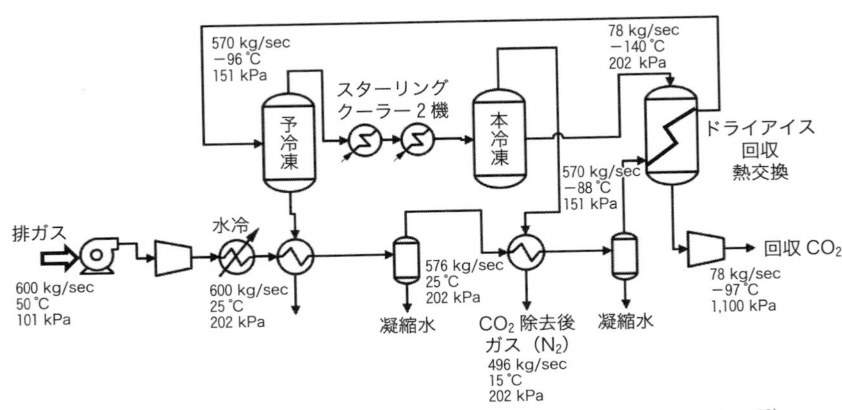

図 2.34　スターリングクーラーを用いた燃焼排ガス中 CO_2 回収プロセス[12]

プロセスシミュレーションの結果，600 MWe 級の石炭火力発電排ガス（CO_2 濃度 13 %）の CO_2 回収率 95 % を想定した場合，冷却後のガスと供給ガスとの熱交換を行わないと，所要エネルギーは 195.29 MWe である．一方，熱交換器を用いて冷熱回収を行う場合，所要エネルギーは，107.23 MWe まで低減できるとしている．CO_2 回収エネルギーとしては，0.97 MJe/kg-CO_2 となる．熱交換器表面に固着したドライアイスを連続的に排出する機構などがプロセス実現の課題と思われる．

2.4.3 回収 CO_2 のみに冷熱を供給する新しいシステム

排ガス冷却式 CO_2 分離は，CO_2 を液体あるいは固体として回収できる．これらを密閉容器の中で復温すれば，高圧の CO_2 ガスを出力でき，CO_2 の地下貯留や CO_2 利用プロセスに必要な高圧 CO_2 の製造に必要な圧縮動力を省くことができる利点がある．しかし，繰り返し述べるが，排ガス全体を冷却しなければならない点が非効率的であり欠点である．

これに対し，名古屋大学では，排ガス中の CO_2 を化学吸収法により吸収液に濃縮し，そこから CO_2 を回収する過程においてLNG の排冷熱を活用する新しい省エネルギーシステムを提案している．ここでは，回収する CO_2 のみに冷熱を供給することで，冷熱供給量の最小化を目指している．

プロセスの概略は，**図 2.35** に示すとおりである．吸収塔と再生塔からなる化学吸収法をベースとする．これまでと違うのは，再生塔の後段に LNG の冷熱を利用

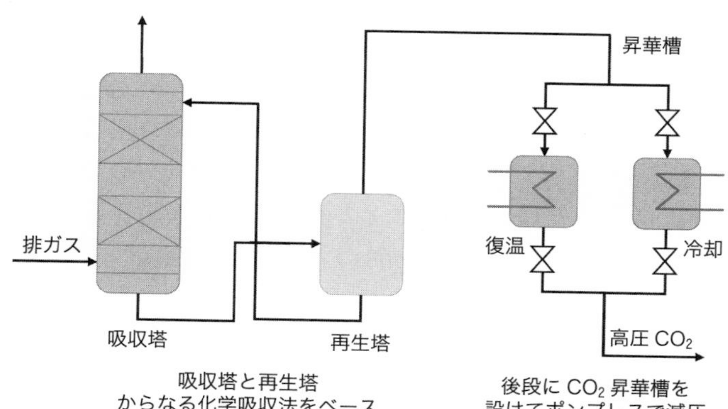

図 2.35 LNG 冷熱を利用したクライオジェニックポンピングが駆動する圧力スイング型化学吸収法による CO_2 回収プロセス

してCO_2を固化する昇華槽を設け，再生塔をポンプレスで減圧し，圧力スイングでCO_2を回収する点である．これまで，化学吸収法は，もっぱら温度スイングによって操作されているが，本提案プロセスは，化学吸収プロセスをLNG冷熱を利用したクライオジェニックポンピングによる圧力スイングによって操作する全く新しいプロセスである．吸収塔と再生塔は，常温で運転することで環境熱や低レベルの廃熱を活用でき，燃料や電力を必要とする熱エネルギーの投入を最小化することも目指される．

昇華槽では，CO_2をドライアイスとして固化する．これにより，再生塔を減圧できる．ここで，ドライアイスとして回収されたCO_2はいったん昇華槽を密閉し，これを気化後の天然ガスなどにより昇華槽を復温することで，CO_2を気化あるいは液化させ，高圧のCO_2として回収する．複数の昇華槽を設け，これらを交番運転することで，プロセスを連続化する．

本プロセスは，燃焼排ガスを対象としたCO_2回収プロセス「Cryo-Capture」として東邦ガスが商標出願を行っている．さらに，大気中CO_2直接回収（DAC：direct air capture）への展開[13]も想定しており，こちらはCryo-DACという技術で商標出願を行っている．このCryo-DACを海外で先行しているカナダのCarbon Engineering社，そしてスイスのClimeworks社が提案しているDACと比較したものが**表2.9**である．Carbon Engineering社の場合，その原理としては，アルカリ溶液の加熱再生であり，Climeworks社は吸着材の加熱再生である．いずれも，CO_2の再生に5.3 GJ/t-CO_2，9 GJ/t-CO_2と，非常に大きなエネルギーを必要とするプロセスである．これに対し，Cryo-DACは，LNGの未利用の冷熱を利用したクライオジェニックポンピングが駆動する圧力スイング型化学吸収法であり，吸収，再生ともに環境温度で操作し，加熱エネルギーとしてはゼロを目指すものである．

Machidaら[14]は，燃焼排ガス中のCO_2回収を想定し，吸収時CO_2分圧10 kPa，そして，再生時のCO_2分圧1 kPaの圧力スイングで，十分なCO_2溶解度差が得られる低揮発性非水系アミン溶液を開発した．再生時のCO_2分圧1 kPaというのは，−120 ℃付近におけるCO_2の昇華圧に相当する．LNGの沸点が，−162 ℃であり，昇華槽を −120 ℃付近まで冷却して，CO_2を固化させることを想定している．

さらに，低揮発性非水系アミン溶液のCO_2溶解度モデルも構築し，**図2.36**に示すようなプロセスフローダイアグラムに基づいたプロセスシミュレーションを実施し，所要エネルギーを評価した．

アミン溶液を用いたCO_2分離回収プロセスのシミュレーションでは物理吸収お

表 2.9　先行 DAC と Cryo-DAC との比較

		先行 DAC		Cryo-DAC 名古屋大学・東邦ガス
		Carbon Engineering 社（カナダ）	Climeworks 社（スイス）	
原　理		アルカリ溶液（加熱再生）	吸着材（加熱再生）	吸収液（減圧再生）
特　徴		アルカリ溶液吸収＋炭酸塩固定焼成により CO_2 脱離	アミン担持吸着材	吸収液での CO_2 回収 冷熱ポンプでの減圧再生 圧縮動力なしで高圧 CO_2 を出力（CCS，CCU との適合性にも優れる）
運転条件	吸収	常温	常温	常温
	再生	900 ℃	100 ℃	常温（減圧再生）
所要エネルギー	熱	5.3 GJ/t-CO_2	9.0 GJ/t-CO_2	0 GJ/t-CO_2（開発目標，環境熱利用を想定）
	電気	366 kWh/t-CO_2	450 kWh/t-CO_2	試算中．吸収塔への規則構造物適用により低圧力損失を実現し，～200 kWh/t-CO_2 を見込む

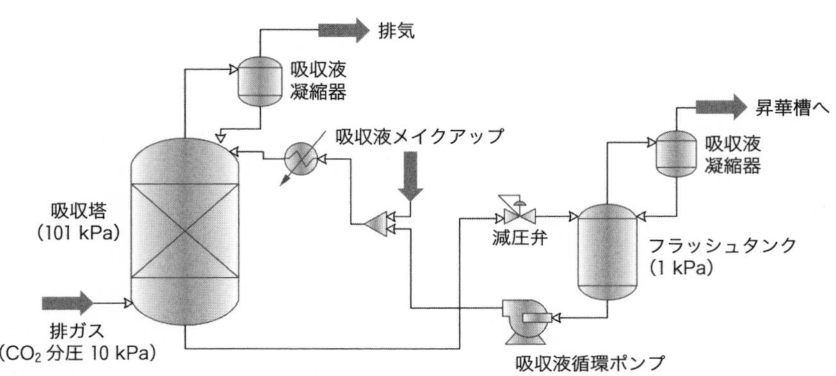

図 2.36　LNG 冷熱を利用したクライオジェニックポンピングが駆動する圧力スイング型化学吸収法による CO_2 回収のプロセスフローダイアグラム

表 2.10　MEA 法と Cryo-Capture との比較

	単　位	従来 MEA 法	提案プロセス Cryo-Capture
再生後温度	℃	99.8	38.8
再生時圧力	kPa	101.325	1.0
循環液量	kg/mol-CO_2	0.90	3.26
リボイラー熱	kJ/mol-CO_2	180	0
液熱交換	kJ/mol-CO_2	0	8.67
ポ　ン　プ	kJ/mol-CO_2	0.67	2.77
所要エネルギー	GJ/t-CO_2	4.11	0.26

よび化学反応を伴う化学吸収を考慮する必要がある．物理吸収に関しては，ヘンリーの法則に従った種々の気体のヘンリー定数のパラメータを設定した．化学吸収に関しては，プロセスシミュレータにて以下の化学反応を考慮して実測値に沿うように平衡定数のパラメータフィッティングを行い，CO_2溶解度モデルを構築した．

$$CO_2 + 2\,\mathrm{Amine} \rightleftarrows \mathrm{AmineH}^+ + \mathrm{AmineCOO}^- \qquad (2.11)$$

上記の物理吸収，化学吸収モデルにおいて設定したパラメータを用いて，提案プロセスのプロセスシミュレーションをプロセスシミュレータ（PRO/Ⅱ v2020）により行った．シミュレーションでは昇華プロセスは考慮せず，フラッシュタンク内の圧力を任意の値まで十分に減圧できると仮定した．

表 2.10 に排ガスとして CO_2：N_2＝10：90（mol%）を想定した場合のシミュレーション結果を示す．提案プロセスでは吸収液を加熱せずにCO_2を分離回収することができ，従来法（MEA を用いた温度スイング化学吸収法）の所要エネルギーが 4.11 GJ/t-CO_2であるのに対して，0.26 GJ/t-CO_2まで低減でき，約 94 % のエネルギー削減が見込まれている[14]．

2.4.4　お わ り に

LNG 冷熱を利用するCO_2回収技術において，排ガス全体を冷却するよりも，化学吸収法などによってCO_2を捕捉して濃縮し，回収CO_2のみに冷熱を利用するほうが，冷熱利用効率は高い．LNG が気化する際に周囲の温度を奪う冷熱によって，CO_2を固化させる．これは，厳密さを欠くが，LNG の蒸発潜熱（509 kJ/kg-LNG）によって，CO_2の昇華熱（591 kJ/kg-CO_2）を吸収する過程といえ，この場合，

CO_2回収原単位は，509/591＝0.86 kg-CO_2/kg-LNGであると見積もることができる．

1 kgのLNG（メタンのみを仮定）の燃焼で発生するCO_2は2.75 kgであり，回収できるCO_2の最大割合は，0.86/2.75＝31 %である．したがって，LNG火力発電の排ガス中のCO_2回収に，その燃料となるLNGの冷熱を活用する場合，排出CO_2の約3割は，LNG冷熱利用で低エネルギー消費で回収できるが，残りの7割は，電力による冷熱供給あるいは温度スイング法とのハイブリッドによって，排ガスの全量処理が可能となる．さらなる省エネルギー化に向けては，CCCで行われているような，分離したドライアイスを気化あるいは液化する際の昇華熱あるいは融解熱を回収し，LNG冷熱あたりのCO_2回収原単位をさらに高めるような熱マネジメントが有効といえよう．

参考文献（2.4節）

1） Berstad, D.; Anantharaman, R.; Nekså, P.: Low-Temperature CO_2 Capture Technologies — Applications and Potential, *Int. J. Refrig.*, **36**, 1403-1416 (2013).
2） Annaland, M. V. S.; Tuinier, M. J.; Gallucci, F.: Chapter 2 Cryogenic CO_2 Capture, in Process Intensification for Sustainable Energy Conversion (Annaland, M. V. S.; Gallucci, F., eds), Wiley (2015).
3） Song, C.; Liu, Q.; Deng, S.; Li, H.; Kitamura, Y.: Cryogenic-Based CO_2 Capture Technologies: State-of-the-Art Developments and Current Challenges, *Renew. Sustain. Energy Rev.*, **101** (November 2018), 265-278 (2019).
4） Jensen, M. J.; Russell, C. S.; Bergeson, D.; Hoeger, C. D.; Frankman, D. J.; Bence, C. S.; Baxter, L. L.: Prediction and Validation of External Cooling Loop Cryogenic Carbon Capture (CCC-ECL) for Full-Scale Coal-Fired Power Plant Retrofit, *Int. J. Greenh. Gas Control*, **42**, 200-212 (2015).
5） Xu, G.; Li, L.; Yang, Y.; Tian, L.; Liu, T.; Zhang, K.: A Novel CO_2 Cryogenic Liquefaction and Separation System, *Energy*, **42**, 522-529 (2012).
6） Amann, J. M.; Kanniche, M.; Bouallou, C.: Natural Gas Combined Cycle Power Plant Modified into an O_2/CO_2 Cycle for CO_2 Capture, *Energy Convers. Manag.*, **50**, 510-521 (2009).
7） Clodic, D.; Hitti, R. El; Younes, M.; Bill, A.; Casier, F.: CO_2 Capture by Anti-Sublimation Thermo-Economic Process Evaluation, 4th Annual Conference on Carbon Capture & Sequestration, 2005.
8） Song, C. F.; Kitamura, Y.; Li, S. H.: Evaluation of Stirling Cooler System for Cryogenic CO_2 Capture, *Appl. Energy*, **98**, 491-501 (2012).
9） Xueqin, P.; Clodic, D.; Toubassy, J.: CO_2 Capture by Antisublimation Process and Its Technical Economic Analysis, *Greenh. Gases Sci. Technol.*, **2**, 352-368 (2012).
10） Xu, J.; Lin, W.: A CO_2 Cryogenic Capture System for Flue Gas of an LNG-Fired Power Plant, *Int. J. Hydrogen Energy*, **42**, 18674-18680 (2017).
11） Hoeger, C.; Burt, S.; Baxter, L.: Cryogenic Carbon Capture™ Technoeconomic Analysis, 15th

International Conference on Greenhouse Gas Control Technologies, 2021.
12) Song, C.; Liu, Q.; Ji, N.; Deng, S.; Zhao, J.; Kitamura, Y.: Advanced Cryogenic CO_2 Capture Process Based on Stirling Coolers by Heat Integration, *Appl. Therm. Eng.*, **114**, 887-895 (2017).
13) 名古屋大学プレスリリース，LNG 未利用冷熱による大気中の CO_2 直接回収技術の研究開始，2021 年 1 月 25 日． https://www.nagoya-u.ac.jp/about-nu/public-relations/researchinfo/upload_images/20210125_enggl.pdf
14) Machida, H.; Hashiride, R.; Niinomi, R.; Yanase, K.; Hirayama, M.; Umeda, Y.; Norinaga, K.: An Alternative CO_2 Capture with a Pressure-Swing Amine Process Driven by Cryogenic Pumping with the Unused Cold Heat of Liquefied Natural Gas, *ACS Sustain. Chem. Eng.*, **9**, 15908-15914 (2021).

演習問題

問題 2.1　燃焼排ガスからの CO_2 回収エネルギー試算

図 2.37 に示すような CO_2 が 10 % 含まれる排ガスから CO_2 を回収する．CO_2 回収率 90 %，回収 CO_2 純度 98 % で運転する際の，最小仕事および吸収液法でかかるエネルギーを試算する．

(a) 下記式に基づき，本分離に必要となる最小仕事 [kJ/mol-CO_2] を求めよ．$R=8.31$ J/(K・mol)，$T=313$ K，n：モル流速，y：組成

$$\begin{aligned} W_{\min} = & RT[n_B^{CO_2}\ln(y_B^{CO_2}) + n_B^{B\text{-}CO_2}\ln(y_B^{B\text{-}CO_2})] \\ & + RT[n_C^{CO_2}\ln(y_C^{CO_2}) + n_C^{C\text{-}CO_2}\ln(y_C^{C\text{-}CO_2})] \\ & - RT[n_A^{CO_2}\ln(y_A^{CO_2}) + n_A^{A\text{-}CO_2}\ln(y_A^{A\text{-}CO_2})] \end{aligned} \tag{2.12}$$

(b) アミン吸収液法では再生塔のリボイラー負荷が主のエネルギーとなる．リボイラー負荷は主に反応熱と液昇温熱と蒸気損失熱の和で表現される．リボイラー負荷を以下の仮定で計算せよ．rich 液：吸収塔経過後の吸収液，lean 液：再生塔経過後の吸収液，ローディング：アミン mol あたりの CO_2 mol 吸収量

アミンと CO_2 の反応熱：−90 kJ/mol-CO_2

アミン濃度：30 wt%

アミン分子量：60

図 2.37　各燃料の低位発熱量および元素組成

rich 液-lean 液ローディング差：0.2 mol-CO_2/mol-amine

rich 液-lean 液熱交換器温度差：10 ℃

液比熱：4.2 kJ/(kg·K)

再生塔塔頂からの水蒸発量：モル比 CO_2：H_2O＝1：1

水蒸発潜熱：41 kJ/mol

(c) 上記 2 問の結果より第 2 法則効率（2nd law efficiency）を計算せよ．

$$\eta_{2\mathrm{nd}}=\frac{W_{\min}}{W_{\mathrm{real}}} \tag{2.13}$$

問題 2.2　CO_2 吸着プロセスの概設計

図 2.38，2.39 の吸着等温線を示す吸着材を用いて，CO_2 と N_2 を含む排気ガスから，温度スイング吸着プロセスで CO_2 を吸着分離により排気ガス中の 90 % の CO_2 を回収する固定層型の装置を開発したい．以下の問いに答えよ．排気ガスの実流量は 4,520 L/min，CO_2 濃度は 10 % で一定であり，温度と圧力は，それぞれ 313.15 K，1 気圧とする．また，CO_2 と N_2 の競合吸着は無視でき，排気ガスには，理想気体の状

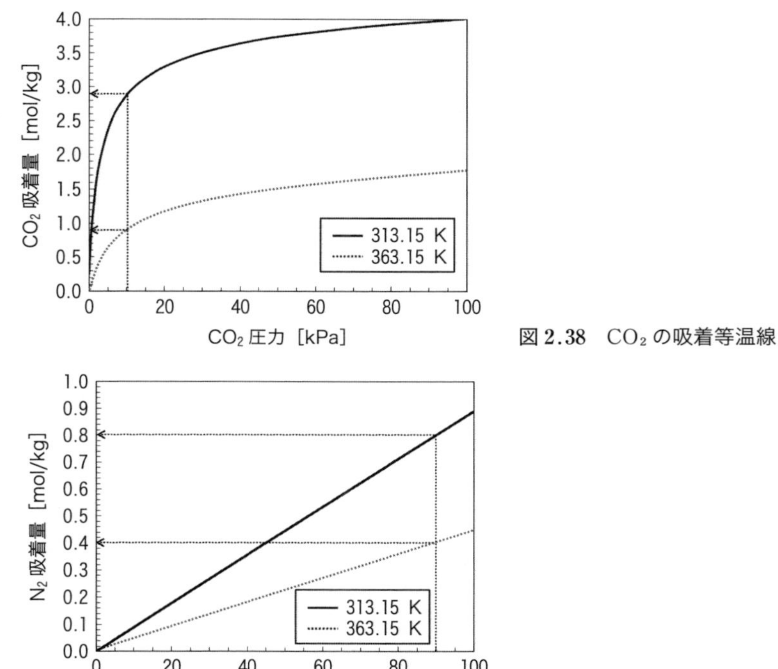

図 2.38　CO_2 の吸着等温線

図 2.39　N_2 の吸着等温線

態方程式が適用できるものとする．

(a) 313.15 K で吸着，363.15 K で脱着すると仮定した場合における CO_2 と N_2 の有効吸着量（ワーキングキャパシティ）Q_{wc,CO_2}，Q_{wc,N_2} を求め，それらの値から，回収 CO_2 の純度 R_{pur} (%) を概算せよ．

(b) 1 日あたりに回収する CO_2 量 Q_{rec} [t-CO_2/day] を求めよ．

(c) 2 塔式の固定層システムでは，一方が吸着操作をしている間に他方が脱着操作を行う．吸着-脱着の 1 サイクルにかかる時間を 20 min（吸着 10 min，脱着 10 min）と仮定して，Q_{rec} 回収するために必要な吸着材量 M（2 塔分）を求めよ．

(d) 吸着材の充塡密度が 750 kg/m^3 であった．層高（L）-塔径（D）比 L/D を 2 とした場合の吸着塔（円筒状）サイズ（L と D）を計算せよ．

(e) 本吸着材の CO_2 吸着熱 ΔH は -50 kJ/mol-CO_2，比熱 C_{ps} は 1.5 kJ/(kg・K) であった．363.15 K で脱着すると仮定した場合の再生エネルギー E_{reg} [kJ/kg-CO_2] を推算せよ．ここでは，N_2 の吸着は考えないものとする．また，この熱エネルギーを 100 ℃の水蒸気潜熱で供給する場合に必要な水蒸気量 Q_{steam} [kg/h] を求めよ．なお，100 ℃の水蒸気潜熱は 2,257 kJ/kg とし，供給した水蒸気の潜熱は効率 100 % で吸着材の再生にのみ使われるものとする．

問題 2.3　化学吸収法による大気中 CO_2 直接回収（DAC）に関する演習

大気中の空気から，CO_2 を化学吸収法によって 1 年間に 1 t 集める装置として，規則充塡物を仕込んだ充塡塔を開発したい．以下の問いに答えよ．ただし，大気は常に 20 ℃，1 気圧であり，大気中の CO_2 濃度は 400 ppm で一定であるとする．CO_2 以外のガス成分はすべて吸収液に溶解せず，またアミン系吸収液に対して不活性であるとみなす．装置の 1 年間の稼働時間は 8,000 時間であり，稼働中は取り込んだ空気中の CO_2 の 75 % を回収する．F-ファクターとは，規則充塡物内を通過する気体の空塔速度と密度の 2 乗根の積であり，下記の式で表されるものとする．

$$F = u_G\sqrt{\rho_G} \tag{2.14}$$

CO_2 と吸収液中のアミンとの反応によって生じる発熱による，空気の温度変化はないものとする．**表 2.11** の物性値は必要に応じて用いよ．

(a) 1 時間あたりに装置に送風すべき空気流量 Q_G [m^3/h] を求めよ．

(b) 圧損を考慮した充塡塔の塔径を決定したい．上記の空気流量で塔に送風するとき，

表 2.11　空気，CO_2 の物性値（293 K）

空気（293 K）		CO_2 ガス（293 K）	
密度 [kg/m^3]	1.20	密度 [kg/m^3]	1.82
粘度 [Pa・s]	1.81×10^{-5}	粘度 [Pa・s]	1.47×10^{-5}

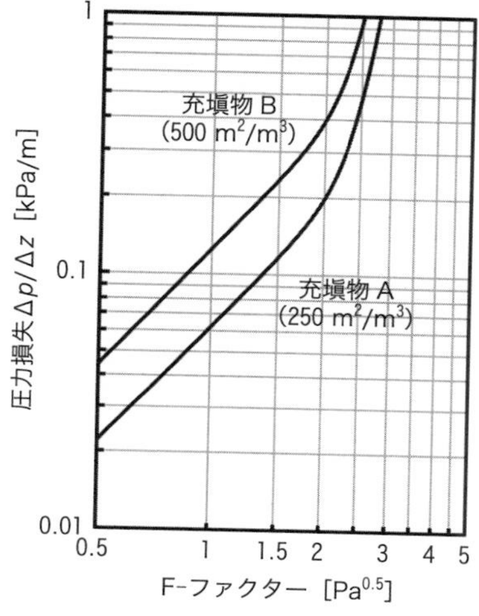

図 2.40　F-ファクターと充塡物の圧力損失の関係

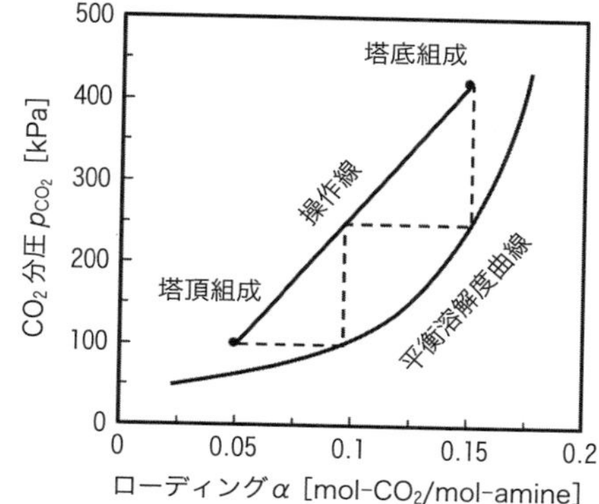

図 2.41　平衡線と操作線

圧力損失を 0.1 kPa/m に抑えるために，必要な塔径を求めたい．F-ファクターと圧力損失には図 2.40 の関係が成り立つとする．比表面積が異なる A，B の 2 種類の規則充塡物の場合で塔径 D [m]を求めよ．また，決定した塔径での空気空塔速度 u_G [m/s]の値をそれぞれ求めよ．

(c) このプロセスで用いるアミン系吸収液を使って，小型装置でラボ実験を行った結果，図 2.41 の結果を得た．階段作図の結果，理論段数は 2 段であるとわかった．この結果をもとに，スケールアップした充塡塔の高さを決定したい．塔に充塡する規則充塡物の正味高さは，規則充塡物の性能表（図 2.42）から読み取って決定する．塔底と塔頂部に設ける液分配器や液だめ器などの付帯設備の高さは，それぞれ 0.3 m とする．このとき，装置全体の高さ Z [m] を求めよ．ただし，ガス流量は問(a)の場合，塔

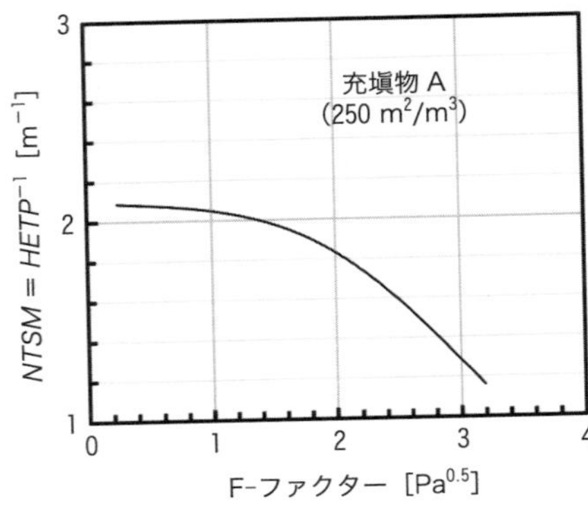

図 2.42　F-ファクターと HETP の関係

径は問(b)の充填物 A の場合とする．

(d) 最後に送風に必要なエネルギーを算出したい．主要な圧損を充填塔の充填物の部分のみと仮定した場合，送風エネルギー W [kWh] を求めよ．ただし，ポンプ効率を 0.60 とし，装置の運転条件は問(a)〜(b)で得られた結果とする．送風エネルギーと圧損には，以下の関係が成り立つとする．

$$W=\frac{Q_G\Delta p}{\eta} \tag{2.15}$$

3

再生可能エネルギーと
カーボンフリー燃料

3.1 太陽電池の技術動向

3.1.1 は じ め に

世界における太陽光発電の導入量は，2010 年代を通して年平均 30 % 以上の増加を遂げ，2021 年末における累積導入量は約 940 GW に達した．これは，世界の総発電量の約 5 % に相当する．我が国においても，東日本大震災後に導入された固定価格買い取り制度の後押しもあり，大幅な導入拡大が実施され，2015 年に制定された 2030 年の目標導入量 64 GW は 10 年前倒しで達成された．国別の累積導入量では，世界第 3 位であり，2030 年には 150 GW 超の累積導入量に到達するという試算もある．

また，2050 年までに温室効果ガスの排出を全体としてゼロにする，すなわちカーボンニュートラル，脱炭素社会の実現を目指すにあたり，次世代型太陽電池，カーボンリサイクルをはじめとした革新的なイノベーションが鍵とされている．国際エネルギー機関（IEA）から毎年発刊される *World Energy Outlook* は，エネルギー需給の最新トレンドと将来展望を示すものであるが，2020 年 10 月に発刊された *World Energy Outlook 2020* では，低炭素化の加速と，再生可能エネルギーの躍進が読み取れる．いくつかのシナリオに基づく展望が示されているが，いずれのシナリオにおいても，再生可能エネルギーは主役であり，なかでも太陽光発電は「新しい王様」と表現されている．実際に，米国では，バイデン政権下においてクリーンエネルギーへの大規模な投資計画が進み，欧州では，グリーンディール推進が成長戦略と位置付けられている．また，中国やインドでは，太陽光発電の野心的な導入目標が掲げられている．このように，今後も太陽光発電の導入がグローバルに進むことは，各国の政策においても裏付けがなされている．

このように大規模導入が進む太陽光発電であるが，太陽電池セル・モジュール製造の担い手は主として中国企業であり，かつて世界トップの生産量を誇った日本企業の国際競争力は低下している．高効率セル構造への転換や，基板サイズの大型化といった技術トレンドも中国企業が先導しているのが現状である．このまま，日本の太陽光発電産業は衰退してしまうのだろうか．

本節では，太陽光発電の CO_2 削減効果，太陽電池セル・モジュールの技術動向について概説した後に，日本で実施されている太陽電池の高性能化や高付加価値化を目指したユニークな研究について紹介する．

3.1.2 太陽光発電の CO_2 削減効果

太陽光発電は，発電時には CO_2 を排出しない．また，製造時に排出した CO_2 削減に必要な時間（CO_2 ペイバックタイム）は，わずか 2〜3 年であり，太陽光発電システムの寿命と比較すると十分に短い．具体的な削減効果は，発電電源の構成や太陽光発電モジュールの製造方法や性能に依存するが，典型的な結晶シリコン太陽電池では，およそ 500 g-CO_2/kWh とされている[1]．

太陽光発電の国内累積導入量は，遠くない未来に電力需要の約 10 % に相当する 100 GW に到達するであろう．この時，年間発電量は，およそ 100 GW×1,000 h＝100 G·kWh となる．これに，500 g-CO_2/kWh を掛けることで，1 年あたりの CO_2 削減量は，0.5 億 t と見積もることができる．我が国の CO_2 排出量は約 10 億 t/year であるため，5 % 程度の削減量となる．2021 年の気候変動サミットで日本が掲げた 2030 年の温室効果ガス削減目標は，2013 年比 46 % 減であり，この目標の達成には，太陽光発電の大量導入に加え，さまざまなグリーンイノベーションが必要であることがわかる．

3.1.3 太陽電池セル・モジュールの技術動向

a. 太陽電池セル

図 3.1 に，太陽電池セルに必要な基本要素の模式図を示す．光吸収を担う半導体に，電子選択性および正孔選択性コンタクトを備え，表面や界面は光励起キャリア

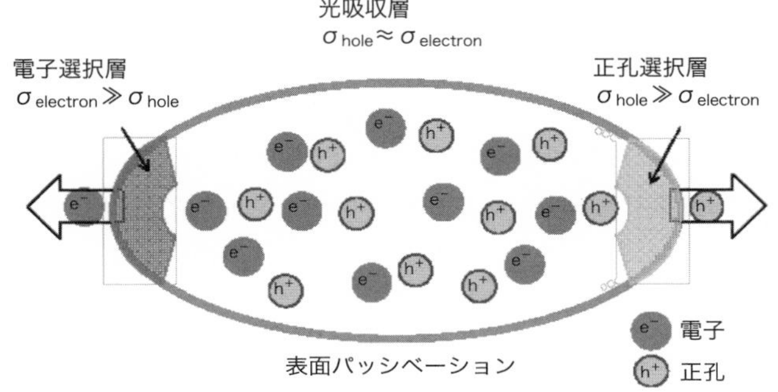

図 3.1　太陽電池セルに必要な基本要素
［オーストラリア国立大学 Andres Cuevas 教授の好意による図面をもとに改訂］

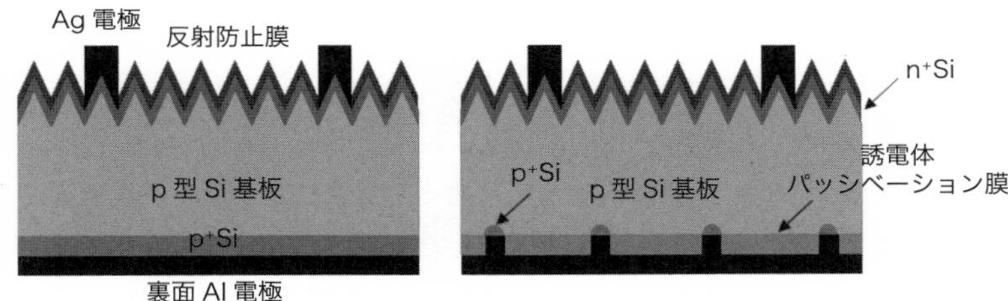

図 3.2　量産型太陽電池の基本構造
（左）BSF，（右）PERC

が再結合しないように欠陥を化学的または固定電荷により発生する電界により不活性化（パッシベーション）することが必要である．

ドイツ機械工業連盟が主導する結晶シリコン太陽電池に関する技術ロードマップ（ITRPV：International Technology Roadmap for Photovoltaic）によると，量産型太陽電池セルの主流技術は，裏面電界（BSF：back-surface field）型から PERC（passivated emitter and rear cell）型への転換が進んでいる．両者の構造を比較して，**図 3.2** に示す．BSF 型では，光吸収を担う p 型結晶シリコン基板の表面側に電子選択層として n 型シリコンが形成され，反射防止膜を兼ねる誘電体膜によりパッシベーションが行われている．また，裏面全面にアルミニウムを主成分とするペーストをスクリーン印刷し，その後の焼成時に，正孔選択層としてはたらく高濃度にドープされた p^+ シリコン層が形成される．p/p^+ 界面近傍には，イオン化したアクセプターによる負の固定電荷により電界が生じる．この裏面電界は，少数キャリアである電子が裏面で再結合することを防ぐパッシベーション層としての役割を担う．しかし，BSF 型では，高濃度にドープされた半導体と金属が全面で接触する構造が性能を制限することが問題であった．そこで，より高い変換効率を有する高性能なセルとしてシリコン基板の裏面に誘電体膜を堆積することでパッシベーションを行い，局所的に電極を形成する PERC 型が製造されるようになった．PERC 型では，裏面パッシベーション膜の製膜と局所コンタクト形成のためのパターンニングが追加プロセスとして必要になるが，2020 年に製造された太陽電池の約 80 % が PERC 型となっている．

さらなる高性能化に向けては，2015 年にドイツ・フラウンホーファー研究所から発表された TOPCon（tunnel oxide passivated contacts）型への注目が高まっている[2)]．TOPCon 型では，裏面全面を膜厚 1 nm 程度の極薄シリコン酸化膜でパッシベーションし，ドープした多結晶シリコン薄膜で接合を形成することが特徴である．酸化膜は絶縁体であるが，電気伝導は，量子力学的なトンネル効果もしくは酸化膜中のピンホールが担う．パターンニングが不要であることから，量産プロセスとの整合性に優れる．実際に，中国 LONGi Green Energy Technology 社は，実用サイズの n 型結晶シリコン TOPCon 太陽電池セルで 25.21 % を，p 型結晶シリコン TOPCon 太陽電池セルで 25.02 % を記録した．また，同様の構造で接合を形成し，両電極を櫛型に裏面配置した IBC（interdigitated back contact）セルにより，ドイツ ISFH（Institute for Solar Energy Research in Hamelin）社は，ドープした結晶シリコンを接合に用いたセルにおける世界最高効率 26.1 % を記録している[3)]．ISFH 社のプロセスでは，酸化膜を厚めに形成し，熱処理で意図的にピンホールを発生させることが特徴である．セル裏面ではピンホールを介した電気伝導が起こることから，セル構造を POLO（POLy silicon on Oxide）と呼んでいる．

また，IBC セルにおいて，接合を水素化アモルファスシリコン薄膜による高品質ヘテロ接合とすることで，さらに高い効率が報告されている．カネカは，2017 年に 26 % を超える IBC ヘテロ接合太陽電池を報告[4)]し，さらに 26.7 % まで記録を伸ばしている．IBC セルは，裏面で pn 領域や電極のパターンニングが必要であるため，量産化に向けてはシンプルなプロセスを開発することが求められる．ITRPV ロードマップでは，PERC/TOPCon が今後 10 年程度の主流であるが，両面電極型のヘテロ接合型太陽電池や IBC セルが一定のシェアを確保することが予測されている．さらにその先には，シリコン太陽電池の効率が理論限界に近づいていることから，高効率化への科学的エビデンスが明確な異種材料とのタンデム化への期待が高まっている．バンドギャップが 1.1 eV の結晶シリコンをボトムセルとする場合には，トップセルのバンドギャップは約 1.7 eV であることが望ましい．近年，急速に開発が進んでいるペロブスカイト太陽電池をトップセルとすることは，有望な候補である．29 % を超える高い変換効率がペロブスカイトと結晶シリコンのタンデム太陽電池で報告されていた[5)]が，2022 年 7 月にはスイス EPFL（The École polytechnique fédérale de Lausanne）から初めて 30 % を超える変換効率の発表があった．

b. 太陽電池モジュール

大型基板を採用し，高い発電性能をもつ高性能太陽電池モジュールの開発が拡大している．セルの基板サイズは，166 mm 角，182 mm 角，210 mm 角など多様化が進んでいるが，フルサイズのセルを用いるのではなく，ハーフカットセルを用いたモジュールのシェアが拡大している．ハーフカットセルを用いて，セルストリングスを分割し，並列に接合を行う配線技術を採用することで，抵抗損失や部分影の影響が低減され，モジュールの性能向上につながる．2020 年時点でハーフカットセル技術が市場シェアの 80 % を占め，従来のフルセルを採用する製品は 2025 年までに姿を消す見通しという予測もある．

また，従来品よりもセルの電極本数の多いマルチバスバーのセルを搭載したモジュールが開発されている．バスバー電極を増やすことで，フィンガー電極からの電流伝導距離を短くし，出力が向上する．さらに，マイクロクラックの発生や電極が断線した場合の影響を受けにくくなり，信頼性が向上する．

配線材には，断面形状が円形である細いワイヤーの採用が進んでいる．円形とすることで，配線材に入射した光も散乱によりセルへの再入射が可能となる．このように，表面の金属により入射光が遮られるシャドーロスが実効的に低減するため，出力の向上が見込まれる．

セルとセルの接続には，導電性の接着材を用いて，セルの一部分を重ね合わせながら直列接続する瓦積み（シングリング）技術の採用が進んでいる．シングリング技術では，セル間のギャップがなく，面積を有効活用できる．セル間接続の配線が不要であり，抵抗損失も低減する．

3.1.4 日本における研究開発動向

日本では，「2050 年カーボンニュートラル」および「2030 年温室効果ガス 46 % 削減」宣言を受け，関係府省庁から，再生可能エネルギーの主力電源化の加速など，太陽光発電の今後の普及につながる方針が続々と明らかになっている．太陽光発電のさらなる大量導入が求められる一方で，太陽光発電の適地が不足しているという現実もある．そのため，従来の技術では，太陽光発電の導入が困難な場所を活用できる次世代型モジュールの実現により，未開拓市場を創出するような技術開発が求められている．2021 年 6 月には，経済産業省よりグリーンイノベーション基金事業を活用するプロジェクトの計画案が示された．これに先立ち，NEDO では，太陽光発電主力電源化推進技術開発が 2020 年度に始動し，44 テーマの研究開発が進められている．アウトプット目標の一部には，重量制約のある屋根，建物壁面，移動体向けに必要とされる性能を満たし，各市場の創出・拡大に資する要素技術の開発が挙げられている．また，従来にない高効率，低コスト，高耐久性を兼ね備えた太陽電池を実現する要素技術開発が，国際共同研究開発事業として進められている．さらに，JST 未来社会創造事業や CREST，さらには若手研究者向けの創発的研究支援事業やさきがけなどでは，研究者の自由な発想に基づく多様な研究開発が実施されている．以下では，これらの研究プロジェクトでの実施内容の一部の紹介も含め，太陽光発電モジュールの低発電コスト化や新用途開拓に向けた次世代技術について紹介する．

a.　結晶シリコン太陽電池

次世代型結晶シリコン太陽電池には，自動車などの移動体への搭載に向けた三次元形状モジュールへの対応，ワイドギャップな異種材料による高性能パッシベーティングコンタクト形成，薄型基板に対応可能な光閉じ込め技術，タンデム太陽電池のボトムセルとしての高性能化技術などが，研究課題として挙げられる．

基板は，単結晶のシェアが拡大することが予測されるが，大型化する基板製造においては，低コスト製造が可能な擬単結晶インゴットのコストメリットが大きいという報告がある[6)]．筆者らは，大型坩堝内での融液の一方向凝固において，坩堝底部に設置した複数の単結晶プレートの境界に，独自に考案した機能性欠陥を導入することで，製品として加工する部分を高品質化する成長技術を考案した[7)]．その概念図を，**図 3.3** に示す．機能性欠陥内部に，意図的に転位クラスターを発生させることで，製品となる擬単結晶部への応力印加を緩和し，製品部での転位発生を抑制することができる．さらに，坩堝壁近傍に導入した機能性欠陥により，坩堝壁で不均一核生成した結晶粒がインゴット内部に伝搬するのを防ぎ，多結晶化を抑制する効果もある．機能性欠陥を活用した擬単結晶製造技術は，企業への技術移転が進められている．薄い擬単結晶を基板とするセルのモジュール化において，ガラスの代わりに樹脂を用いることで，セミフレキシブルであり，三次元形状に対応可能なモ

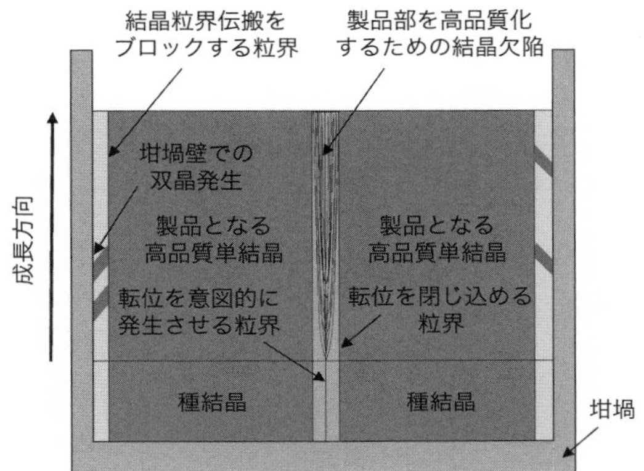

図 **3.3**　機能性欠陥を実装した擬単結晶インゴットの低コスト製造法の概念

ジュールの実現が期待できる．

太陽電池動作に必要となる接合については，水素化アモルファスシリコンよりも広いバンドギャップをもつ材料の利用による寄生吸収の低減，ヘテロ界面の高性能パッシベーション，電子帯制御による優れたキャリア選択性と高い伝導度を同時に満たすことなどが求められる．これらの要請を満たす新材料の探索やヘテロ接合太陽電池への応用が研究されている．新材料の候補の一つとして，原子層堆積法（ALD）により作製する酸化チタンがある．筆者らは，酸化チタンと結晶シリコンとのヘテロ接合の界面近傍の化学状態とパッシベーション性能の関係を，先端計測技術を駆使することにより解明した[8)]．その知見に基づき，ALD 製膜前に低密度の極薄シリコン酸化膜を基板表面に形成することが，パッシベーション性能の向上に有効であると着想し，その有用性を実証した[9)]．また，製膜後に水素プラズマ処理を行うことでヘテロ界面機能を強化し，高性能パッシベーションと低い接触抵抗を両立できることを示した．この研究の過程においては，水素プラズマ処理の多数のプロセスパラメータに対し，確率的な予測により実験条件を最適化できるベイズ最適化を援用し，少ない実験回数で高い性能を得ることに成功している[10)]．ヘテロ界面のパッシベーション性能の指標である少数キャリア寿命を目的関数として，多数のプロセスパラメータの最適化を試みた際の実験スキームと，結果の一例を図 **3.4** に示す．また，酸化チタンは，製膜法によって電子選択性，正孔選択性を制御することが可能である．Matsui らは，正孔選択性のパッシベーティングコンタク

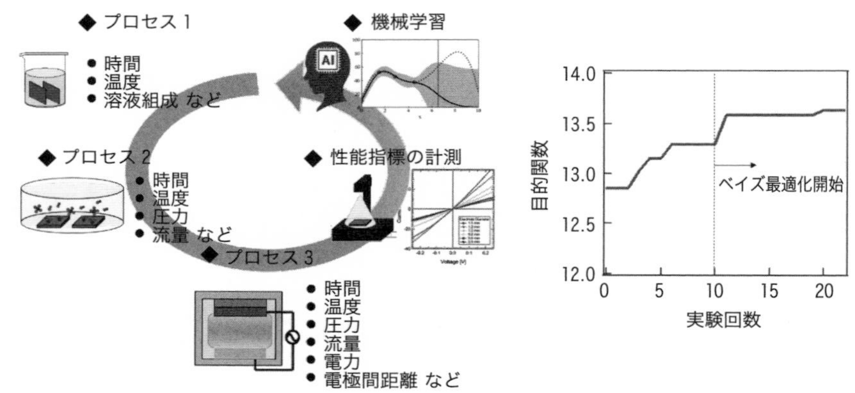

図 3.4　ベイズ最適化を援用したプロセスパラメータの最適化

トに酸化チタンを用い，ヘテロ接合太陽電池の表面側に適用することで，21 % を超える高い変換効率を報告している[11]．そのほかにも，高性能パッシベーティングコンタクトの実現に向けて多様な材料の研究が進められている．

シリコンをボトムセルとするタンデム太陽電池では，太陽光の短波長領域がトップセルで吸収されることを考慮し，二端子セルであればトップセルとの電流整合や，長波長領域での量子効率改善のための光マネジメントが重要である．

b.　多接合太陽電池

高効率な多接合太陽電池の普及を加速する技術として，産業技術総合研究所はアルミニウム系材料を安価な原料を用いて高品質に製膜できる装置を開発した．実際に，開発した装置を用いて製膜したアルミニウム系材料を，高効率Ⅲ-Ⅴ族化合物半導体太陽電池へ応用できることを実証している．具体的には，AlInGaP による表面再結合抑制や，AlAs 犠牲層による GaAs 基板の再利用化を実現した．金属ナノ粒子を用いた独自の接合技術であるスマートスタックと融合することで，超高効率太陽電池の低コスト化が期待できる．

超高効率太陽電池のコストは，GaAs もしくは Ge 基板が大きな割合を占めている．そこで，低コスト化については，安価な Si 基板上に簡便なプロセスで形成する SiGe 膜を擬似基板として利用するというアイディアがある．具体的には，図 **3.5** に示すように Al ペーストに Ge 粉末を導入した特殊ペーストを Si 基板に印刷し，非真空下で焼成する．共晶点を超える温度での焼成により，Si 基板表面に Al-Si-Ge 液相が形成され，冷却過程で Al がドープされた SiGe 膜がエピタキシャ

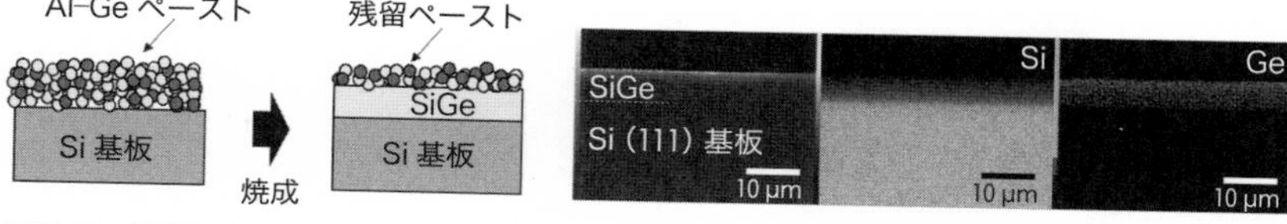

図 3.5　印刷と焼成による SiGe の非真空エピタキシャル成長の概念図（左）と典型的なサンプルの断面電子顕微鏡写真および特性 X 線による元素分布（右）

ル成長する[12]．本技術では，わずか 1 分程度の熱処理で厚さ数十 μm の組成傾斜歪み緩和膜を形成でき，また原理的に大面積化が可能である．多接合太陽電池の基板材料に応用することで，超高効率太陽電池の飛躍的な低コスト化に貢献できる可能性がある．

c. ペロブスカイト太陽電池・有機薄膜太陽電池

Miyasaka らによるハロゲン化鉛系ペロブスカイトを光吸収層とする太陽電池の発見[13]が契機となり，ペロブスカイト太陽電池の研究開発が世界中で盛んに行われている．直近 7 年間で変換効率が約 2 倍に向上するなど，飛躍的な効率改善を遂げており，次世代型太陽電池として有望視されている．その根幹技術として，光吸収層となるペロブスカイト結晶の高品質薄膜作製技術がある．無機材料の高品質結晶成長の指導原理と同様に，結晶工学的なアプローチが重要である．すなわち，原料の高純度化，核生成と結晶粒成長の制御，結晶欠陥の低減技術などである．Wakamiya らは，十分に脱水した原料の利用，貧溶媒添加と温度による核生成制御，蒸気圧を制御した加熱による結晶粒成長制御を組み合わせることで，再現性に優れた高品質ペロブスカイト薄膜の独自製膜技術を構築し，ペロブスカイト太陽電池へ適用している[14]．一層の高効率化には，環境負荷を考慮した非鉛系ペロブスカイト化合物をベースとして，高効率ホール輸送剤の開発，劣化機構の解明に基づく高耐久化技術の開発が重要となる．タンデム太陽電池のトップセル用には，バンドギャップが 1.7 eV であることが望ましい．ハロゲンとして臭素とヨウ素を混合することが有用とされているが，光照射に伴う相分離の課題があり，安定性に優れたペロブスカイト化合物の実現が必要である．

有機薄膜太陽電池は，ドナー分子とアクセプター分子を混ぜ合わせたブレンド膜を光吸収層とするバルクヘテロ接合が世界標準となっており，ヘテロ接合界面での電荷移動を利用して光電流が発生する．近年，ミクロ構造の精密制御や，新素材である非フラーレン・アクセプターを用いた低分子系太陽電池で高い効率が報告されている．Osaka らは，ドナー分子とアクセプター分子のブレンド膜に第三の吸収材料を少量添加し，少量添加した材料のヘテロ界面への局在化，強い光干渉効果，カスケード型のバンド構造の実現による高効率キャリア輸送などの複合的な効果により高効率化を実現している[15]．

d. 新材料探索

光吸収層用の新材料としては，資源が豊富で大規模展開可能であり，安全で社会受容性に優れた材料であることが望ましい．Suemasu らは，Ba と Si の化合物である $BaSi_2$ を薄膜太陽電池用材料として研究を進めている[16]．Ba はクラーク数 19 位，Si は 2 位と，地殻中に豊富に存在する．室温，1 気圧下では直方晶が安定であり，共有結合した四面体の Si（陰イオン）と Ba（陽イオン）がイオン結合した構造をとる．$BaSi_2$ は間接遷移型半導体であるため，大きな少数キャリア拡散長が期待できる．また，直接遷移と間接遷移のギャップ幅の差はわずか 0.1 eV 程度しかないため，間接遷移型半導体にもかかわらず大きな光吸収係数も期待できる．実際，光吸収係数は 1.5 eV のフォトンに対して結晶 Si よりも 2 桁程度大きい．また，バンドギャップは単接合太陽電池の理想値に近い 1.3 eV であり，さらに，Ba サイトの一部を Sr に置換固溶することで理想値である 1.4 eV にも調節できる．これまでに，ホモ接合太陽電池の動作が確認されている[17]．

実験と計算の連携や，さらに機械学習を活用した材料探索も盛んに行われている．Ohashi らは，無毒で直接遷移型のナローギャップ半導体として，逆ペロブスカイト構造を有するアルカリ土類金属のオキシシリサイド，オキシゲルマナイドに着目し，実験とハイブリッド DFT 計算によりバンドギャップ 0.9 eV を有する新材料 Ca_3SiO を見出した[18]．また，無機材料に加えて，ペロブスカイト化合物や有機薄膜太陽電池用の高分子材料探索も実施されている．Saeki らは，高分子と非フラーレン電子アクセプターからなる高分子太陽電池に着目し，論文テキストから収集した実験データにより機械学習モデルを構築し，超ハイスループットな高分子材料探索を行った．具体的には，論文から収集した高分子化学構造をドナー基とアクセプター基に断片化し，それらを計算機中で網羅的に再構築することで約 20 万種類のペアを生成し，それらの特性を機械学習モデルで予測しスクリーニングを行った．続いて，上位にランキングされた新規高分子を実際に合成し，太陽電池素子性能の評価を行っている[19]．

3.1.5　おわりに

カーボンニュートラルの実現に向けて期待の大きい太陽光発電について，CO_2

削減効果，太陽電池セル・モジュールの技術動向について概説した後に，日本で実施されている太陽電池の高性能化や高付加価値化を目指したユニークな研究について紹介した．現状，日本の太陽光発電産業は，セル・モジュールの生産では，中国企業に大きく遅れをとっている．しかし，日本は独自性のある研究シーズに溢れており，日本発の新材料についての研究，高効率多接合太陽電池の低コスト化のための接合技術，化合物半導体やシリコン系材料の結晶成長技術，キャリアマネジメントのための精緻な界面制御技術など多様な優れた研究を挙げることができる．カーボンニュートラルに向けた積極的な研究開発や投資は諸外国にもみられ，現状の太陽光発電産業と同様にグローバルな厳しい競争になるが，これらの研究成果から日本独自の材料やプロセスが実装された他国が容易に追随できないような次世代型太陽電池が育ち，ビル・移動体をはじめとする新市場形成や多様なサービスも含めた事業展開において日本が先導する未来の訪れを願う．

参考文献（3.1 節）

1）小長井 誠：クリーンエネルギー/太陽電池/太陽光全般 Clean Energy, Solar Cells and Photovoltaics，応用物理，**90**，309-313（2021）．

2）Moldovan, A.; Feldmann, F.; Zimmer, M.; Rentsch, J.; Benick, J.; Hermle, M.: Tunnel Oxide Passivated Carrier-Selective Contacts Based on Ultra-Thin SiO_2 Layers, *Sol. Energy Mater. Sol. Cells*, **142**, 123-127 (2015).

3）Hollemann, C.; Haase, F.; Rienäcker, M.; Barnscheidt, V.; Krügener, J.; Folchert, N.; Brendel, R.; Richter, S.; Großer, S.; Sauter, E.; Hübner, J.; Oestreich, M.; Peibst, R.: Separating the Two Polarities of the POLO Contacts of an 26.1 %-Efficient IBC Solar Cell, *Sci. Rep.*, **10**, 1-15 (2020).

4）Yoshikawa, K.; Kawasaki, H.; Yoshida, W.; Irie, T.; Konishi, K.; Nakano, K.; Uto, T.; Adachi, D.; Kanematsu, M.; Uzu, H.; Yamamoto, K.: Silicon Heterojunction Solar Cell with Interdigitated Back Contacts for a Photoconversion Efficiency over 26 %, *Nat. Energy*, **2**, 17032 (2017).

5）Al-Ashouri, A.; Köhnen, E.; Li, B.; Magomedov, A.; Hempel, H.; Caprioglio, P.; Márquez, J. A.; Vilches, A. B. M.; Kasparavicius, E.; Smith, J. A.; Phung, N.; Menzel, D.; Grischek, M.; Kegelmann, L.; Skroblin, D.; Gollwitzer, C.; Malinauskas, T.; Jošt, M.; Matič, G.; Rech, B.; Schlatmann, R.; Topič, M.; Korte, L.; Abate, A.; Stannowski, B.; Neher, D.; Stolterfoht, M.; Unold, T.; Getautis, V.; Albrecht, S.: Monolithic Perovskite/Silicon Tandem Solar Cell with >29 % Efficiency by Enhanced Hole Extraction, *Science*, **370**, 1300-1309 (2020).

6）Schubert, M. C.; Schindler, F.; Benick, J.; Riepe, S.; Krenckel, P.; Richter, A.; Müller, R.; Hammann, B.; Nold, S.: The Potential of Cast Silicon, *Sol. Energy Mater. Sol. Cells*, **219** (June 2020), 110789 (2021).

7）Takahashi, I.; Joonwichien, S.; Iwata, T.; Usami, N.: Seed Manipulation for Artificially Controlled Defect Technique in New Growth Method for Quasi-Monocrystalline Si Ingot Based on Casting, *Appl. Phys. Express*, **8**, 6-10 (2015).

8）Mochizuki, T.; Gotoh, K.; Kurokawa, Y.; Yamamoto, T.; Usami, N.: Local Structure of High

Performance TiO_x Electron-Selective Contact Revealed by Electron Energy Loss Spectroscopy, *Adv. Mater. Interfaces*, **6**, 1-7 (2019).
9) Gotoh, K.; Mochizuki, T.; Hojo, T.; Shibayama, Y.; Kurokawa, Y.; Akiyama, E.; Usami, N.: Activation Energy of Hydrogen Desorption from High-Performance Titanium Oxide Carrier-Selective Contacts with Silicon Oxide Interlayers, *Curr. Appl. Phys.*, **21**, 36-42 (2021).
10) Miyagawa, S.; Gotoh, K.; Kutsukake, K.; Kurokawa, Y.; Usami, N.: Application of Bayesian Optimization for Improved Passivation Performance in TiO_x/SiO_y/c-Si Heterostructure by Hydrogen Plasma Treatment, *Appl. Phys. Express*, **14**, 025503 (2021).
11) Matsui, T.; Bivour, M.; Hermle, M.; Sai, H.: Atomic-Layer-Deposited TiO_x Nanolayers Function as Efficient Hole-Selective Passivating Contacts in Silicon Solar Cells, *ACS Appl. Mater. Interfaces*, **12**, 49777-49785 (2020).
12) Fukami, S.; Nakagawa, Y.; Hainey, M. F.; Gotoh, K.; Kurokawa, Y.; Nakahara, M.; Dhamrin, M.; Usami, N.: Epitaxial Growth of SiGe on Si Substrate by Printing and Firing of Al-Ge Mixed Paste, *Jpn. J. Appl. Phys.*, **58**, 045504 (2019).
13) Kojima, A.; Teshima, K.; Shirai, Y.; Miyasaka, T.: Organometal Halide Perovskites as Visible-Light Sensitizers for Photovoltaic Cells, *J. Am. Chem. Soc.*, **131**, 6050-6051 (2009).
14) Nakamura, T.; Handa, T.; Murdey, R.; Kanemitsu, Y.; Wakamiya, A.: Materials Chemistry Approach for Efficient Lead-Free Tin Halide Perovskite Solar Cells, *ACS Appl. Electron. Mater.*, **2**, 3794-3804 (2020).
15) Saito, M.; Tamai, Y.; Ichikawa, H.; Yoshida, H.; Yokoyama, D.; Ohkita, H.; Osaka, I.: Significantly Sensitized Ternary Blend Polymer Solar Cells with a Very Small Content of the Narrow-Band Gap Third Component That Utilizes Optical Interference, *Macromolecules*, **53**, 10623-10635 (2020).
16) Suemasu, T.; Usami, N.: Exploring the Potential of Semiconducting $BaSi_2$ for Thin-Film Solar Cell Applications, *J. Phys. D. Appl. Phys.*, **50**, 023001 (2017).
17) Kodama, K.; Yamashita, Y.; Toko, K.; Suemasu, T.: Operation of $BaSi_2$ Homojunction Solar Cells on P^+-Si(111) Substrates and the Effect of Structure Parameters on Their Performance, *Appl. Phys. Express*, **12**, 041005 (2019).
18) Ohashi, N.; Mora-Fonz, D.; Otani, S.; Ohgaki, T.; Miyakawa, M.; Shluger, A.: Inverse Perovskite Oxysilicides and Oxygermanides as Candidates for Nontoxic Infrared Semiconductor and Their Chemical Bonding Nature, *Inorg. Chem.*, **59**, 18305-18313 (2020).
19) Kranthiraja, K.; Saeki, A.: Experiment-Oriented Machine Learning of Polymer: Non-Fullerene Organic Solar Cells, *Adv. Funct. Mater.*, **31**, 2011168 (2021).

3.2　風力発電の国際動向　～なぜ世界では風力発電の大量導入が進むのか？

3.2.1　は じ め に

本節では，風力発電の要素技術について概観し，風力発電の導入に関わる国際動向についてさまざまエビデンスを提示しながら紹介する．日本に住んでいて日本語で文献を読んだり検索をしたりするだけでは，「再生可能エネルギーといえば太陽光発電」と思い込んでしまうかもしれないが，実は世界の動向は「再生可能エネルギーといえば風力発電」であり，さらに「脱炭素に最も貢献するのが風力発電」である．

また，「なぜ世界では風力発電の大量導入が進むのか？」という問いを設定し，それに対して，技術面だけでなく政策的観点に焦点を当て考察を行う．なぜならば，日本において「課題」というとややもすれば技術的課題のみが過度に取り上げられがちだが，課題解決に向けた本質的な問題は，制度設計や政策の側にあることが多いからである．

3.2.2 風力発電の技術的特徴

風力発電システムは，大気中の風の流れを電気エネルギーに変換するエネルギー変換システムである．日本産業規格 JIS C 14000-00：2005『風力発電システム―第0部：風力発電用語』[1)]によれば，「風車」（wind turbine）は「単一又は複数の風力エネルギーを主軸の動力に変換するロータをもつ装置」と定義されている．伝統的な風車（windmill）に対してとくに発電用の風車を「風力タービン」と慣用的に表す文献もあるが，今日では単に「風車」といえばそのまま発電用風車を表すことになる．

風車の形状はさまざまな形をとり得るが，今日商用風車として最も普及しているのは3枚翼の水平軸風車である（まれに2枚翼や1枚翼の風車も開発されている）．また，垂直軸風車もさまざまな形状のものが開発されているが，多くは小形風車であり，現時点では国レベル・世界レベルの発電電力量にあまり貢献しないので，本節では取り上げない．垂直軸風車や小形風車に関しては，文献2)などを参照のこと．

一般的な3枚翼の水平軸風車の構造図を図3.6に示す．現在の風車は増速機（ギアボックス）をもつものが多く，ブレード（翼）の回転数（毎秒1回転程度）を増速機によって発電機軸の回転数（毎秒10～30回転程度）にまで上げている．増速機をもたないタイプ（ギアレス）もあり，その場合は発電機には多極機（後述）が用いられる．

風車は1990年代は定格出力が300～500 kW，最高到達点高さも数十m程度のものが主流であったが，その後開発を重ねるにつれ大型化し，現在（2021年時点で）商用化されている最も大きな風車は定格12 MW，高さ260 mとなっている．

空気の流れ，すなわち風のもつパワーは，空気密度 ρ [kg/m^3]，受風面積 A

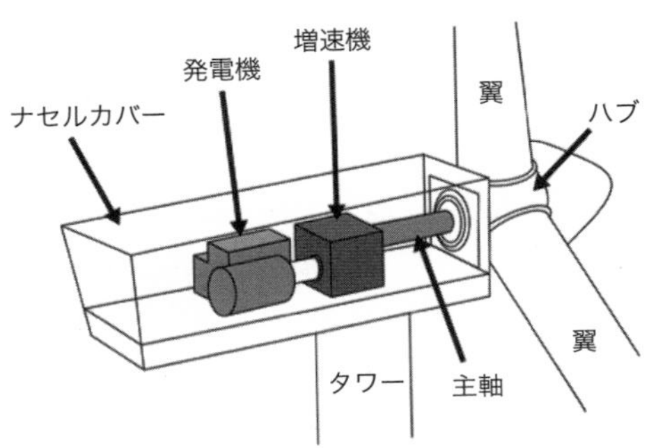

図 3.6　一般的な 3 枚翼水平軸風車の構造[3)]

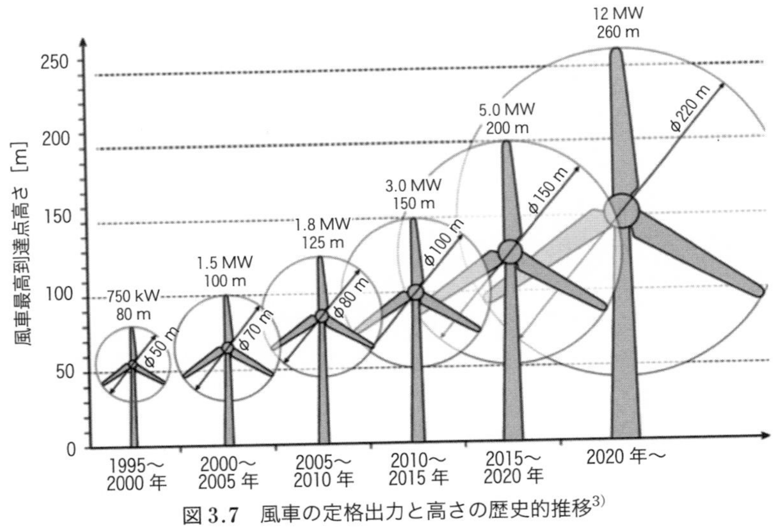

図 3.7　風車の定格出力と高さの歴史的推移[3)]

[m²]，風速 V [m/s] とすると，以下の式で与えられる．

$$P = \frac{1}{2}\rho A V^3 \tag{3.1}$$

すなわちこの式(3.1)から，風から得られるパワーは風速の 3 乗に比例し，ブレード長（受風エリアを描く円の半径）の 2 乗に比例することがわかり，風車が図 **3.7** のように時代とともに大型化する理由も式(3.1)から理解できる．一般に，上空のほうがより安定した強い風が吹いているためハブ高さを高くしたほうが，また，ブレード長をより長くしたほうがより大きな出力が得られるからである．さらに，とくに洋上風車（後述）の場合，同じ発電所容量でも風車を大型化し風車本数

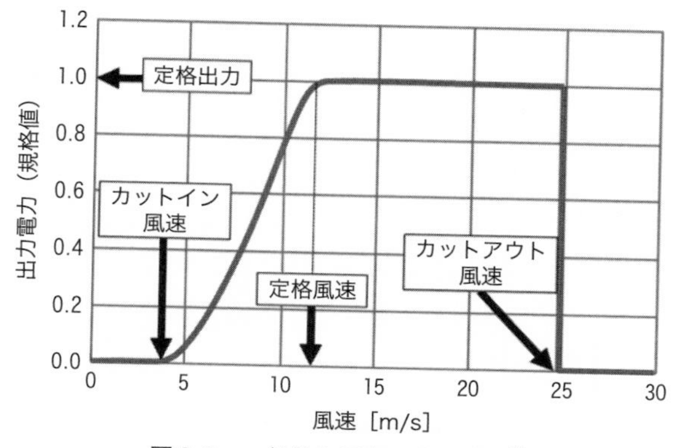

図 3.8 一般的な風車の出力曲線[3)]

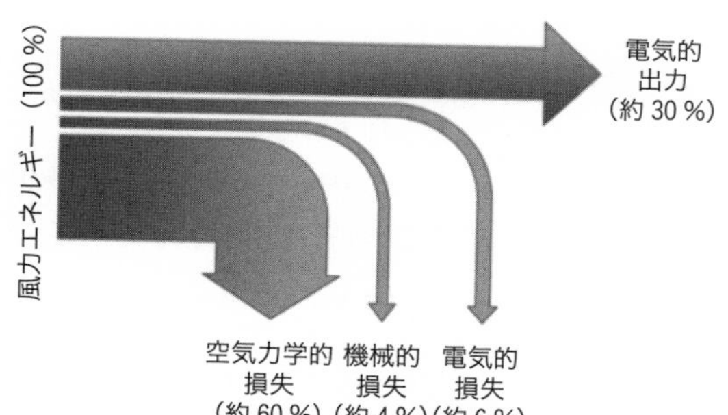

図 3.9 風車の損失[3)]

を減らしたほうがメンテナンス時の点検数や作業時間が少なくなり，保守コストも低減できるというメリットもある．

図 3.8 に一般的な風車の出力曲線を示す．通常，風速が 4 m/s 以上になるとブレードが回転し始め，12 m/s で定格運転に達し，それ以上の風速ではブレードのピッチ制御により出力が風速に対して一定になるように制御される．また，おおむね 25 m/s 以上の強風になると，風車の電気的・機械的健全性の維持のために，風車の運転を中断する（カットアウト）設計となっている．

風がもつパワーから風車を用いて理論的に取り出すことのできるパワーの比率，すなわち効率（ベッツ限界）は 59.3 % であり[2)]，3 枚翼水平軸風車の最大効率も約 50 % 程度である．さらに，機械的損失や電気的損失が加わり，実際に得られる電気的出力は元の入力の 30 % 程度となる（**図 3.9**）．

風力発電は（太陽光とともに）「効率が低い」ことが欠点であるかのように紹介

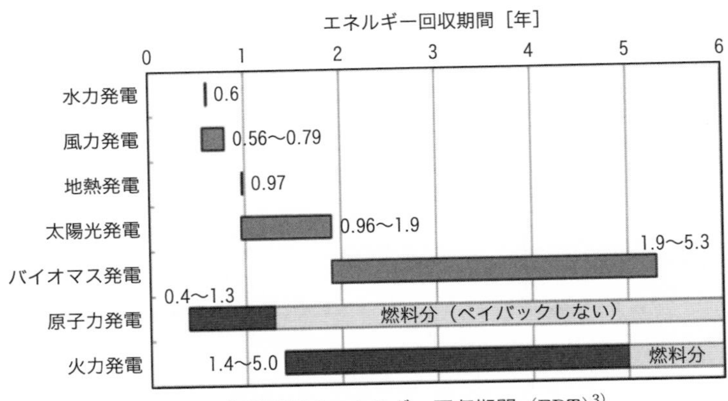

図 3.10　各種電源のエネルギー回収期間（EPT）[3)]
［文献 4)のデータによる］

されることもあるが，この 30 % 程度の効率は特段の欠点にはなり得ない．なぜならば，火力発電や原子力発電のように燃料を採掘・加工・輸送（日本のように国によっては輸入）し燃焼しなければならない発電方式の場合，エネルギー効率の低さはそのまま熱損失となり，燃料コストの相対的上昇や周辺環境に大きく影響を与えるが，動力を自然界から採取する風力発電（および太陽光発電）は，損失が大きかったとしても燃料コストや周辺環境に何ら影響を与えないからである．

代わりに指標となるのが，エネルギー回収期間（EPT：energy pay-back time）である．EPT はライフサイクルアセスメント（LCA）の手法を用いて，資源採取・製造・利用・廃棄（リサイクル）の全工程におけるエネルギーの利用と生産を評価した指標である．**図 3.10** に示すように，風車（もしくは風力発電所）を建設し維持管理し，廃棄するために必要なエネルギーを回収するのに，わずか 0.56〜0.79 年（約 7〜9 ヶ月）の運転期間で済む結果となっている．

このように，風車は本来，30 % 程度の低いエネルギー効率でも（同様に 20〜30 % 程度の低い設備利用率でも）十分短期間にエネルギーを回収できるように設計された発電システムであるということができる．

図 3.11 は電気的特徴から見た風力発電の代表的なタイプの分類である．タイプ A および B は発電機のかご形誘導発電機や巻線形誘導発電機を用いてその一次側を電力系統に直結する方式であり，これらは無効電流や起動時の突入電流が制御できないため，現在販売されている商用機でこの方式を用いるものはほとんどみられない．

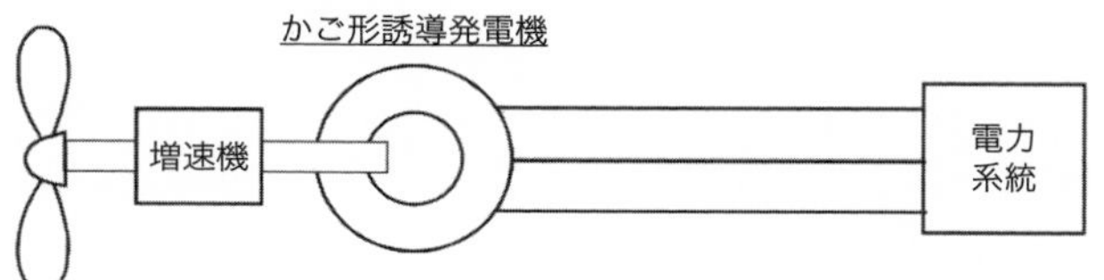

(a) タイプA：誘導発電機直結方式

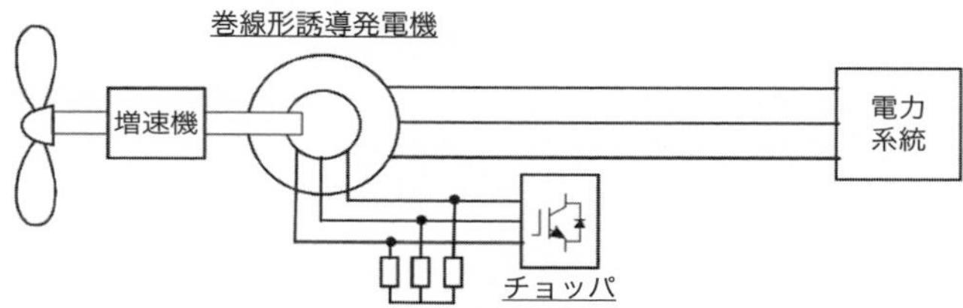

(b) タイプB：誘導発電機の二次抵抗制御方式

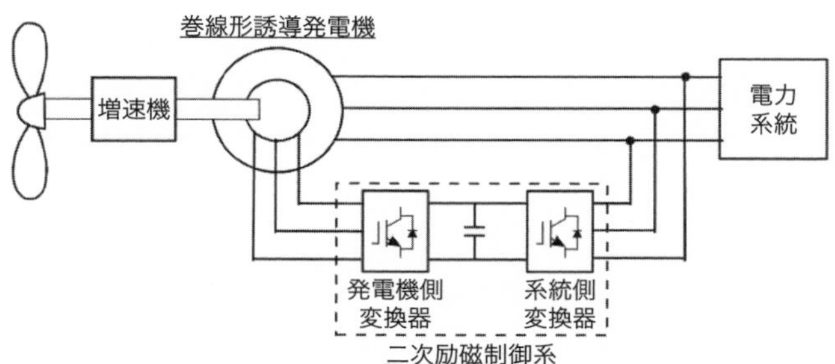

(c) タイプC：誘導発電機の二次励磁制御方式

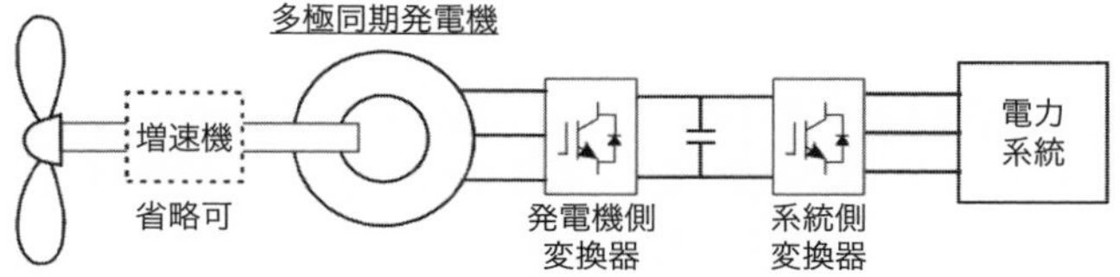

(d) タイプD：同期発電機による直流リンク方式

図 3.11　電気的特徴から見た風車のタイプ分類[5)]

代わりに，タイプＣでは，巻線形誘導発電機の一種である二重給電誘導発電機（DFIG：doubly-fed induction generator）が採用され，二次側に接続された部分容量（発電機定格に対して1/3程度）の自励コンバータで回転子電圧を制御することによって，ある程度の範囲内で回転数や無効電力を制御することが可能となっている．また，タイプＤは同期発電機が採用されており，フルコンバータ（発電機定格に対して同容量のコンバータ）を介して系統とエネルギーを授受するため，有効電力だけでなく無効電力も広い範囲で制御が可能となっている．タイプＤは一般に多極（たとえば128極）の同期発電機を用いるため，増速機を省略することができ，ギアレス型と呼ばれる風車はタイプＤのものが多い．

なお，コンバータやインバータなどパワーエレクトロニクス装置を介した発電システムは風力や太陽光など分散型電源に多く用いられるが，従来の同期機に比べ慣性応答を提供することができないため，このような分散型電源が電力系統に多数接続される運転する同期機が相対的に減ってくると，系統全体の慣性が低下して系統擾乱時の周波数変動が急峻になり，発電機が次々と系統から解列して連鎖停電を誘発し，最悪の場合，ブラックアウト（系統内全停電）になる可能性も懸念されている．慣性問題の解決策の一つとして，風車に擬似慣性（virtual inertia）の機能をもたせることもでき，これは現在のほとんどのタイプＣおよびＤ風車にすでに実装されている．慣性問題および疑似慣性の詳細に関しては，文献5〜8)を参照のこと．このように，現在の商用風車は制御性能に優れたタイプＣおよびＤが主流であり，風力発電は「電力系統に迷惑をかける」ものではなく，むしろ「電力系統の安定運用に貢献する」特徴を有するようになっている．

3.2.3　洋上風力発電の技術的特徴

前項では，風力発電の技術的特徴のうち，陸上風力と洋上風力に共通の項目について紹介したが，本項では，洋上風力に特化した技術について概観する．

洋上風車は海（まれに湖）に設置する風車であり，その基礎構造に従って，図**3.12**に示すように着床式と浮体式に大きく二分される．さらにそれぞれの方式について，現在，複数のタイプの方式が提案され，すでに実用化されている．洋上風車の機械的・土木的技術要素についての詳細は，文献9)を参照のこと．

洋上風力発電は，通常，風車数十基からなる洋上風力発電所（OWPP：offshore wind power plant）で構成される．風車間隔はブレード直径の10倍以上必要であるとされるため，OWPPは数〜十数km四方の範囲に拡がることも多く，構内の

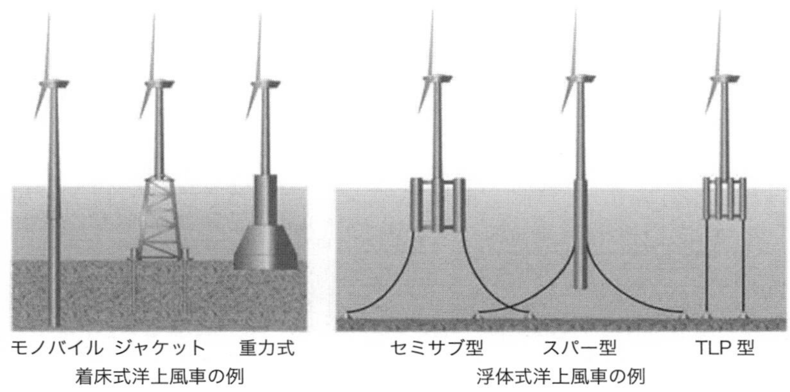

図 3.12　基礎構造による洋上風車の分類[10)]

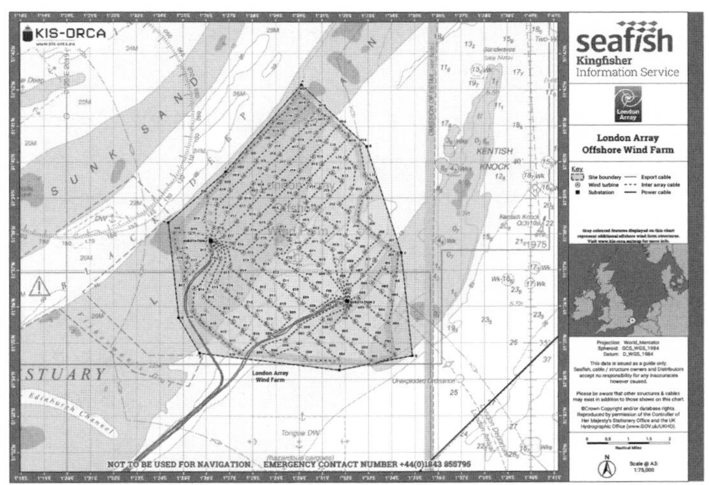

図 3.13　洋上風力発電所のケーブルレイアウト例（英国 London Array）[11)]

ケーブル長は 100 km 以上になる場合も多い．図 3.13 に OWPP のケーブル敷設レイアウト事例を示す．

また，とくに洋上風力発電が先行する欧州では，OWPP 構内に洋上変電所を（場合によっては複数）もつものも多い．文献 12)の調査によると，欧州では洋上変電所が 2017 年時点で 60 基以上設置されている．さらに，とくにドイツでは漁業や観光業との協調などの観点から，陸から 100 km 以上離れた沖合に風車の建設が進んだため，長距離輸送に有利な直流送電が採用され，海の上で交直変換を行う洋

図 3.14　洋上変電所（左：英国 Gunfleet Sands OWPP）および洋上変換所（右：ドイツ Alpha Ventus）の概観写真[13,14]

上変換所も設置が進んでいる（2021 年現在，7 基）．図 **3.14** に洋上変電所および洋上変換所の外観を示す．

日本では，福島浮体式洋上ウィンドファーム実証研究事業[15]において世界初となる浮体式の洋上変電所が設置されたが（2021 年 9 月に撤去済み），着床式かつ商業運転する洋上変電所および洋上変換所はゼロであり，この分野で欧州に大きく水をあけられている．日本でも今後大規模 OWPP の計画・建設が進むにつれ，洋上変電所も建設されるようになると予想される．

このような新しい形態の「発電所」は従来型発電所には全くみられない特徴をもち，とくにケーブルや洋上変電所が損傷した場合，風車がすべて健全であったとしても長期間発電不能となるリスクもある[6]．先行する欧州では，事故発生確率と逸失発電電力量，建設コストなどを考慮したリスクマネジメントに基づく OWPP の計画・設計手法が多く開発されている[6,16,17]．

さらに，上記のような巨大な OWPP は，単一の発電所がそれぞれ陸上への輸送ケーブルをもつのではなく，複数の事業者による複数の発電所群が洋上変電所や洋上変換所，さらには洋上ハブを介してネットワークを構成して，複数の陸上地点へ輸送する「オフショアグリッド」の構想が欧州では 10 年前から進んでいる[18]．オフショアグリッドは単なる OWPP 群からの陸上輸送ケーブル網という位置付けではなく，場合によっては陸対陸の連系線となってほかのエリアに電力を輸送し，場合によっては OWPP で発電した電力をさまざまなエリアに輸送するというインテリジェントな機能をもつ．たとえば図 **3.15** に示す概念図では，図(a)のラジアル型

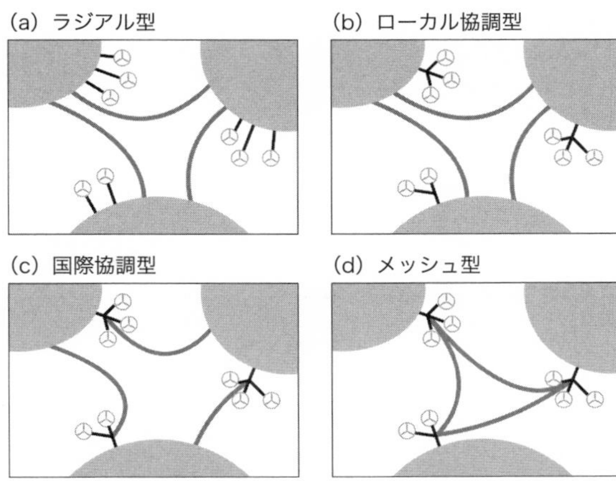

図 3.15　オフショアグリッドの基本概念図

［文献 19)の図をもとに筆者作成］

は現在開発が進んでいる多くの OWPP の状況を示しており，ここの OWPP が陸上へ輸送するケーブルをもっており，また，複数のエリア（陸）同士で海底ケーブルによる連系線が敷設されている状態を示す．

図(b)のローカル協調型はドイツのように複数の OWPP をまとめる形で洋上変換所が建設され，そこから陸に対して直流送電で電力が輸送される．図(c)の国際協調型は，2020 年 12 月に試運転が開始された Krengers Flak OWPP[20)]のように，複数の風車群が複数の陸上エリアに電力輸送を行うケースであり，図(d)は最終発展形態として複数の洋上変換所がハブとして複数のルートで複数の陸上エリアに電力を輸送するメッシュ型を示している．このようなオフショアグリッドを実現するための基礎技術として多端子直流送電技術が挙げられ，EU の国際プロジェクトで実用化・高信頼化のための研究開発が 2010 年からスタートしている[21)]．日本でも新エネルギー・産業技術総合開発機構（NEDO）において多端子直流送電技術の研究開発プロジェクトが 2015 年度から始まっている[22)]．

3.2.4　風力発電の国際動向（その 1：過去から現在）

本項では，風力発電が世界のエネルギー問題や気候変動緩和策の中でどのような位置付けとなっているかについて概観する．

図 3.16 は，全世界の 1990 年以降の風力・太陽光発電の発電電力量の推移を示し

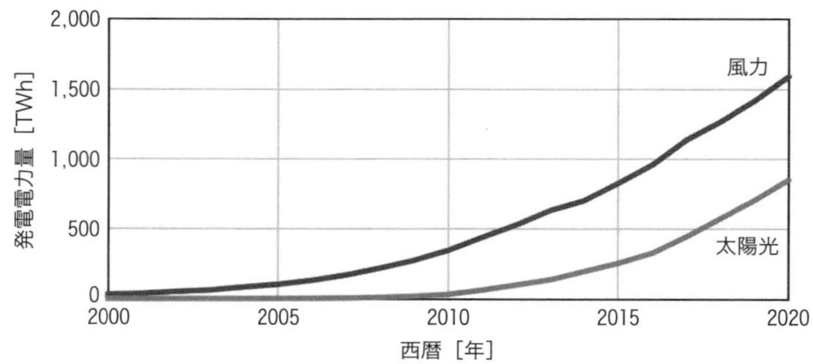

図 3.16　世界の風力および太陽光の発電電力量の推移
［文献 23)のデータより筆者作成］

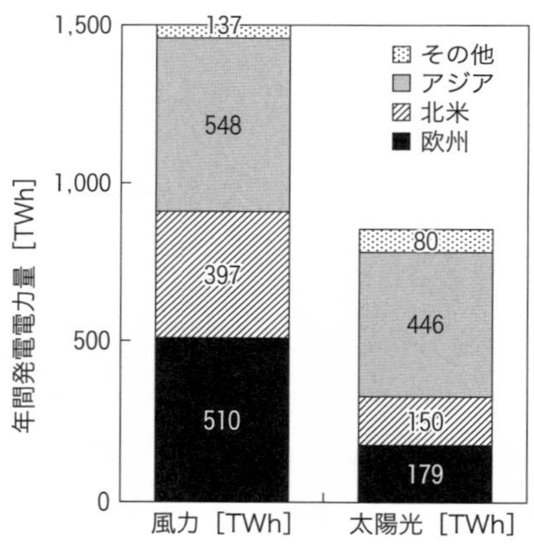

図 3.17　世界の主要地域の風力および太陽光発電の発電電力量（2020 年）
［文献 23)のデータより筆者作成］

たグラフである．グラフから明らかなとおり，風力発電は過去 20 年で順調な伸びをみせるのに対し，太陽光発電は過去 10 年で急速に追いついてきているにすぎない．もちろん，今後太陽光の成長も進むと予想されるが（後述），現時点では太陽光は風力の半分程度であり，急成長する再生可能エネルギーの中では風力発電こそが主役だと国際的には認識されていることがわかる．

図 3.17 は世界の主要地域，すなわち欧州，北米，アジアにおける風力および太陽光の発電電力量を比較したものであるが，ここでも各地域において風力発電のほうが多く導入されていることがわかる．とくにメディアやインターネットでは米国や中東の巨大なメガソーラーの導入事例が印象論的に喧伝されるが，トップランナー的事例の紹介という点では参考になるものの，これらの地域でこれまで太陽光

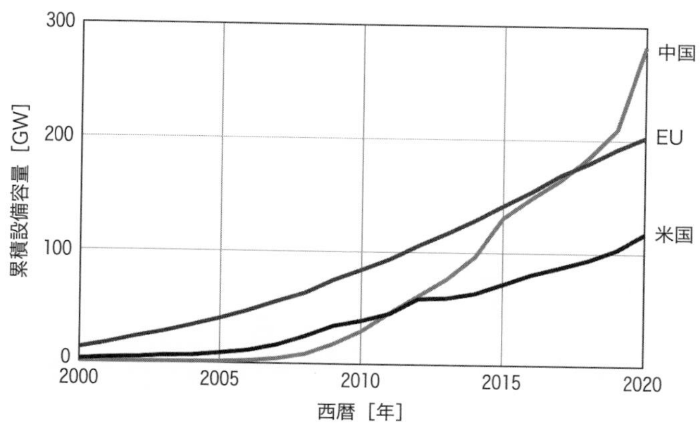

図 3.18　EU，米国，中国の風力発電の累積設備容量の推移
［文献 23）のデータより筆者作成］

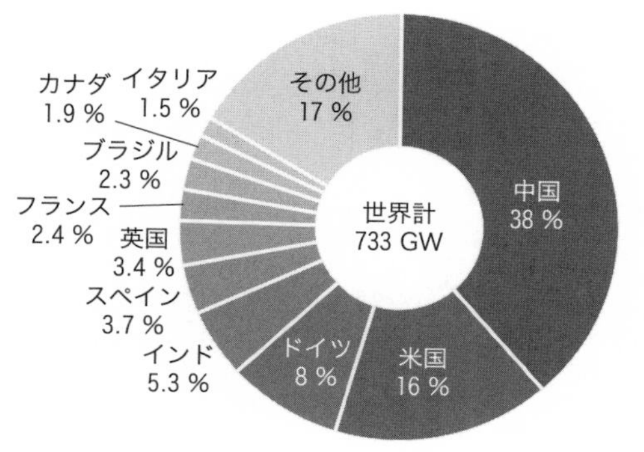

図 3.19　世界の風力発電の国別設備容量とシェア（2020 年末）
［文献 23）のデータより筆者作成］

の導入が積極的だったというわけではなく，統計データから読み取れるファクトとは異なるという点に留意すべきだろう．

図 3.18 は欧州連合（EU），米国，中国における風力発電の累積設備容量の推移を示したものである．図からわかるとおり，風力発電は 2000 年代当初は欧州を中心に導入が進み，次いで米国がそれを追いかけていたが，2010 年代に入り中国が急速に躍進し，累積設備容量では EU を抜いてさらに増加の勢いをみせている．

2020 年末時点での国別設備容量を見ると，**図 3.19** に見るとおり，中国が 1 位で米国が 2 位に続き，ドイツが 3 位につけている．注目すべきはインドやブラジルといった新興国でも風力発電の導入が盛んなことである．日本は 10 年以上前のランキングではトップ 10 以内につけていた時期もあったが，ここ数年は年々順位を落

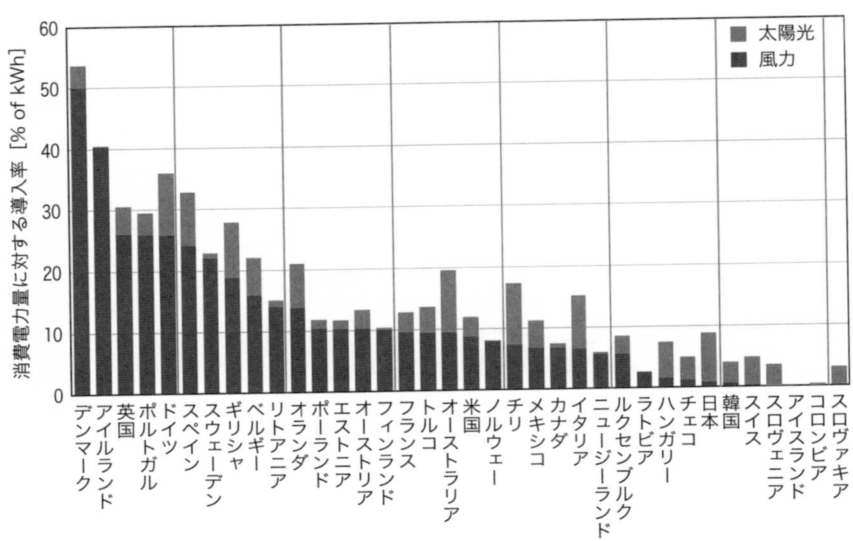

図 3.20　OECD 加盟諸国の風力（および太陽光）発電導入率ランキング

［文献 24）のデータより筆者作成．なお，イスラエルはデータ未公開，コスタリカは 2020年時点で未加盟のためデータなし］

とし，現在は 21 位となっている．

各国での風力発電の導入度合いを示すもう一つの指標として，年間消費電力量あたりの発電電力量導入率がある．**図 3.20** は経済協力開発機構（OECD）加盟国の導入率のランキングを示したものであるが，図に見るとおり，他国から群を抜いてデンマークが目覚ましく，風力発電だけですでに 5 割に達している．次いで，アイルランド，英国，ポルトガル，ドイツ，スペイン，スウェーデンがすでに風力発電だけで 20 % の導入率を達成している国としてランキングされている．図では参考までに太陽光発電の導入率も併記しているが，風力発電より太陽光を多く導入している国は数えるほどしかなく，世界的には少数派であることがわかる．

前述のとおり，2000 年代初頭に主に欧州を中心に風力発電の導入が進んだが，その主要な理由の一つに欧州の多くの国での固定価格買取制度（FIT：feed-in tariff）の導入が挙げられる[25]．**図 3.21** は欧州の主要国および日本の FIT 導入後の風力および太陽光の導入率の推移を表したグラフである．風力発電のグラフ（上図）から明らかなとおり，欧州で FIT が導入された国では，その直後から導入率が急激に上昇し，約 10 年で 10～30 ポイントの伸びをみせている．デンマーク，ポルトガ

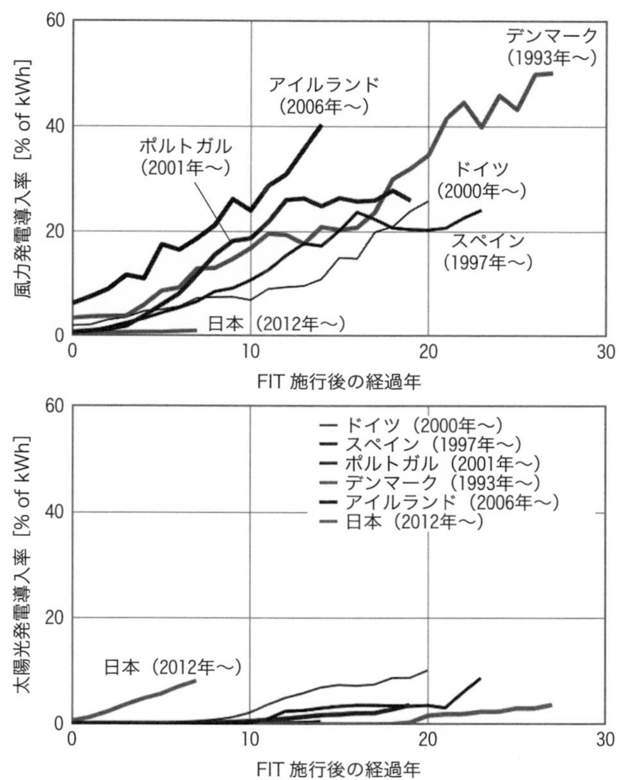

図 3.21　FIT 導入後の欧州主要国および日本の風力（上図）および太陽光（下図）発電導入率の推移

［文献 24,26)のデータより筆者作成］

ル，スペインでは導入後 10～15 年ほど経って導入が鈍化し「踊り場」を迎えている時期があることが見てとれるが，本来 FIT という制度はこのような急速な再生可能エネルギー導入を可能にする政策ツールであり，FIT を導入した欧州各国ではそれが統計データにおいて明確な成果として現れている．

一方，同図では日本の推移も併記しているが，風力発電は FIT 導入にも関わらず導入率が数パーセントにとどまり，本来の FIT の威力が発揮されていないことがわかる．また，太陽光発電のグラフ（下図）を見ると，日本における太陽光の導入は欧州諸国よりは進んでいるものの，欧州諸国の風力発電の伸びに比べればそれほど急激とはいえず，中庸な伸び率にとどまっている（日本の動向については

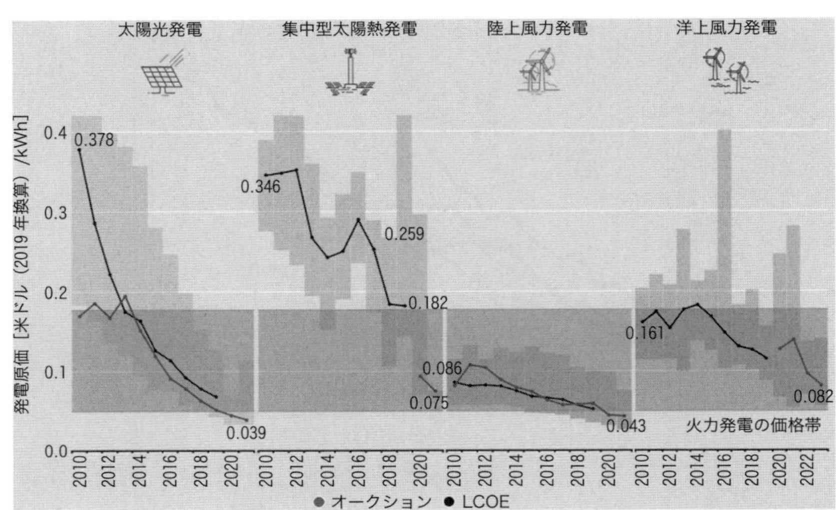

図 3.22　太陽光，太陽熱，陸上風力，洋上風力の均等化発電原価（LCOE）の推移
［文献 27)の図を筆者翻訳］

3.2.6 項で詳述).

世界ではなぜ，太陽光よりも風力の導入が進んだのか，その理由は簡単であり，単純に太陽光よりも風力のほうがコストが安いから（もしくは，安かったから），と答えることができる．**図 3.22** は国際再生可能エネルギー機関（IRENA：International Renewable Energy Agency）が取りまとめた 2010 年以降の太陽光，太陽熱，陸上風力，洋上風力の発電コスト（均等化発電原価（LCOE））およびその推移を示すグラフであるが，太陽光のコストが陸上風力を逆転したのは 2020 年になってからであり，それ以前は太陽光のコストは長年，風力よりもずっと高かったことがわかる．したがって，同じ再生可能エネルギーに投資をするとしても，多くの国で風力発電のほうが先に選択されることはきわめて合理的な帰結であるといえる．

3.2.5　風力発電の国際動向（その 2：現在から将来）

前項では過去から現在にかけての風力発電の動向を概観したが，本項では現在から将来に向けての動向を述べる．

2020 年 5 月に国際エネルギー機関（IEA：International Energy Agency）から発表された *Net Zero by 2050* という報告書[28)]では，パリ協定に定められた 1.5 ℃

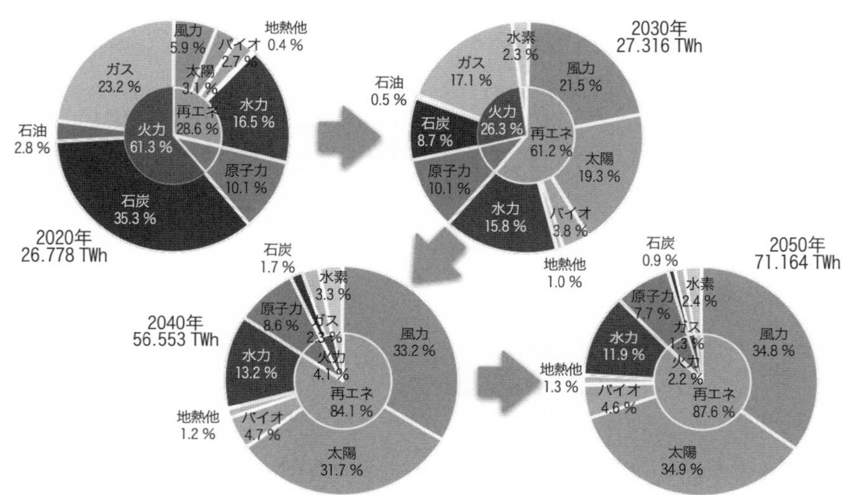

図 3.23 IEA による 2030～2050年の電源構成見通し
［文献 28)のデータより筆者作成］

を達成するためのシナリオが提案されている．そこでは，**図 3.23** に示すように 2030 年において電源構成に占める再生可能エネルギーの比率が約 6 割，2050 年には約 9 割に達するという見通しが立てられている．

前項で見たとおり，世界では風力が太陽光に先行しているため，2040 年でも太陽光より風力のほうが多く，太陽光が風力をわずかに上回るのは 2050 年になってからであると見通されている．いずれにせよ，2050 年には風力と太陽光だけで世界全体の電源構成の 7 割を占めることが 2050 年ネットゼロを達成するためのシナリオとして IEA から提案されているという点は，今後の国際動向を見通すうえで重要である．

また，同様のシナリオが 2020 年 6 月に国際再生可能エネルギー機関（IRENA）からも発表されており，**図 3.24** 示すとおり 2050 年の電源構成における再生可能エネルギーの比率が 90 % を占め，うち変動性再生可能エネルギー（VRE，風力および太陽光）が 63 % を占めると見通されている[29]．

このように，国際的な議論では，気候変動緩和すなわち二酸化炭素排出削減のための最も有効な手段として風力発電と太陽光発電が挙げられており，この二つだけで全世界の電源構成の 6～7 割を占めるという未来が予想されている．

なぜ，風力と太陽光がこれほどまでに導入が進むのかは，両技術が二酸化炭素の

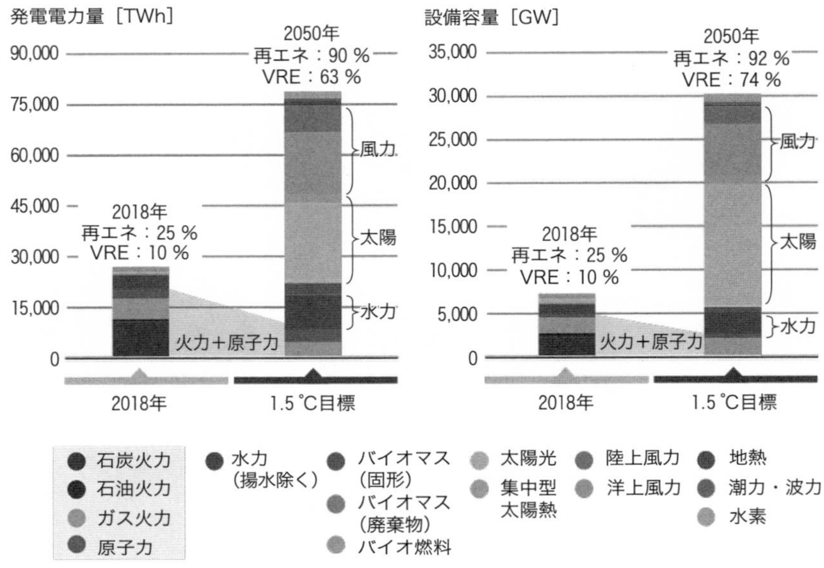

図 3.24　IRENA による 2050 年の電源構成見通し

［文献 29）の図を筆者翻訳］

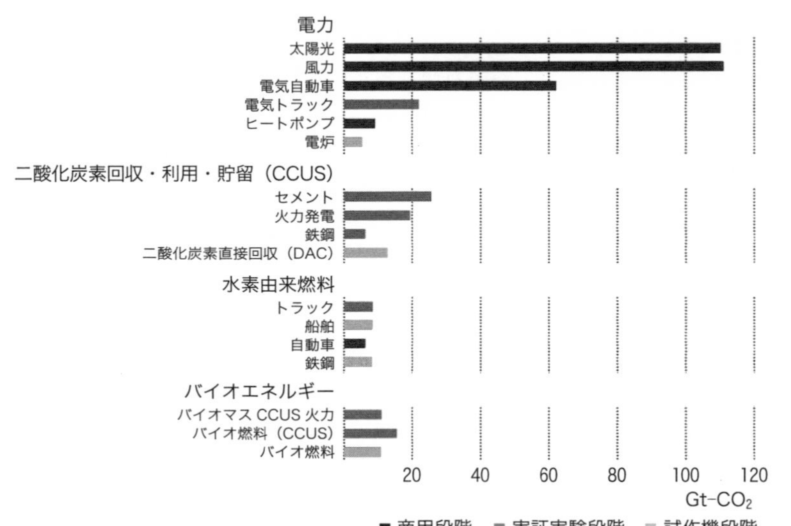

図 3.25　2050年までの要素技術別二酸化炭素削減量の見通し

［文献 28）の図を筆者翻訳］

削減にどれだけ貢献するかという点にある．**図3.25**は各種技術の2050年までの二酸化炭素削減量の累積を示すものである．グラフから一目瞭然のとおり，風力は太陽光と並んで，二酸化炭素削減に貢献する要素技術のツートップであり，風力発電のほうがわずかに削減量が多い．ついで3番目に貢献する技術が電気自動車（EV：electric vehicle）である．一方，日本の報道では大きく期待されているといわれている水素や二酸化炭素回収・利用・貯留（CCUS：carbon dioxide capture, utilization and storage）はそれほど二酸化炭素排出量を削減するわけではなく，しかも現時点で実証中もしくは試作段階にある．

また，2020年8月9日に公表された気候変動に関する政府間パネル（IPCC：Intergovernmental Panel on Climate Change）の第6次統合報告書（AR6）の第1部会（WG1）政策決定者のための要約（SPM：summary for policy makers）では，カーボンバジェットについて言及があり，1.5℃目標を達成するために追加的に排出が許容できる二酸化炭素の量（カーボンバジェット）は**図3.26**に示すとおり500～900 Gt程度しか残されておらず（図中，SSP1-1.9シナリオ），2030年ま

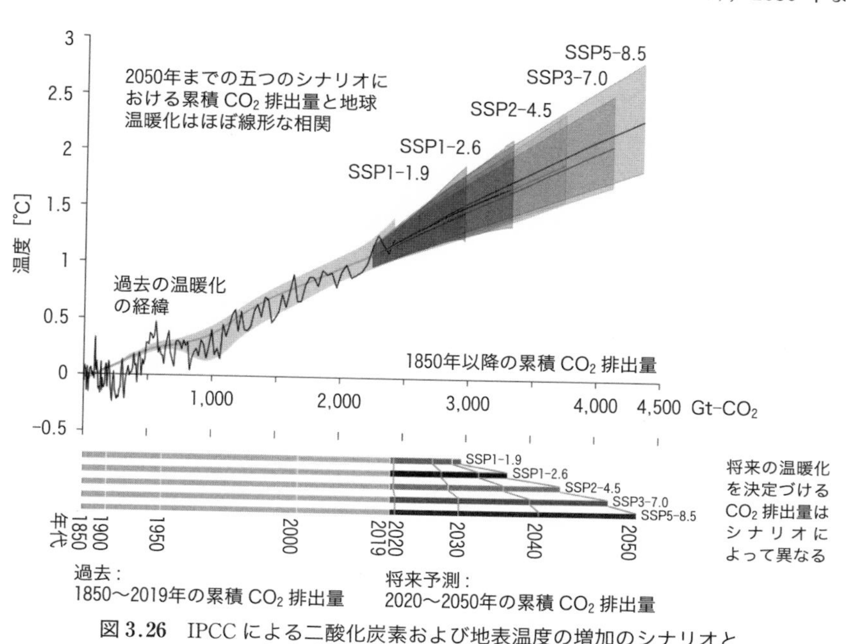

図3.26 IPCCによる二酸化炭素および地表温度の増加のシナリオとカーボンバジェット

［文献30）の図を筆者翻訳］

での短期間での対策が今後の気候変動の緩和を左右する大きな分かれ道になることが指摘されている[30)].

それゆえ，現在すでに技術が確立しており，十分コストが低減している風力発電が（次いで太陽光発電が）2030 年までにそれぞれ世界平均で 21.5 %，19.3 % と爆発的に導入が進むことが IEA のシナリオのなかに盛り込まれていると解釈できる.

3.2.6　国際動向における日本の風力発電の立ち位置

前項までに風力発電の国際動向を過去から現在，現在から未来にかけて概観したが，一方，日本の立ち位置はどうだろうか. **図 3.27** のような日本における風力および太陽光発電の発電電力量の推移を見ると，前出の**図 3.16** と比べれば明らかなとおり，日本の状況は世界の動向と大きく逆転しており，風力に対して太陽光が極端に先行する結果となっていることがわかる.

日本においてなぜ風力が太陽光に対して極端に導入が進んでいないのかの理由を探ると，必ずしもコストやポテンシャルが理由ではないことが浮かび上がる.

たとえば，**図 3.28** に示すとおり，日本における FIT 買取価格も 2012 年度の施行以来ずっと風力より太陽光のほうが高く，事業用太陽光が陸上風力を逆転したのは 2017 年度になってからである. この風力と太陽光の買取価格の逆転は，時間の遅れや価格の差異はあるものの，世界的な傾向とほぼ同様であり，ここ数年のことである. それ以前は風力発電のほうが太陽光より買取価格が安い時代がずっと続いてきた. 日本において発電コストや FIT 買取価格が高い電源のほうが先に導入が進むという現象は，経済学的な観点からは同じ再生可能エネルギーの発電電力量を

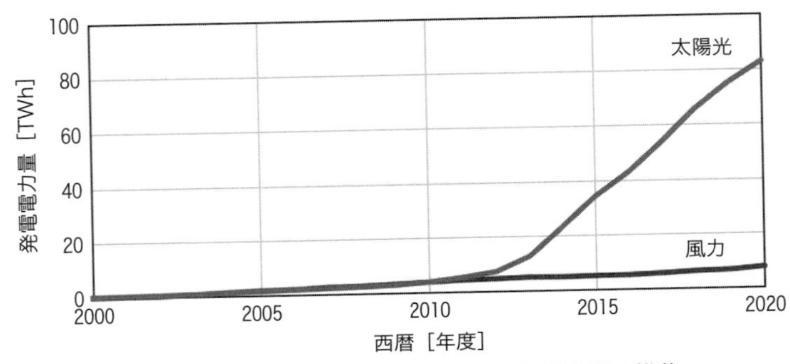

図 3.27　日本の風力および太陽光の発電電力量の推移
［文献 23）のデータより筆者作成］

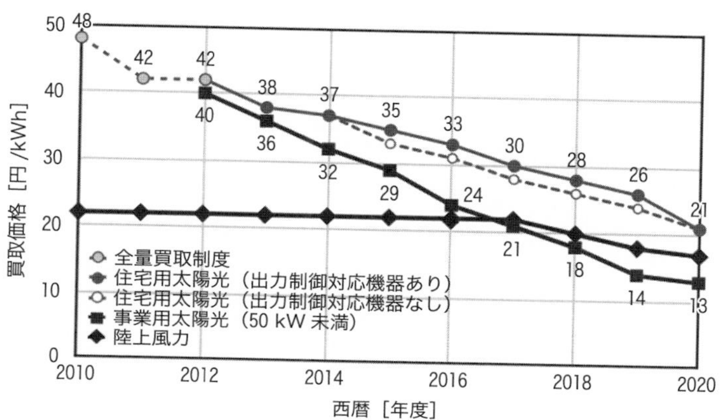

図 3.28 日本の風力および太陽光の FIT 買取価格の推移

［文献 31）のデータより筆者作成］

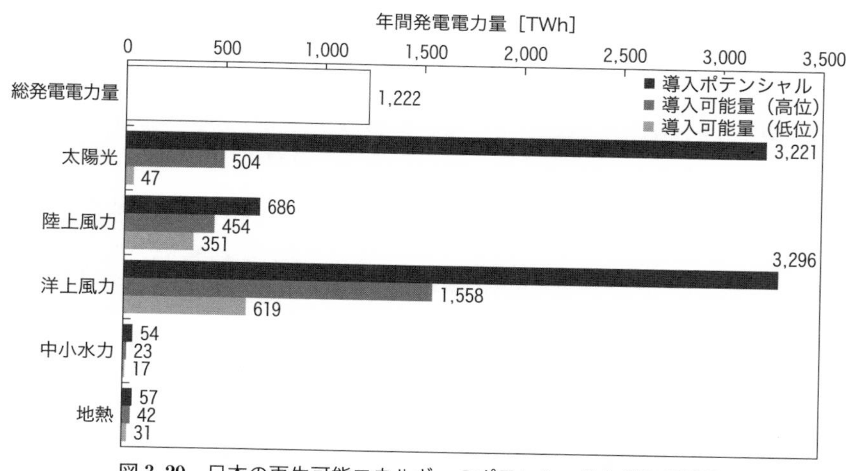

図 3.29 日本の再生可能エネルギーのポテンシャルと導入可能量

［文献 26,32）のデータより筆者作成］

得るために余計な社会コストが発生していることを意味している．

また，環境省が過去数年にわたって公表している再生可能エネルギーのポテンシャル調査によると，最新のデータでは，**図 3.29** に示すとおり，陸上風力でも日本の年間消費電力量の約 6 割，洋上風力では約 3 倍のポテンシャルを日本領土内に有し，その一部を採取するだけでも日本の電力の相当分を賄える試算が得られている（太陽光も年間消費電力量に対し約 3 倍のポテンシャルがある）．日本は「国土が狭い」といわれがちであるが，科学的な調査からは「狭い日本」でも十分なエネルギーが採取可能なことが明らかになっており，これも風力発電の導入が進まない理由とはなり得ない．

本来，爆発的な導入を促進するための FIT 制度が施行された以降もあまり風力発電が進まなかった理由としては，FIT 施行とほぼ同時期に風力発電のみに環境アセスメントが課されたことが挙げられる．環境アセスメント自体は地域住民や地域環境との共生に必要な政策ツールであるものの，①不必要で冗長な工程もあり，アセスメント完了までに 6 年程度と調査期間が無駄に長引く制度設計だったこと，②買取価格が相対的に低い風力発電のみに課され，買取価格が相対的に高い太陽光に課されなかったことで，両発電方式の事業リスクに大きな差が生じ，結果的に買取価格が高い太陽光発電に事業が集中したこと，が挙げられる．

また，2015 年に経済産業省から公表された「長期エネルギー需給見通し」[33]では，2030 年における再生可能エネルギーの目標が 22～24 % と設定され，うち太陽光発電が 7.9 %，風力発電が 1.7 % という数値が設定された．これは**図 3.30** に見るとおり，それ以前の政府の諸機関が発表した 2030 年の目標・予測値を大きく下回るものであり，従来の路線を大きく後退させるものであった．とりわけ風力発電の数値が従来の目標・予測よりも大幅に抑えられる結果となったが，この 1.7 % 数値は主に FIT 賦課金の上限を恣意的に設定することによって風力発電の「目標値」を逆算したものにすぎず，地球温暖化防止（気候変動緩和）の観点からは何ら合理的正当性が得られない意思決定であったといえる．この結果，国内の風力発電の投資や開発意欲に大きく冷や水を浴びせかけることとなった[34]．

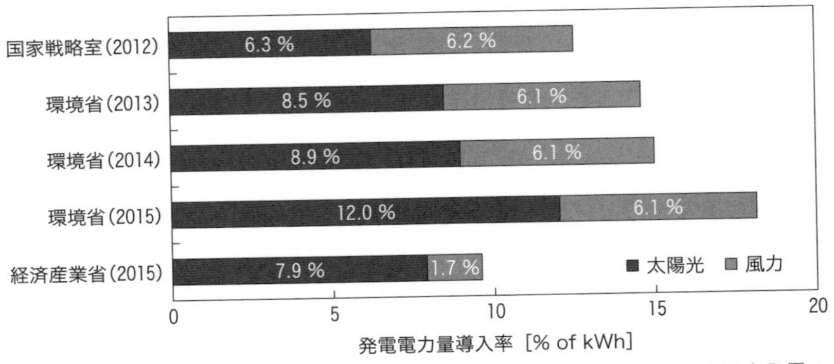

図 3.30　2010 年代に公表された 2030 年における日本の風力発電および太陽光発電の目標・予測値[34]

このように，技術的要因でなく政策的な不作為や不整合性による理由によって，FIT 施行にも関わらず結果的に風力発電が伸び悩み，太陽光発電を先行させてきたという状況が今日の日本の再生可能エネルギーをとりまく現状であるといえる．技術的・経済的に合理的な電源選択がどうあるべきかは，今一度，政策のあり方を振り返って事後検証する必要がある．

日本でも 2020 年 10 月 26 日の菅義偉首相（当時）の就任演説において「2050 年カーボンニュートラル」を目指すことが宣言され[35]，それに続いて「2050 年カーボンニュートラルに伴うグリーン成長戦略」[36]（2020 年 12 月 25 日）や，エネルギー基本計画素案[35]（2021 年 8 月 4 日）が次々と発表された．これらの日本の将来の電源構成見通しと前述の IEA のシナリオを比較すると**図 3.31** のようなグラフを描くことができる．図から明らかなように，日本政府による見通しは IEA の 1.5 ℃目標を達成するためのシナリオに大きく及ばず，世界平均から大きく後退していることがわかる．

風力発電は日本では欧州などの諸外国に比べ気象条件が悪くコストが高くなりがちという指摘もあるが，風力発電のコストや競争力に関しては，経済産業省自身も日本における再生可能エネルギーのコストがなにゆえ諸外国に比べ低減しないのかについての調査を行っており，その報告書が推奨する提言の中では，風力発電特有の気象環境や技術に起因する技術的問題だけではなく，①投資環境の改善（電力系統対策を含む），②環境アセスメント・土地利用規制等の対応の迅速化，③ファイ

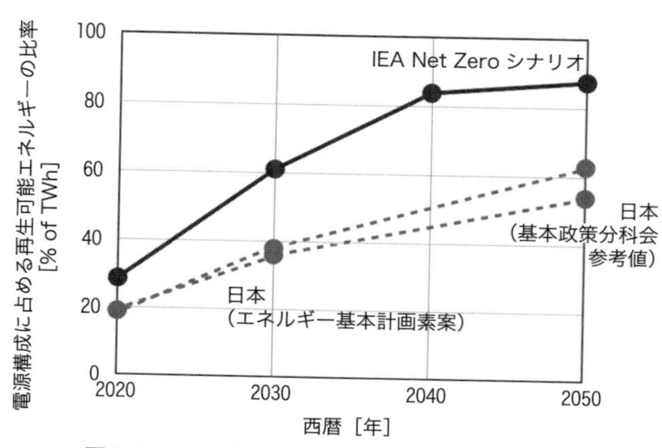

図 3.31　2050 年までの再生可能エネルギー導入率
IEA シナリオと日本の見通しの比較
［文献 28,36,37）のデータより筆者作成］

ナンス・運営主体の体制改善，④将来に向けた導入像の提示，などの政策や制度設計に関係する要素も多く挙げられている[38)]．

国際的にも，たとえばIRENAの報告書でも，再生可能エネルギー大量導入のために必要なイノベーションとして挙げられているのは，風力発電（および太陽光発電）側が解決すべき技術的課題やそれを克服するための技術開発ではなく，受け入れ側の電力系統が解決すべき課題や制度設計・市場運用に関するイノベーションがほとんどを占めている[37)]．とくに風力発電（および太陽光発電）の大量導入にあたっての最大の障壁要因ともいえる系統連系問題は，これから市場に参入する新規技術側の問題ではなく，新技術の参入障壁を取り除くべく受け入れ側の電力系統が解決すべき問題であると国際的には認識されている[39〜41)]．日本において風力発電の大量導入を今後進めるにあたり技術的課題はもはやわずかで日本の技術力を以てすれば十分解決可能なレベルであり[8)]，政策や制度設計の改革こそが今後議論すべき最重要課題である．

参考文献（3.2節）

1) 日本産業規格：風力発電システム—第0部：風力発電用語，JIS C 14000-00（2005）．
2) 牛山 泉：風力エネルギーの基礎，オーム社（2005）．
3) 安田 陽：世界の再生可能エネルギーと電力システム—風力発電編，第2版，インプレスR&D（2020）．
4) 産業総合技術研究所：太陽光発電のエネルギー収支，最終更新日2010年2月2日．https://unit.aist.go.jp/rpd-envene/PV/ja/about_pv/e_source/PV-energypayback.html
5) 電気学会 風力発電の大量導入調査専門委員会編：風力発電の大量導入技術，電気学会技術報告，1486（2020）．
6) 電気学会 風力発電大量導入時の系統計画・運用・制御技術調査専門委員会編：風力発電大量導入時の系統計画・運用・制御技術，電気学会技術報告，2196（2021）．
7) アッカーマン，T. 編；日本風力エネルギー学会編：風力発電導入のための電力系統工学，オーム社（2013）．
8) 安田 陽：地域分散型エネルギーと系統連系問題，大島堅一編著，炭素排出ゼロ時代の地域分散型エネルギーシステム，第2章，日本評論社（2021）．
9) トワイデル，J.；ガウディオージ，G. 編著；日本風力エネルギー学会編：洋上風力発電，鹿島出版会（2011）．
10) 大林組：プレスリリース，洋上風車の基礎およびアンカーに適用する「スカートサクション」を開発，2016年2月17日． https://www.obayashi.co.jp/news/detail/20160218_1.html
11) KIS-ORCA（Offshore Renewable & Cable Awareness): London Array offshore wind farm, Kingfisher wind farms chart, January 2021. https://kis-orca.org/wp-content/uploads/2020/12/Chart-13-London-Array-2021.pdf
12) 安田 陽：電力産業から見た洋上風車の魅力，京都大学再生可能エネルギー経済学講座コラム，18，2017年3月2日．http://www.econ.kyoto-u.ac.jp/renewable_energy/occasionalpapers/occasionalpapersno18

13) Wikimedia Commons: Gunfleet Sands 1 & 2 offshore substation UK 2017. png. (CC-BY-SA-2.0). https://commons.wikimedia.org/wiki/File:Gunfleet_Sands_1_%26_2_offshore_substation_UK_2017.png
14) Wikimedia Commons: Alpha Ventus Windmills.JPG (CC-BY-SA-3.0). https://commons.wikimedia.org/wiki/File:Alpha_Ventus_Windmills.JPG
15) 北小路結花：福島復興・浮体式洋上ウィンドファーム実証研究事業(3)―洋上サブステーション浮体の検建造と曳航・設置について，日本マリンエンジニアリング学会誌，**50**，24-29 (2015). http://www.fukushima-forward.jp/reference/pdf/study023.pdf
16) Schachner, J.: Power Connections for Offshore Wind Farms, Diploma Thesis of TU Delft, The Netherlands (2004).
17) Lindahl, M.; Bagger, N.-C. F.; Stidsen, T.: OptiArray from DONG Energy ―An Automated Decision Support Tool for the Design of the Collection Grid in Large Offshore Wind Power Plants, 12th Wind Integration Workshop, WIW13-1214, 2013.
18) 安田 陽：欧州のオフショアグリッド構想～電力系統は海を目指す～，風力エネルギー，**37**，300-305 (2013). https://www.jstage.jst.go.jp/article/jwea/37/3/37_300/_pdf
19) NSCOGI: The North Seas Countries' Offshore Grid Initiative ―Initial Findings, Final Report, 2012. https://www.benelux.int/files/1414/0923/4478/North_Seas_Grid_Study.pdf
20) Energinet: Kriegers Flak ―Combined Grid Solution, last update: December 2020. https://en.energinet.dk/Infrastructure-Projects/Projektliste/KriegersFlakCGS
21) TWENTIES: TWENTIES project Final repot, EWEA, October 2013. http://www.ewea.org/fileadmin/files/library/publications/reports/Twenties.pdf
22) 新エネルギー・産業技術総合開発機構（NEDO）：2015年度～2019年度「次世代洋上直流送電システム開発事業/システム開発/要素技術開発」成果報告書，2020.
23) BP: Statistical Review of World Energy 2021 ―all data, 1965-2020, July 2021. https://www.bp.com/en/global/corporate/energy-economics/statistical-review-of-world-energy.html
24) IEA: Monthly electricity statistics, updated 15th September, 2021. https://www.iea.org/data-and-statistics/data-product/monthly-electricity-statistics#monthly-electricity-statistics
25) メンドーサ，M.；ヤコブス，D.；ソヴァクール，B. 著；安田 陽 監訳：再生可能エネルギーと固定価格買取制度（FIT）―グリーン経済への架け橋，京都大学出版会（2019）.
26) 経済産業省資源エネルギー庁：令和元年度（2019年度）エネルギー需給実績を取りまとめました（確報），2021年4月13日，4月15日一部訂正. https://www.enecho.meti.go.jp/statistics/total_energy/pdf/gaiyou2019fyr.pdf
27) IRENA: Renewables Power Generation Costs in 2020, June 2021. https://www.irena.org/publications/2021/Jun/Renewable-Power-Costs-in-2020
28) IEA: Net Zero by 2050 ―A Roadmap for the Global Energy Sector, May 2021. https://www.iea.org/reports/net-zero-by-2050
29) IRENA: World Energy Transitions Outlook: 1.5℃ Pathway, June 2021. https://www.irena.org/publications/2021/Jun/World-Energy-Transitions-Outlook
30) IPCC: WG1: Climate Change 2021 ―The Physical Science Basis, Summary for Policymakers, 9th August, 2021. https://www.ipcc.ch/report/ar6/wg1/downloads/report/IPCC_AR6_WGI_SPM.pdf
31) 経済産業省資源エネルギー庁：買取価格・期間等（2012～2020年度）. https://www.enecho.meti.go.jp/category/saving_and_new/saiene/kaitori/kakaku.html
32) 環境省：令和元年度再生可能エネルギーに関するゾーニング基礎情報等の整備・公開に関する委託業務報告書，2020.

33) 経済産業省：長期エネルギー需給見通し，2015 年 7 月． https://www.enecho.meti.go.jp/committee/council/basic_policy_subcommittee/mitoshi/pdf/report_01.pdf
34) 安田 陽：日本に再エネの志はありや？—なぜ風力発電だけが大幅削減なのか，シノドス，2015 年 7 月 23 日． https://synodos.jp/opinion/science/14669/
35) 首相官邸：第二百三回国会における菅内閣総理大臣所信表明演説，2020 年 10 月 26 日． https://www.kantei.go.jp/jp/99_suga/statement/2020/1026shoshinhyomei.html
36) 経済産業省：2050 年カーボンニュートラルに伴うグリーン成長戦略，2020 年 12 月 25 日． https://www.meti.go.jp/press/2020/12/20201225012/20201225012-2.pdf
37) 経済産業省：第 48 回基本政策分科会　資料 3　エネルギー基本計画（素案②）の概要，2021 年 8 月 4 日． https://www.enecho.meti.go.jp/committee/council/basic_policy_subcommittee/2021/048/048_006.pdf
38) 経済産業省：風力発電競争力強化研究会報告書，2016 年 10 月． https://www.meti.go.jp/committee/kenkyukai/energy_environment/furyoku/pdf/report_01_01.pdf
39) IRENA: Innovation landscape for a renewable-powered future (2019)
【日本語版】将来の再生可能エネルギー社会を実現するイノベーションの全体像：変動性再生可能エネルギー導入のためのソリューション，環境省（2020）．
http://www.env.go.jp/earth/report/R01_Reference_2.pdf
40) IEA Wind Task25：ファクトシート（全 9 報），新エネルギー・産業技術総合開発機構（2020）． https://www.nedo.go.jp/library/ZZFF_100033.html
41) 安田 陽：世界の再生可能エネルギーと電力システム～系統連系編，インプレス R&D（2019）．

3.3　各種大規模水素輸送システムの評価と展望

3.3.1　は じ め に

水素は化石燃料，再生可能エネルギーなどを変換して製造される二次エネルギーであり，燃料としては形態を変えつつ輸送・貯蔵され，消費に至る．そのため，変換に伴うエネルギー効率が水素エネルギー利用システム全体の効率に影響する．そのようなシステム全体の効率の評価に有用なのがエクセルギーである．

エクセルギーとは，エネルギーのうち仕事に変換可能な量（有効エネルギー量）を示し，物質もエネルギーも同等の指標で捉えることができる．種々の形態・状態からなるシステムを一貫して評価するには段階ごとに発生するエクセルギー損失を算出することが重要である．水素のエネルギーを化学エクセルギーで評価するならば，水素分子 1 mol あたり約 237 kJ で，代表的化石燃料であるメタンの 1 mol あたり約 869 kJ と比べると小さいものの，質量密度では約 117 MJ/kg とメタンの約 2 倍であり，エネルギーキャリアとしても有望である[1]．

水素の輸送・貯蔵段階では体積密度を高くするために，安定した化合物，液体水素または高圧に圧縮した状態に変換される．それらの工程で，エクセルギーが消費され，一部はキャリア物質に蓄積される．エネルギーの回収・利用の効率は物質の温度・圧力などの条件に依存するが，水素輸送システムの中でのそれら条件を見ると，複数回にわたってエクセルギーレベルの低い状態に変換されることがわかる．環境との温度差，圧力差がなくなるとエネルギーの回収・利用は困難になる．したがって，水素利用システムの効率を評価するには物質の状態を温度・圧力などに基づいて計算されるエクセルギーで評価し，どの段階で回収・利用を図るべきかの指標を得るべきである．

そこで本節では開発中の水素輸送形態（水素キャリア）をエクセルギーにより評価し，輸送・貯蔵システムの効率改善の可能性について紹介する．なお，本節で用いた記号の意味は節末にまとめている．

3.3.2　理　　論

a. 評価の範囲

本節では，水素キャリアの役割を「水素の化学エクセルギーを無駄なく運ぶこと」と位置付ける．その上で「水素の化学エクセルギー」から「システムを通じての第一または第二のエクセルギー損失（後述で定義)」を差し引いた値を正味のエクセルギーと考え，その比を効率と定義する．システムとは，水素化，長距離輸送を経て脱水素化に至る一連のプロセスを指すこととし，その境界を流体物質（キャリアおよびその原料）と容器の間に定める．したがって，物質自体のエクセルギーおよび反応の場に出入するエクセルギーを評価対象とし，圧縮機，熱交換器，輸送管などで発生する機械的損失および容器の壁から環境に散逸する熱に由来するエクセルギー損失は評価対象としない．

b. キャリア物質の変換過程でのエクセルギー変化

キャリアは，水素分子を含水素化合物に変換したものと，水素分子を液化または圧縮したものに大別される．それぞれの形態に応じたエクセルギー損失の算出方法と評価方法を以下に定める．

化学反応を伴うキャリアのエクセルギー変化　水素キャリアとしてケミカルハイドライドおよびアンモニアを用いるシステムのエクセルギー効率を評価するため，本節では水素化プロセスの集合および脱水素化それぞれの一連のプロセスを「サブシステム」と呼ぶ．図 3.32 は，サブシステムの中でのエクセルギー変化とバラン

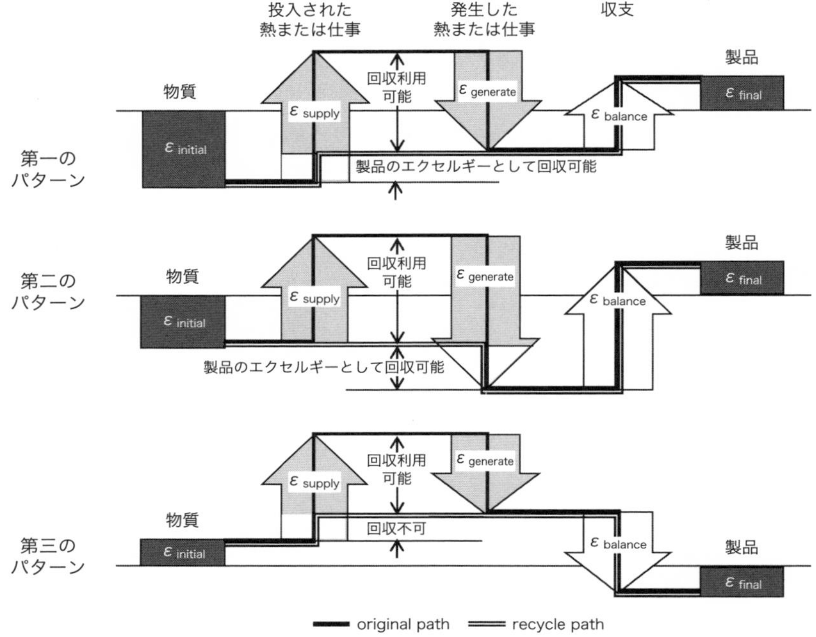

図 3.32　サブシステムでのエクセルギー変化とバランス

スを図示したものである．図中濃灰色長方形の高さは，物質のエクセルギー（水素 1 mol あたりの状態量）を表し，左端は反応前の物質の，中央は長距離輸送されるキャリアの，右端は水素化または脱水素化後の物質のエクセルギーである．矢印の高さは，上向きの場合対象物質に加えられる熱または仕事によって増加するエクセルギー変化量を表す．下向き矢印の大きさは熱または仕事の放出によるエクセルギー変化量を表す．矢印中の淡灰色部分は，反応熱，蒸発熱，膨張仕事などのエネルギーの出入りで，手段によっては回収利用可能なエクセルギー量である．

サブシステム内の反応プロセスを一定の条件の下に起こすために加えるべきエクセルギーを集計したものをそのサブシステムの $\varepsilon_{\mathrm{supply}}$ とする．$\varepsilon_{\mathrm{supply}}$ は原料の加熱，加圧，吸熱反応の反応熱および分離仕事のうち，該当するものからなる．そのサブシステムから放出するエクセルギーを集計したものを $\varepsilon_{\mathrm{generate}}$ とする．$\varepsilon_{\mathrm{generate}}$ は生成物の熱および圧力ならびに発熱反応の反応熱のうち，該当するものからなる．これらのエクセルギー増減を経る経路を original path と呼ぶこととする．$\varepsilon_{\mathrm{generate}}$ の全部または一部は $\varepsilon_{\mathrm{supply}}$（反応に必要な供給エネルギー）として活用が可能（recyclable）である．最大限活用した場合のエクセルギー変化の経路を recycle path と呼ぶこととする．これらの経路を経て物質のエクセルギーは初期状態量 $\varepsilon_{\mathrm{initial}}$ から終期状態量 $\varepsilon_{\mathrm{final}}$ に変化する．

上記の経路を経て反応後の物質のエクセルギーは $\varepsilon_{\mathrm{final}}$ に達するが，上記の熱および仕事の出入りだけでは過不足分があり，その差を $\varepsilon_{\mathrm{balance}}$ とする．$\varepsilon_{\mathrm{balance}}$ は単独で起こる反応によるエクセルギー増減量ではなく，エクセルギー供給（$\varepsilon_{\mathrm{supply}}$）またはエクセルギー放出（$\varepsilon_{\mathrm{generate}}$）のプロセスで同時に発生するものである．計算上はサブシステムの始状態から反応を経て終状態に至るエクセルギー変化の収支バランスをとる項目であるが，その大きさは反応の温度および圧力条件によって決まる値であり，反応の収率および反応速度によって制約される．本研究における計算では，一般的に操業条件として採用されている温度，圧力を用いており，$\varepsilon_{\mathrm{balance}}$ はそれによって決められる値をとる．$\varepsilon_{\mathrm{balance}}$ の熱力学的意味合いについては考察にて論じる．

サブシステム内での物質変換の全経路は，状態量である $\varepsilon_{\mathrm{initial}}$ および $\varepsilon_{\mathrm{final}}$，ならびに変化量である $\varepsilon_{\mathrm{generate}}$ および $\varepsilon_{\mathrm{balance}}$ の大小関係に応じて三つのパターンがあり得る（**図 3.32** 参照）．

第一のパターン（反応 1）では，$\varepsilon_{\mathrm{generate}}$ を再利用した後の経路（recycle path）は，$\varepsilon_{\mathrm{initial}}$ と $\varepsilon_{\mathrm{final}}$ の範囲内にあり，エクセルギーの増減分は生成物内部に蓄えられるので損失とはならない．

第二のパターン（反応 2）では，$\varepsilon_{\mathrm{generate}}$ の一部は $\varepsilon_{\mathrm{supply}}$ 相当分として回収され，超過分は終状態 $\varepsilon_{\mathrm{final}}$ に達するために必要な $\varepsilon_{\mathrm{final}}$ の一部を相殺する可能性があるので，利用可能な方法をとることができれば損失とはならない．

第三のパターン（反応 3）では，$\varepsilon_{\mathrm{supply}}$ が $\varepsilon_{\mathrm{generate}}$ を上回る超過分（unrecoverable）は，回収することはできず損失となる．

それぞれのパターンにおける評価方法は以下のとおりである．

(1) エクセルギーを回収利用しない場合，サブシステム内の反応は original path に従い，エクセルギー投入量は（$\varepsilon_{\mathrm{supply}}+\varepsilon_{\mathrm{balance}}$）（$\varepsilon_{\mathrm{balance}}$ が正の場合）または $\varepsilon_{\mathrm{supply}}$（$\varepsilon_{\mathrm{balance}}$ が負の場合）である．これを「第一のエクセルギー損失」と定義する．**図 3.32** では上向き矢印の高さの合計量である．

(2) サブシステムで生成され，放出されるエクセルギー $\varepsilon_{\mathrm{generate}}$ を回収利用し，投入エクセルギーである $\varepsilon_{\mathrm{supply}}$ の一部または全部を相殺した後の総計を「第二のエクセルギー損失」と定義する．**図 3.32** では上向き矢印の高さの合計量から淡灰色部分の高さを差し引いた量である.

(3) 第一のパターンでの $\varepsilon_{\mathrm{supply}}$ が $\varepsilon_{\mathrm{generate}}$ を超過する部分を損失とみなさないのと同様に，第二のパターンで $\varepsilon_{\mathrm{generate}}$ の $\varepsilon_{\mathrm{supply}}$ を超過する部分を系外に放出せず，エクセルギー投入量を縮減するために用い，生成物に蓄えることができるならば損失とはならない．図 3.32 では「製品のエクセルギーとして回収可能」と表示した．第三のパターンで「回収不可」とした部分のみからなる損失を「第三のエクセルギー損失」と定義する.

上記の定義に従って，水素の化学エクセルギーからシステム（水素化-長距離輸送-脱水素化）を通じての第一または第二のエクセルギー損失を差し引いた値を正味エクセルギーと考え，その比を効率と定義する．すなわち，

第一のエクセルギー効率：

η_1＝1－第一のエクセルギー損失/水素の化学エクセルギー

第二のエクセルギー効率：

η_2＝1－第二のエクセルギー損失/水素の化学エクセルギー

第三のエクセルギー効率：

η_3＝1－第三のエクセルギー損失/水素の化学エクセルギー

と定義する．換言すると，貨物の価値に対して輸送費用としてどれだけの価値が消費され，正味どれだけの価値が伝えられるかを評価するものである．ここで，水素の化学エクセルギーは，水（液体）の生成自由エネルギー 237 kJ/mol に等しい．実現される最大効率は，理論的に利用可能エクセルギーのうち，どれだけ回収・利用できるかで決まるので，

$$\eta_1 \leqq \text{実現可能な最大効率} \leqq \eta_3 \tag{3.2}$$

となる．なお，第三のエクセルギー損失は水素液化には該当しないので，第三のエクセルギー効率は液体水素の効率評価には用いない．水素液化の場合，式(3.2)の η_3 は η_2 に置き換える.

水素液化のエクセルギー変化　　水素液化製造の場合は，理想的な液化仕事の式 $W_{\mathrm{liq}} = H_{\mathrm{i}} - H_{\mathrm{f}} - T_0(S_{\mathrm{f}} - S_{\mathrm{i}})$（i：始状態，f：終状態）に，状態方程式から得られる値を代入して得られる最小液化仕事にノルマル水素からパラ水素に変換する際の発熱量を加えたものをエクセルギー損失とした．輸送・貯蔵工程で考慮すべき物質の増減は，液体水素の場合のボイルオフであるが，本節では現在達成されている最高水準である 0.2 mass%/day を前提とした[2)]．最小液化仕事，パラ水素への変換，ボイルオフ損失に長距離輸送に要する燃料に対応するエクセルギー消費を加えたも

のを「水素液化の第一のエクセルギー損失」とし，「液体水素の第一のエクセルギー効率」計算に用いた．なお，最小液化仕事の3倍といわれる現在最良の技術での液化仕事を参照値[1]とした．

また，上記「水素液化の第一のエクセルギー損失」から液体水素の冷熱エクセルギーを利用可能と仮定し，冷熱エクセルギー全量を差し引いた量を「第二のエクセルギー損失」とし，前節のエクセルギー効率と同じ定義で評価する．

エクセルギー損失，効率計算等の項目　表 **3.1** にキャリア物質変換過程に係るエクセルギー損失，回収・利用可能なエクセルギーおよびエクセルギー効率計算に用いる各項目を示した．なお，比熱，潜熱のデータおよび状態方程式は，推算値[3,4]を用いた．

c. 輸送過程でのエクセルギー変化

長距離輸送（タンカー）におけるエクセルギー変化　長距離輸送の過程で水素キャリアには化学的変化はないと仮定した．船舶輸送の際に消費する燃料の熱量（化学エクセルギー）をエクセルギー損失とした．

圧縮水素のエクセルギー変化　各種キャリアを用いて長距離輸送した後に，代表的水素需要機器である燃料電池自動車のタンクに水素を充塡するまでの一連のプロセスでのエクセルギー増減量を評価する．水素充塡ステーションに配送するため，水素は高圧容器内に貯蔵され，輸送される．各段階で加圧するための所要仕事をエクセルギー損失とした．

3.3.3 各種水素キャリアのエクセルギー解析

a. ケミカルハイドライド

ケミカルハイドライドはトルエンに水素を添加，脱水素する方法を選択した．Teradaらの報告[5]を参考に，トルエン（TOL）に水素を添加して，輸送形態であるメチルシクロヘキサン（MCH）を合成する反応条件を200℃，1 MPaと，MCHを脱水素し，水素を得る反応条件を300℃，0.1 MPaと仮定した．

トルエンへの水素添加反応

$$C_7H_8(TOL(l)) + 3\,H_2(g) \longrightarrow C_7H_{14}(MCH(g)) \quad (\Delta H = -212.3\ \mathrm{kJ\ at\ 200\ ℃}) \tag{3.3}$$

上述の反応条件を実現するために，標準状態の原料を反応条件まで加熱，加圧するエクセルギー変化，利用可能な反応熱[6]，および生成物として得られるMCH気体の熱および圧力エクセルギーを得る計算式および計算結果を表 **3.2** に示す．

表 3.1　キャリア物質変換過程に係る諸項目

	キャリア物質の変換過程	
	化学変化	物理変化
投入分		
原料の加熱	[1]	
原料への加圧	[2]	
反応熱	[3]	
圧縮		[4]
生成ガスの分離		[5]
液化		[6]
収支バランス量	[b]*	[b]*
ボイルオフ		[9]
第一のエクセルギー損失	$\varepsilon_{loss(1)}=$ [1]＋[2]＋[3]＋[b]	$\varepsilon'_{loss(1)}=$ [4]＋[6]＋[b]＋[9]
エクセルギー効率 η_1	$1-\varepsilon_{loss(1)}/\varepsilon_{hydrogen}$	$1-\varepsilon'_{loss(1)}/\varepsilon_{hydrogen}$
発生したエクセルギー	[10]＋[11]	[12]＋[13]
反応熱（発熱反応）	[10]	
製品の熱エクセルギー	[11]	
製品の圧力エクセルギー		[12]
液体水素の冷熱エクセルギー		[13]
第二のエクセルギー損失	$\varepsilon_{loss(2)}=$ [1]＋[2]＋[3]＋[7]－([10]＋[11])	$\varepsilon'_{loss(2)}=$ [4]＋[6]＋[8]＋[9]－([12]＋[13])
エクセルギー効率 η_2	$1-(\varepsilon_{loss(2)})/\varepsilon_{hydrogen}$	$1-(\varepsilon'_{loss(2)})/\varepsilon_{hydrogen}$
第三のエクセルギー損失	[u]*	[u]*
エクセルギー効率 η_3	$1-$[u]$/\varepsilon_{hydrogen}$	$1-$[u]$/\varepsilon_{hydrogen}$
タンカー輸送時の燃料消費	[7]	[8]

[b]*，[u]*：3.3.2 項にて示したエクセルギーの収支量および回収不可能なエクセルギー量

表 3.2　トルエンへの水素添加反応に係る諸項目

	初期状態	最終状態	エクセルギー変化	
			式	$\Delta\varepsilon$/mol H_2
トルエン(液)の加熱	25 ℃	110.6 ℃	$\int C_p(1-T_0/T)\mathrm{d}T$	0.6
トルエンの蒸発@110.6 ℃	液体	気体	$\Delta H(1-T_0/T)$	2.5
トルエン(気)の加熱	110.6 ℃	200 ℃	$C_p(1-T_0/T)\mathrm{d}T$	1.4
水素の加熱	25 ℃	200 ℃	$\int C_p(1-T_0/T)\mathrm{d}T$	1.1
フィードガスの圧縮			$nRT\ln(P_r/P_0)$	12.0
投入量の合計				17.6
反応熱（発熱）			$Q_r(1-T_0/T)$	−26.2
メチルシクロヘキサン(液)の冷却と膨脹	200 ℃ 1 MPa	25 ℃ 0.1 MPa	$\int C_p(1-T_0/T)\mathrm{d}T$	−3.1
発生量の合計				−29.2

メチルシクロヘキサンの脱水素反応

$$C_7H_{14}(\mathrm{MCH(g)}) \longrightarrow C_7H_8(\mathrm{TOL(g)}) + 3\,H_2(\mathrm{g}) \quad (\Delta H=214.9\,\mathrm{kJ\ at\ 300\,℃}) \tag{3.4}$$

前述の水素添加のプロセスと同様に，加えるべきエクセルギー量，および放出され回収可能なエクセルギー量の計算方法，ならびに計算結果を**表 3.3** に示す．

b. アンモニア

アンモニアをキャリアとする方式は，ハーバー-ボッシュ法でアンモニアを合成し，加圧し常温で液化する方法を選択した．合成反応の条件を 525 ℃，20 MPa と，加圧液化したアンモニアを輸送，輸送後に分解し水素を得る反応の条件を 425 ℃，0.1 MPa と仮定した[7]．

アンモニアの合成反応

$$0.5\,N_2(\mathrm{g}) + 1.5\,H_2(\mathrm{g}) \longrightarrow NH_3(\mathrm{g}) \quad (\Delta H=-53.5\,\mathrm{kJ\ at\ 525\,℃}) \tag{3.5}$$

液体アンモニアを水素キャリアとするには上述の反応条件による合成に加え，標準状態で気体のアンモニアを加圧し常温で 1 MPa の液体に凝縮する必要がある．それらのプロセスのエクセルギー変化量，放出され，回収可能なエクセルギー量の計算方法，計算結果を**表 3.4** に示す．

表 3.3　メチルシクロヘキサンの脱水素反応に係る諸項目

	初期状態	最終状態	エクセルギー変化	
			式	$\Delta\varepsilon$/mol H_2
メチルシクロヘキサン(液)の加熱	25 ℃	100.9 ℃	$\int C_p(1-T_0/T)\mathrm{d}T$	0.6
メチルシクロヘキサンの蒸発@100.9 ℃	液体	気体	$\Delta H(1-T_0/T)$	2.1
メチルシクロヘキサン(気)の加熱	100.9 ℃	300 ℃	$\int C_p(1-T_0/T)\mathrm{d}T$	5.4
反応熱（吸熱反応）			$Q_r(1-T_0/T)$	34.4
最小分離仕事	混合状態	分離状態	$-RT\Sigma(x_i \ln x_i)$	1.1
投入量の合計				43.6
トルエン(気)の冷却と凝縮	300 ℃$_{gas}$	25 ℃$_{liq}$	$-\int C_p(1-T_0/T)\mathrm{d}T-\Delta\varepsilon_{vap}$	−7.0
水素の冷却	300 ℃	25 ℃	$-\int C_p(1-T_0/T)\mathrm{d}T$	−2.3
発生量の合計				−9.3

表 3.4　アンモニアの合成反応に係る諸項目

	初期状態	最終状態	エクセルギー変化	
			式	$\Delta\varepsilon$/mol H_2
窒素の昇温	25 ℃	525 ℃	$\int C_p(1-T_0/T)\mathrm{d}T$	2.1
水素の昇温	25 ℃	525 ℃	$\int C_p(1-T_0/T)\mathrm{d}T$	6.0
フィードガスの圧縮	0.1 MPa	20 MPa	$nRT\ln(P_r/P_0)$	46.8
アンモニア(気)の圧縮	0.1 MPa$_{gas}$	1.003 MPa$_{liq}$	$nRT\ln(P_r/P_0)$	3.8
投入量の合計				58.7
反応熱（発熱）			$Q_r(1-T_0/T)$	−22.3
アンモニア(気)の冷却	525 ℃	25 ℃	$-\int C_p(1-T_0/T)\mathrm{d}T$	−6.2
膨張仕事	20 MPa	1 MPa	$nRT\ln(P_f/P_i)$	−7.9
発生量の合計				−36.4

表 3.5　アンモニアの分解反応に係る諸項目

	初期状態	最終状態	エクセルギー変化	
			式	$\Delta\varepsilon$/mol H_2
アンモニア(気)の昇温	25 ℃	425 ℃	$\int C_p(1-T_0/T)\mathrm{d}T$	4.2
反応熱（吸熱反応）			$Q_r(1-T_0/T)$	40.0
最小分離仕事	混合状態	分離状態	$-RT\Sigma(x_i \ln x_i)$	2.3
投入量の合計				46.6
膨脹仕事	1.0032 MPa	0.1 MPa	$nRT\ln(P_f/P_i)$	−3.8
窒素(気)の冷却	425 ℃	25 ℃	$-\int C_p(1-T_0/T)\mathrm{d}T$	−2.9
水素(気)の冷却	425 ℃	25 ℃	$-\int C_p(1-T_0/T)\mathrm{d}T$	−4.3
発生量の合計				−11.0

アンモニアの分解反応

$$NH_3(g) \longrightarrow 0.5\,N_2(g) + 1.5\,H_2(g) \quad (\Delta H = 52.4\ \mathrm{kJ\ at\ 425\ ℃}) \quad (3.6)$$

アンモニア合成のプロセスと同様に加えるべきエクセルギー変化量，および放出され回収可能なエクセルギー量の計算方法，ならびに計算結果を表 3.5 に示す．

c.　液体水素

液体水素の製造法は一般的なクロウドサイクルを前提とする．理論的最小液化仕事は T-S 線図上の逆カルノーサイクルから求めた．液化工程のエクセルギー消費量に，タンカー輸送に要する燃料のエクセルギーおよびボイルオフで損失されるエクセルギーを加えた合計量を，液体水素をキャリアとするシステムの第一のエクセルギー損失とした．冷熱エクセルギーを全量利用した場合の総エクセルギー増減量を第二のエクセルギー損失とした．

本節で前提とするクロウドサイクルの主要機構は，膨張液化をもたらすジュール-トムソン弁，その前段の膨張器および数段の熱交換器である．水素気体は液化システムに送られる前に臨界点圧力（1,315 kPa）より高い圧力に加圧される．

理想的な液化仕事 W_{liq} は，逆カルノーサイクルを仮定した

$$W_{\mathrm{liq}} = H_{\mathrm{i}} - H_{\mathrm{f}} - T_0(S_{\mathrm{f}} - S_{\mathrm{i}}) \quad (\mathrm{i}：始状態，\mathrm{f}：終状態) \qquad (3.7)$$

で与えられる．上式に，リーチマン状態方程式による状態値を入れると最小液化仕事 25.9 kJ/mol H_2 が得られる．

オルト水素（o-H_2）1 kg をパラ水素（p-H_2）に変換（o-p 変換）する熱量として，沸点（約 20.3 K）において約 703 kJ/kg H_2 の値が知られている[1)]．その条件で 25 % p-H_2 のノルマル水素（n-H_2）を約 100 % p-H_2 に変換する際の発熱量は，1.16 kJ/mol H_2 であり，沸点より高い温度から触媒を用いて 2 段階に変換すると想定し，冷却するための仕事をカルノー効率で評価すると 2.1 kJ/mol H_2 となる．液化仕事と n-H_2 から p-H_2 への n-p 変換仕事の合計は 28.0 kJ/mol H_2 となり，これを理論的液化所要仕事とした．現在最良の技術ではその 3 倍の仕事を要すとされている[1)]ことから，84.0 kJ/mol H_2 を参照値とした．なお，国際的な水素液化効率向上プロジェクトでは理論的液化所要仕事の 2 倍の効率を目指している[8)]．

ボイルオフについてはレートを 0.2 %/day[2)]，輸送期間は水素原料となる石炭を産出する南豪州からの平均航行速度[9)]から 20 日との前提を置き，損失量は水素の化学エクセルギーの 4 % すなわち 9.5 kJ/mol H_2 となる．

液体水素は冷熱エクセルギーをもつ．ここでは大気圧（101.3 kPa）下，沸点（20.37 K）と常温（298.15 K）のエクセルギー差（22.5 kJ/mol H_2）を理論的利用可能エクセルギーとした[4)]．

d. タンカー輸送

水素輸送形態別に，船舶輸送の際に消費する燃料の熱量を所要エネルギーとして計算した（**表 3.6**）．ケミカルハイドライドおよび液体アンモニアはケミカルタンカーにより，液体水素は液体水素タンカーにより，南豪州から東京湾へ運搬するものと想定した（航行距離 10,000 km）．International Maritime Organization のタン

表 3.6　タンカー輸送の計算に係る諸項目

	平均積載量 [dwt]	輸送にかかる燃料の消費エネルギー [TJ/10,000 km]	水素積載量 [Mmol]	1 mol H_2 輸送あたりにかかる燃料の消費エネルギー [kJ/(10^4 km・mol H_2)]
ケミカルタンカー（ケミカルハイドライド）	42,605	28.27	1162.2	24.3[9)]
ケミカルタンカー（液化アンモニア）			3349.8	8.4[9)]
液化水素タンカー（169 kNm^3）	11,360	29.71	5061.4	5.9[9, 10)]
参考：LNG タンカー（94 kNm^3）	6,676	14.85		

カータイプ別 dwt（dead weight tonnage：載貨重量トン数），平均航行距離および平均燃料消費量から水素 1 mol あたりのタンカー輸送に伴うエクセルギー消費を，現在のタンカーの大半が用いている燃料であるC重油の発熱量により計算した[9]．なお，貨物重量は dwt の 90 % とした[11]．

大型の液体水素タンカーは未実現で，比較可能な航行実績はないが，近年急速な燃費向上を遂げている LNG タンカーを類似のものと想定し，これを参考に試算した．International Gas Union によれば，新型エンジンへの転換で燃費は 25～50 % 程度向上しており，ほとんどの新造 LNG タンカーの積載量が 170～180 kNm^3[11] で，想定される液体水素タンカーと同等のサイズである．将来の水素タンカーの燃費が従来型の LNG タンカーの半分程度にまで向上すると仮定し，入手可能な実績データの中から積載量が約半分（94 kNm^3）の LNG タンカーの燃費を用いた[9]．

e. 気体圧縮のエクセルギー損失

海外からの長距離輸送後の国内配送についても，現在燃料電池自動車用に配送，貯蔵される形態として一般的な高圧圧縮水素を前提として考察する．圧縮水素については，以下に述べる段階で加圧されることを前提とし，その仕様は，資源エネルギー庁がとりまとめた「水素・燃料電池戦略ロードマップ」（平成 26 年 6 月 23 日）およびその実施主体の一つである水素供給利用技術協会（HySUT）が実施する事業における水素供給ステーションを用いた燃料電池自動車への水素供給システムで標準的に採用されているものである．工場から出荷された圧縮水素は，20 MPa カードルに貯蔵される．道路輸送時には，2014 年の規制緩和で可能となった上限 45 MPa の充塡圧力のタンクを用いる．水素ステーションにおいては，差圧充塡のため 82 MPa に加圧し，自動車搭載の 70 MPa タンクに充塡する．これらプロセスにおけるエクセルギーの変化を図 **3.33** に示す．横軸より上の黒棒は，標準状態の気体水素を基準とする圧縮水素の圧力エクセルギー[3]を段階別に表す．横軸より下の灰色棒は圧縮仕事および充塡の際に必要なプレクール（車載タンクが高温にならないよう冷却すること）所要仕事の累積量である．

圧縮仕事は断熱圧縮を仮定し，$W = C_p T (P_2/P_1)^{(R/C_p)-1}$ により計算し，圧力に応じて増加する圧縮係数（$Z = PV/nRT$）[1]で補正した．

3.3.4 結果および考察

a. 結果概要

表 **3.7** にエクセルギー効率計算に用いた値および計算結果を示す．line 10（第一

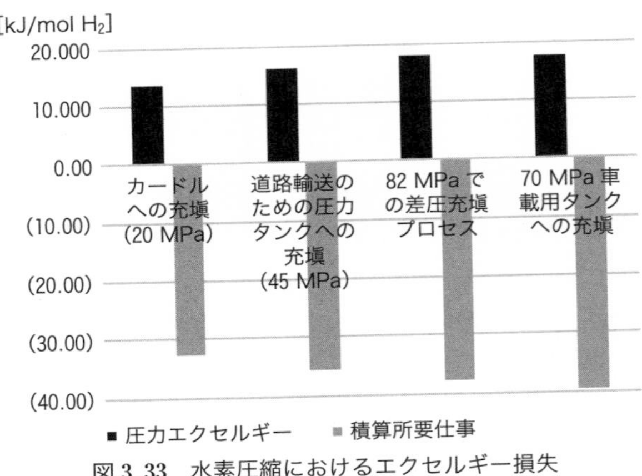

図 3.33　水素圧縮におけるエクセルギー損失

のエクセルギー効率）に示すように水素化，脱水素化といった水素キャリアを変換する過程で，水素の化学エクセルギー比約 40～50 % のエクセルギーが消費され，理想的液化の過程でも 10 % 以上が消費され，現行水素液化技術では MCH と同程度の約 40 % が消費される．キャリア種別間の差は反応温度/圧力といった操業条件を反映している．化学的変化を伴うキャリアの変換プロセスの中では，アンモニア原料の加圧とアンモニア分解の加熱に要するエクセルギー投入所要量，次いで MCH 脱水素プロセスの吸熱が大きい．主に圧縮・膨張の工程で製造され化学的変換工程がない液体水素は，ほか 2 者に比べると第一のエクセルギー損失は 28 kJ/mol H_2 と小さい（**表 3.7** line 5）．

第一の損失の計算では変換プロセスでの加熱や圧縮動力を損失としたが，これらプロセスから生じる熱・圧力エクセルギーを回収し，プロセスへの所要投入エクセルギーに利用できるとした場合の効率 η_2（**表 3.7** line 11）は，η_1 比約 10～20 % ポイント向上する．さらにプロセスで発生する熱，仕事をすべて有効活用した場合の η_3 は 85 % 以上に達する（**表 3.7** line 12）．

表 3.7 の line 13～15 は海外からの長距離輸送で消費する燃料を加味した効率を示す．3 種の水素キャリアの輸送燃費の差の主要因は，輸送媒体中に占める水素の質量の割合の違いである．分子量に占める水素の割合が 3 種の中で最も小さい MCH の輸送燃料の消費熱量は水素エクセルギー比で 10 % 超と最も高い．

さらに，全種キャリアに共通して陸揚げ後の配送・充塡の段階での圧縮に伴う損失が約 17 % あるので，プロセスで発生する熱・圧力を有効活用しない化学変換

表 3.7　エクセルギー効率計算に用いた値および計算結果

line #		ケミカルハイドライド		アンモニア		液体水素	
		水素化	脱水素	合成＆液化	分解	理論	参照値[a]
	エクセルギー損失＆回収［kJ/mol H_2］						
1	投入エクセルギーの合計	53.4	43.6	75.6	46.6	28.0	84.0
2	投入エクセルギー	17.6	43.6	58.7	46.6		
3	収支バランス量	35.9	0	16.9	0		
4	ボイルオフ						9.5[12)]
5	第一のエクセルギー損失	97.0		122.2		28.0	93.5
6	回収可能なエクセルギー	29.2	9.3	36.4	11.0	22.5[13)]	
7	第二のエクセルギー損失	58.4		74.8		5.5	71.0
8	第三のエクセルギー損失	0	34.3	0	35.6		
9	タンカーの燃料消費[c]	24.3[9)]		8.4[9)]		5.9[9,10)]	
	エクセルギー効率[d]						
10	エクセルギー効率 η_1 (1−line 5/237.2)	59.1 %		48.5 %		88.2 %	60.6 %
11	エクセルギー効率 η_2 (1−line 7/237.2)	75.4 %		68.5 %		97.7 %	70.1 %
12	エクセルギー効率 η_3 (1−line 8/237.2)	85.6 %		85.0 %			
	タンカー輸送による燃料消費も考慮したエクセルギー効率[d]						
13	エクセルギー効率 η_1'	48.8 %		44.9 %		85.7 %	58.1 %
14	エクセルギー効率 η_2' (1−line 7,9/237.2)	65.1 %		64.9 %		95.2 %	67.6 %
15	エクセルギー効率 η_3' (1−line 8,9/237.2)	75.3 %		81.4 %			

(a) 現状利用可能な技術ベース

(b) 液体水素の場合，エクセルギー差（20 K 液体と 298 K 気体の間）とパラ転移熱（2.08 kJ/mol H_2）に付随する仕事の合計

(c) 水素 1 mol あたりの輸送に必要な平均的なタンカーが消費するC重油の燃料消費量[9)].

(d) $1-\Sigma$exergy loss/chemical exergy of hydrogen（237.2 kJ/mol）

キャリアや液体水素の現行技術では水素のもつ化学エクセルギーの半分またはそれ以上が失われることになる．

b. ケミカルハイドライド

生成物の熱エクセルギーおよび MCH 反応熱が利用できれば理論的必要最小仕事をその分縮減することができる．

タンカー輸送では，貨物重量に占める正味水素の割合がほかのキャリアより小さいことから水素 1 mol あたりの燃費が低い．試算では通常のケミカルタンカーを想定したが，容器を腐食せず，常温常圧の液体で輸送できる特長をもつトルエン/メチルシクロヘキサンについては，高価な貯蔵装置を用いない専用仕様のタンカーによって燃費が改善できる可能性がある．

c. アンモニア

原料の窒素 0.5 mol と水素 1.5 mol からアンモニア 1 mol を合成する反応の操業条件を生み出すためのエクセルギー損失（加熱＋加圧）に液化のためのエクセルギー所要量を加えると 70.1 kJ/mol H_2 となる．

反応熱および生成物の熱エクセルギーが利用できればエクセルギー損失をその分縮減することができる．とくにアンモニア合成は高温，高圧下で行われるので，回収可能なエクセルギーは原料の予熱と加圧に用いれば効率改善に有効である．

また，アンモニアを分解し，1 mol の H_2 を得るためのエクセルギー損失は，31.2 kJ/mol H_2 である．生成物の熱エクセルギーが利用できれば損失をその分縮減することができる．さらにアンモニア燃焼熱（382.6 kJ/mol NH_3）を吸熱反応の熱源とする方法[14]も提案されている．

d. 液体水素

$$W_{\mathrm{liq}}=H_{\mathrm{i}}-H_{\mathrm{f}}-T_0(S_{\mathrm{f}}-S_{\mathrm{i}}) \tag{3.8}$$

に対応する状態値[6]を代入すると，最小液化仕事 28.0 kJ/mol H_2 が得られる．実際にはその 3 倍程度（84.0 kJ/mol H_2）である[1]．**図 3.34** は一般的なクロウドサイクルの模式図で，番号 1 から 7 は下記で検討する過程の位置を示す．**図 3.35** は同じサイクルの T-S 線図で，NIST Refprop[3]により作成した等圧線および飽和線上に過程各点の番号を示した．

ジュール-トムソン膨張（絞り）は，**図 3.35** の過程 6→7 に示すように等エンタルピー過程で，湿り蒸気となって沸点以下の温度に降下する．したがって気体全量が液化されるわけではなく，液化された部分は気液分離器を経てサイクル外に送り出され，気体部分が冷凍サイクルに還流される．

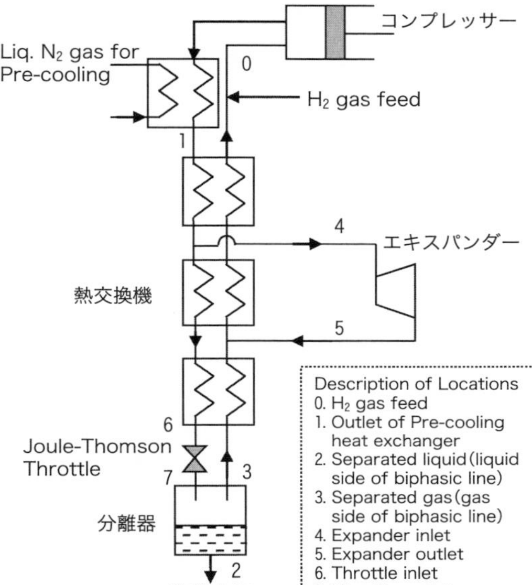

図 3.34　一般的なクロウドサイクルの模式図

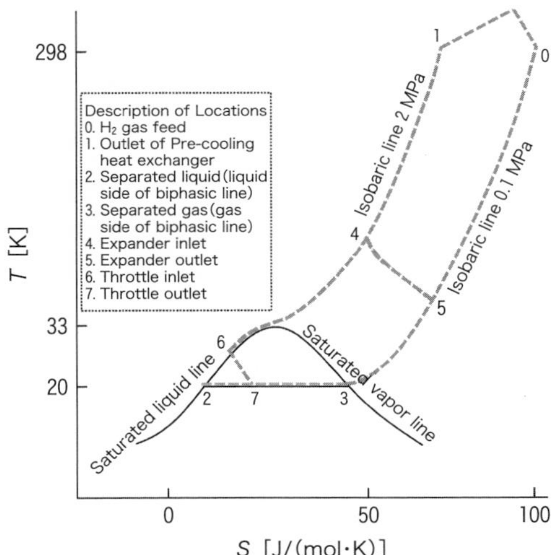

図 3.35　クロウドサイクルの T–S 線図

また，膨張器は効率的に気体を冷却するための機構で，理想的には断熱膨張，すなわち等エントロピー過程であるが，実際には熱の発生があり，等エンタルピー過程に近い．循環する気体のエネルギーバランスより図 **3.35** 中の各点 $n(1\sim7)$ における水素の比エンタルピーを h_n，膨張機を通る気体の流量割合を ξ とすると，液化割合 λ は

$$\lambda=(h_0-h_1+\xi(h_4-h_5))/(h_0-h_2) \tag{3.9}$$

で表される[4]．たとえば ξ が 0.5 であれば，液化仕事は上記 W_{liq} の 2 倍となるので，液化効率向上のためには状態量 h_0 から h_5 を変化させて λ を大きくすることが肝要である．それらのうち，飽和液線上の状態に対応する h_2 は変えられないので，h_0，h_1，h_4 および h_5 それぞれを変化させる方法を考察する．

(1) h_0 を小さくする：圧縮をサイクルの外で行い，液化システム全体を高圧化する．……①

(2) h_1 を小さくする：超高圧領域まで等温圧縮する，または液化システム入口温度を下げる．……②

(3) h_4 を大きくする：膨張機入口温度を高める．……③

(4) h_5 を小さくする：膨張を等エントロピー過程に近づける．……④

これら方策のうち，比較的現実的なのは③および④の膨張機の改良であろう[8]．②のうち，超高圧圧縮は困難と考えられ，とくに状態 1 を逆カルノーサイクルのように状態 2 と同じエントロピーにまで高圧化するのは不可能であろう．①の液化システム全体の高圧化，および②の液化システム入口温度の低下は機器の製造や運転のコスト次第では可能であろう．

e.　タンカー輸送に要するエネルギー

表 **3.2** に示すように水素キャリアの形態によって，使用するタンカーのタイプおよびサイズ，また貨物に占める水素の比率が異なることから燃費の差は大きい．3 種の水素輸送形態別の消費燃料熱量の差の主要因は，タンカーの載貨重量および輸送媒体中に占める水素の割合の違いである．現在はこれらキャリアの大型専用船は存在しないので，現存の LNG タンカーおよび一般ケミカルタンカーを参照して燃費を推定した．専用船を開発することによって船体あたりの dwt を大きくできれば，燃費が向上する可能性がある．

f.　キャリア種別のエクセルギー損失および効率

ケミカルハイドライド　　水素添加から脱水素工程までのエクセルギー効率 η_1 は 59.1 % となる．水素添加工程における発熱反応熱および脱水素後の生成物の熱の

エクセルギーを反応プロセスで有効利用する場合の η_2 は 75.4 %，全部利用した場合の η_3 は 85.6 % と計算される．長距離タンカー輸送の燃料消費を加味すると効率は各 10.3 % ポイント低下する．

アンモニア　アンモニア合成から分解までの工程のエクセルギー効率 η_1 は 48.5 % となる．アンモニア合成工程における発熱反応熱および分解後の生成物の熱のエクセルギーを反応プロセスで有効利用する場合の η_2 は 68.5 %，全部利用した場合の η_3 は 85.0 % と計算される．長距離タンカー輸送の燃料消費を加味すると，効率は各 3.6 % ポイント低下する．

ケミカルハイドライドおよびアンモニアの反応条件について　ここでは，反応条件を代表的な操業条件を参考にし，各一組の条件のみの計算を行った．本項目ではその妥当性について検討する．そこで効率を向上させるために外部から加えるエネルギー量を節約する目的で温度および圧力を穏やかなものにした場合の評価との比較を論じる．条件を変更することにより，理論の項で定義した収支差（$\varepsilon_{\mathrm{balance}}$）が小さくなれば効率 η_2 は向上するのであるが，実際には大きくは変わらない．その主な理由は，反応熱は温度に応じて大きくは変化しないが，反応温度を下げれば生成物の熱エネルギーも小さくなることにある．たとえば，MCH の脱水素化の反応温度を 300 ℃から 250 ℃に下げても反応は進むが，収支差は約 58 kJ/mol H_2 から 54 kJ/mol H_2 とわずかな改善にしかならない．これに対し，収率は 50 % 未満[5]となり，操業条件としては不適当なものになる．

次に収支差 $\varepsilon_{\mathrm{balance}}$ 自体について考えてみる．計算上は反応の前後でのエネルギーの状態量の差とエネルギーの出入量の差を埋めるものにすぎないが，本質的には反応が進むために必要な量である．反応熱，蒸発熱，膨張仕事といった物質外部とのエネルギーの受け渡しに加え，生成物の状態量に至るために必要な量として定義したからである．すなわち内部のエネルギー状態の変化に必要な量である．反応前後の物質が同じであれば平衡条件で反応が進めば $\varepsilon_{\mathrm{balance}}$ は 0 になるが，物質が異なると始状態と終状態の状態量が異なるので平衡条件で反応が進んだとしても 0 にはならない．

液体水素　最小液化仕事 28.0 kJ/mol H_2 が得られ，ボイルオフ損失を加えたものをエクセルギー損失合計量とし，変換工程の後に残存するエクセルギーから効率 η_1 を求めると，88.2 % となる．これにタンカー輸送に要する燃料消費を加味した効率は 85.7 % となる．冷熱エクセルギー利用を仮定した η_2 を計算すると 97.7 % となった．

また，理論的な効率に加え，液体水素の場合は，工業的液化装置の経験的エクセルギー損失に基づく比較例を参照値として示した．液化装置は予冷装置，多段の熱交換器，膨張タービン，触媒循環装置，回収水素圧縮機等の機械的動力を要するプロセスからなるが，それらで発生する損失のために実際の液化仕事は前述のように理論仕事の約3倍とされており[1)]，比較例ではこれを採用した．液化エクセルギー損失の経験的な数値およびボイルオフを考慮したη_1は60.6％，エクセルギーをすべて有効利用したη_2は70.1％となる．長距離タンカー輸送の燃料消費を加味すると効率は各2.5％ポイント低下する．

圧縮水素　図3.33に示した標準仕様の配送・貯蔵の各段階では圧縮仕事が必要となり，燃料電池自動車への充塡時には，プレクールも必要となる．これらの仕事の累積によって約40 kJ/mol，率にして約17％のエクセルギーの損失が見込まれる．この損失量はほかの箇所での損失に比較して小さくないが，その利用手段の開発は前述ロードマップや水素供給利用技術協会（HySUT）の実証事業の研究開発課題には挙げられていない．膨張が発生する場は水素ステーションおよび車上といった制約された空間であるため，利用するためには小型のタービンなどのエネルギー変換装置の開発が必要である．

効率の改善総論　以上述べた効率改善の主要点を要約すると，①高温・高圧プロセスおよび吸熱反応については発生するエクセルギーを回収し，原料の予熱，加圧に用いること，②液体水素については冷熱の利用を図ること，③長距離輸送に関してはキャリアの特性に応じた専用船を用いること，および④圧縮水素に関しては膨張仕事を回収利用すること，が挙げられる．

3.3.5　お わ り に

水素キャリアの効率をエクセルギーによる一般的評価方法を提示し，次に代表的キャリア3種（ケミカルハイドライド，アンモニアおよび液体水素）にその計算方法を適用し，以下の結論を得た．

(1) 水素をキャリアに変換し，貯蔵・輸送する過程で原料およびキャリアに投入するエクセルギーを水素輸送・貯蔵システムのエクセルギー損失とし，水素の化学エクセルギーから差し引いた残りの水素の化学エクセルギーとの比をエクセルギー効率とした．投入したエクセルギーを回収しない場合の効率は，ケミカルハイドライド49％（水素の化学エクセルギー比，以下同様），アンモニア45％，液体水素理論値86％，液体水素参照値58％と計算された．

(2) 水素化，脱水素化プロセスで発生する熱，仕事に基づくエクセルギーの増加分を回収し，投入エクセルギーとして利用した場合，効率はケミカルハイドライド65 %，アンモニア65 %，液体水素理論値95 %，液体水素参照値68 % と向上する.

(3) 上記エクセルギー発生分の残量全部を利用できれば，ケミカルハイドライド75 %，アンモニア81 % に向上する.

(4) キャリア形態ごとに相応しいエクセルギー効率改善方法を見出した.

以上の通り，本項で示したエクセルギー解析により，各輸送技術の理論上のエネルギー効率や技術課題などが明らかになった．とくに本項の仮定の下では，液体水素を用いた大規模水素輸送がエクセルギー効率の最も高い方式と見積もることができた．これらの結果は，今後、最適化された大規模水素輸送システムの構築につながると考えられる.

記号説明

C_p	heat capacity at constant pressure [J/(mol·K)]
dwt	dead weight tonnage [ton＝10^3 kg]
H	enthalpy [J]
H_{pre}	amount of enthalpy to raise temperature of raw material to the reaction condition per one mol of hydrogen as the product [J]
N	number of moles
P_{i}	initial pressure (atmospheric pressure in most situations) [Pa]
P_{f}	final (targeted) pressure [Pa]
P_{r}	pressure at the reaction condition [Pa]
Q	heat flow [J]
Q_{pre}	amount of heat to raise temperature of raw material to the reaction condition per one mole of hydrogen as the product [J]
R	gas constant 8.3145 [J/(K·mol)]
T_{H}	temperature raised by the transition (ortho- to para-hydrogen) heat [K]
T_{L}	temperature before transition (ortho- to para-hydrogen) [K]
T_{o}	ambient temperature 298.15 [K]
T_{r}	reaction temperature [K]
W_{liq}	minimum liquefaction work [J]
$W_{n\text{-}p}$	work accompanying transition from normal to para-transition heat [J]
W_{pre}	amount of work to raise pressure of raw material to the reaction condition per one mole of hydrogen as the product [J]

ギリシャ文字

ε　exergy [J]

$\Delta\varepsilon_{vap}$　heat of vaporization expressed in exergy [J]

η_1　efficiency derived from exergy loss of the first kind（1−exergy losses/chemical exergy of hydrogen）[J/J]

η_2　efficiency derived from exergy loss of the second kind　（1−net exergy change/chemical exergy of hydrogen）[J/J]

η_3　efficiency derived from exergy loss of the second kind　（1−net exergy change/chemical exergy of hydrogen）[J/J]

λ　ratio of gas liquefied to the total gas [mol/mol]

ξ　ratio of gas running through expander [mol/mol]

添え字

i　initial state

f　final state

参考文献（3.3 節）

1）水素エネルギー協会編：水素の事典，朝倉書店（2014）.
2）神谷祥二：豪州褐炭からの水素製造及び液化水素輸送チェーン構築に向けた取り組み，化学工学，**80**，394-397（2016）.
3）NIST Refprop ver. 9.1, 2013.
4）Green, D. W.; Perry, R. H.: Perry's Chemical Engineers' Handbook, 8th ed., McGraw-Hill（2007）.
5）寺田敦彦，野口弘喜，竹上弘彰，上地　優，稲垣嘉之：有機ハイドライド法による高温ガス炉 IS プロセス水素貯蔵・供給システムの概念検討，Jaea-Research，2011-041（2011）.
6）HSC（HSC Chemistry for Windows），Ver. 7.0, 2008.
7）Kojima, Y.: NH_3 as a Hydrogen Career, 9th Annual NH_3 Conference, IAMR, 2012.
8）Berstad, D.; Walnum, H. T.; Nekså, P.: Integrated design for demonstration of efficient liquefaction of hydrogen（IDEALHY），Fuel Cells and Hydrogen Joint Undertaking（FCH JU）（2013）.
9）IMO（International Maritime Organization）: Third Imo Greenhouse Gas Study 2014, 2014.
10）Kojima Y.: Ammonia as an Energy Career: Present and Future, *J. Jpn. Inst. Energy*, **93**, 378-385（2014）.
11）International Gas Union: 2022 WORLD LNG REPORT.
12）葛西栄輝，秋山友宏：物質・エネルギー再生の科学と工学，共立出版（2006）.
13）岡田佳巳，安井　誠：水素エネルギーの大量貯蔵輸送技術，化学工学，**77**，46-50（2013）.
14）Hikazudani, S.; Mori, T.; Araki, S.: Method for Producing Hydrogen from Ammonia, WIPO Patent Application, WO2012039183 A1.

本節は，名久井恒司，能村貴宏，秋山友宏：各種水素キャリアを使った大規模水素輸送システムのエクセルギー解析，化学工学論文集，**43**，63-73（2017）を加筆修正したものである.

3.4　アンモニア合成触媒の新展開

3.4.1　は じ め に

近年，アンモニアは再生可能エネルギー，およびそれを利用して製造される水素のキャリアとして注目を集めている[1)]．アンモニアは，25℃において 1.0 MPa で液化することができ，エネルギー密度（12.8 GJ/m^3）や水素貯蔵容量（17.6 wt%）が高いというキャリアに適した特長をもつ．さらに，分子中に炭素原子を含まず，燃焼時に CO_2 を発生しないため，発電や船舶用途などのゼロエミッション燃料としてみなされ，2020 年 12 月に経済産業省が策定した「2050 年カーボンニュートラルに伴うグリーン成長戦略」において，燃料アンモニア関連産業はその中核となる主要 14 分野の一つに位置付けられている．

アンモニアの世界生産量は年間約 2 億 t であり，そのうち 80 % 程度が肥料として利用されている．一方，我が国でのアンモニアの需要は年間約 100 万 t 程度であり，国内での生産量はそのうち約 80 % である．今後，我が国の石炭火力発電所で 20 % の混焼を実施すると，100 万 kW 級の発電所 1 基につき年間約 50 万 t のアンモニアが必要となる．たとえば，国内の主要電力会社のすべての石炭火力発電所でアンモニアを使用すると，年間約 2,000 万 t が必要となり，これは現在の全世界での貿易量に匹敵する．こうした想定のもと，国内において 2030 年には年間 300 万 t，2050 年には年間 3,000 万 t もの導入目標が設定されている．これらのアンモニアの利用によって，2030 年には約 615 万 t，2050 年にはその 10 倍量の CO_2 排出量の削減が可能になると期待されている[2)]．

アンモニアの大部分は二重促進鉄（Fe）触媒を用いたハーバー-ボッシュ（HB）法によって製造されている[3)]．このプロセスは 1913 年にドイツのオッパウで初めて工業化されたものであり，空気中の窒素を原料とし，肥料となるアンモニアを合成しているため，空気からパンをつくるプロセスと称され，この功績により Haber と Bosch はそれぞれノーベル化学賞を受賞している．現在でも世界人口の 78 億人のうち，約 60 % が人工的に合成されたアンモニアの恩恵を受けている．この HB 法では，非常に過酷な条件（>450 ℃，>20 MPa）でアンモニアが合成されている[4)]．また，HB 法では，石炭や天然ガスから水蒸気改質によって製造した水素を用いているため，1 t のアンモニアを合成するために 1.9 t もの CO_2 が排出されている[5)]．これに対し，再生可能エネルギーによる水の電気分解，あるいは光分解によって製造した水素を用いれば，CO_2 を排出しないプロセスを構築できる．しかしながら，この場合，HB 法のような高温，高圧でのプロセスは現実的ではなく，プロセス全体の効率化を図るために温和な条件（<400 ℃，<10 MPa）でアンモニアを合成可能な触媒が必要となる[6)]．

1970 年代に東京工業大学の Aika，Ozaki らは温和な条件でルテニウム（Ru）系触媒が鉄系触媒よりも高いアンモニア合成活性を示すことを報告した[7,8)]．それ以降，世界中で Ru 触媒の開発が行われている．再生可能エネルギー由来の水素を用いたアンモニア合成プロセスを実現するには，触媒の低温活性を高めるとともに，Ru 上に反応物質である水素分子が吸着し反応を阻害する，いわゆる水素被毒を緩和し加圧下での活性を高めることが求められる．

アンモニア合成用触媒の開発では，次項で述べるように，担体や助触媒が，触媒活性に大きな影響を及ぼすことが知られている．そのため，1970 年代から種々の酸化物担体や炭素系担体が用いられてきた．さらに，2010 年代に入り，これらとは全く別のエレクトライド，水素化物，窒化物，アミド，酸水素化物などを担体に用いた研究が進められている．これらの担体を用いた触媒は，反応メカニズムや律速段階が従来型の Ru 触媒とは異なるという興味深い報告がある．これらの詳細については，既報の総説[9〜11)]を参照されたい．一方，工業触媒として大量に使用されることを念頭に置くと，触媒調製やハンドリングのよさも重要な要素である．このような観点から，本節では，調製が容易で大気中で取り扱うことができる酸化物担体に焦点を当てて，筆者らの研究成果を中心に最近のアンモニア合成用 Ru 系触媒の開発動向について概説する[12)]．

3.4.2　Ru 触媒での反応促進効果

Ru 触媒の活性向上に寄与する効果は二つに大別される．一つ目は「構造的促進効果」である．アンモニア合成は構造敏感反応であり，活性金属原子の配列によって触媒性能が大きく左右される．とくに，Ru 触媒では，B_5 サイトと呼ばれる五つの配位不飽和な原子からなる特徴的なサイトがアンモニア合成に対して高い触媒回転頻度（TOF）を示すことが知られている（図 3.36（a））[13,14)]．もう一つは「電子的促進効果」である．Ru 系触媒が見出された当初から，電気陰性度の低い元素を含む強塩基性の酸化物，つまり電子供与性の担体や助触媒を用いることで，アンモニア合成活性が向上することが知られている（図 3.36（b））[7,8)]．前者では，N_2 分子

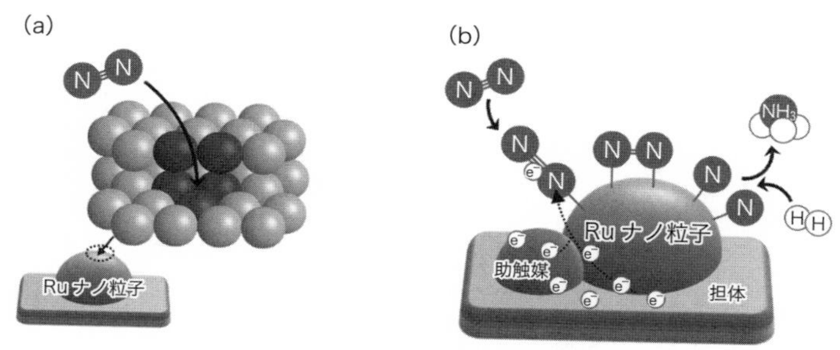

図 3.36　Ru 系触媒での反応促進効果の模式図
(a) 構造的促進効果, (b) 電子的促進効果

が B_5 サイトに多点で吸着することで，後者では，担体や助触媒の電子が Ru 経由で N_2 分子の反結合性軌道に供与されることで，いずれも N≡N 三重結合が弱まり律速段階である N_2 分子の吸着・解離が促進すると考えられている．

3.4.3　酸化物担持 Ru 触媒の最近の展開

触媒担体としては，強塩基性であることに加えて，高比表面積であることが重要である．前者としてはアルカリ金属，アルカリ土類金属，そして希土類元素を含む酸化物が有望であり，後者としては希土類元素を含む酸化物が適している．そのため，単一の希土類元素を含む酸化物，あるいは希土類元素とそのほかの元素を含む酸化物を担体とした Ru 触媒についてさまざまな報告がなされている．

a.　単一の希土類元素を含む酸化物担体

Aika らは，ランタナ（La_2O_3），セリア（CeO_2）などの希土類酸化物を担体に用いた Ru 触媒が高活性を示すことを報告した[15,16]．また，セリア担持 Ru 触媒（Ru/CeO_2）での最適還元温度は 500 ℃であり，この触媒が高活性を示したのは，還元中に生成した CeO_{2-x} から式(3.10)によって Ru へ電子が供与されたためと述べている．

$$Ce^{4+}(O^{2-})_{2-x}(e^-)_{2x} + Ru \rightleftarrows Ce^{4+}(O^{2-})_{2-x} + Ru(e^-)_{2x} \quad (3.10)$$

さらにこのとき，CeO_{2-x} 化合物が，Ru 粒子の表面を部分的に覆う SMSI（strong metal support interaction）現象を発現することも示唆されている．

筆者らは，セリウム（Ce）と同様に酸化物の状態で +3 価と +4 価での酸化還元が容易な希土類元素であり，周期表上で Ce の右隣に位置するプラセオジム（Pr）の酸化物を担体に用いた酸化プラセオジム担持ルテニウム触媒（Ru/Pr_2O_3）

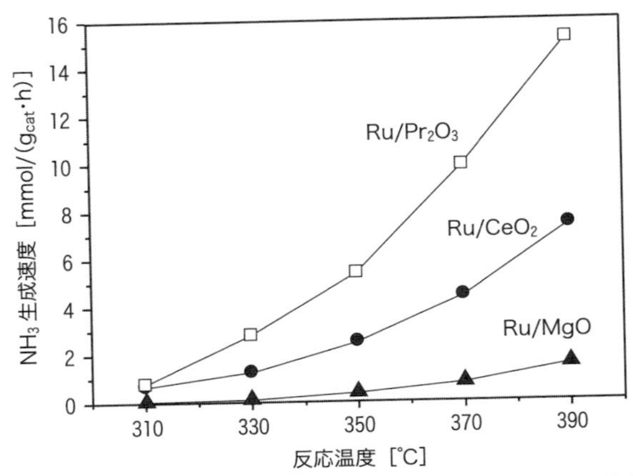

図 3.37　Ru/Pr_2O_3 でのアンモニア合成速度の反応温度依存性
反応条件：圧力 0.9 MPa, WHSV 18,000 mL/(g_{cat}·h) (N_2/H_2＝1/3)
［文献 17) より引用して再構成］

のアンモニア合成活性について報告した[17)]．**図 3.37** に 0.9 MPa における Ru/Pr_2O_3 のアンモニア合成速度をセリア担持ルテニウム触媒（Ru/CeO_2），マグネシア担持ルテニウム触媒（Ru/MgO）と比較した結果を示す．Ru/Pr_2O_3 はいずれの温度でも，ほかの触媒より高いアンモニア合成速度を示し，390 ℃での合成速度は，16 mmol/(g_{cat}·h) に達した．この値は，Ru/CeO_2 の約 2 倍，Ru/MgO の約 10 倍の値であった．さらに，水素の化学吸着量測定によって，それぞれの触媒について表面露出 Ru 数を見積もり，390 ℃での TOF を算出した．その結果，Ru/Pr_2O_3 の TOF は，Ru/CeO_2 の約 3 倍，Ru/MgO の約 25 倍の値であり，Ru/Pr_2O_3 ではほかの触媒よりも活性点あたりの反応速度が非常に大きいことが明らかとなった．

次に，CO_2 をプローブとした昇温脱離（CO_2-TPD）プロファイルを測定したところ，Ru/Pr_2O_3 は Ru/CeO_2 や Ru/MgO よりも強い塩基点を高密度に有しており，強い「電子的促進効果」を示すことが示唆された．しかしながら，塩基性だけでは，Ru/Pr_2O_3 の TOF の高さを説明することができなかった．そこで，収差補正器付きの走査透過型電子顕微鏡（Cs-STEM）を用いて，触媒表面を詳細に観察した．その結果，Ru/MgO や Ru/MgO では従来型の触媒と同様に酸化物担体上に結晶性の Ru ナノ粒子が担持されていることがわかった．これに対して，Ru/

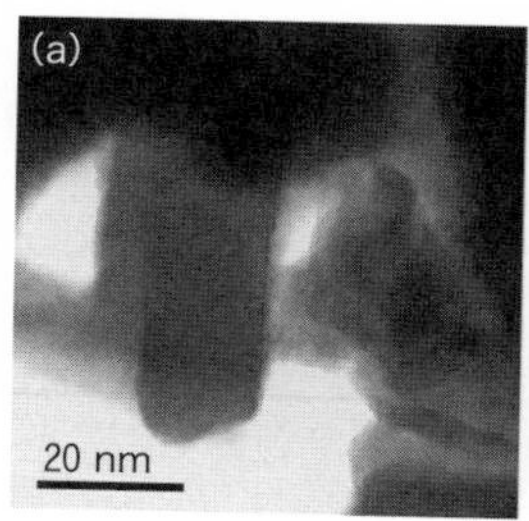

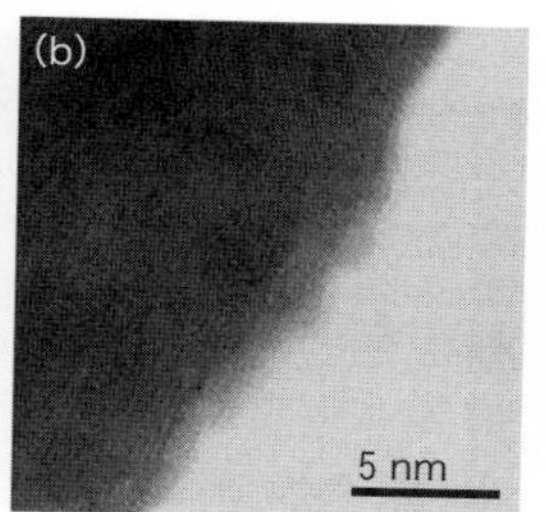

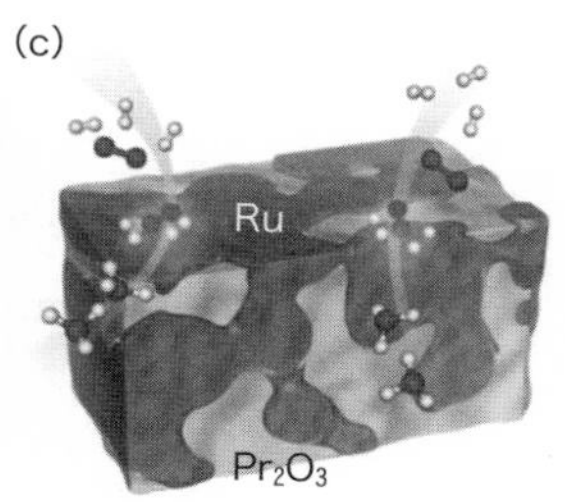

図 3.38　Ru/Pr_2O_3 表面の Cs-STEM 像(a, b)と触媒構造の模式図(c)
［文献 17)より引用して再構成］

Pr_2O_3 では，結晶性の Ru ナノ粒子はほとんどみられず，Ru 原子が結晶性の低い 0.3〜5 nm の薄いナノレイヤーとして Pr_2O_3 を覆うように積層し，その表面が凸凹しており，配位不飽和な Ru 原子が多く存在する様子がみられた（**図 3.38**）．この表面構造は B_5 サイトと類似したものであり，Ru の低結晶性ナノレイヤーが N_2 分子を多点で吸着することで N_2 分子の吸着・解離を促進することが期待される．実際，触媒に吸着した N_2 分子の赤外吸収（FT-IR）スペクトルを測定したところ，Ru/Pr_2O_3 では最も低波数側に吸収ピークがみられ，N≡N 三重結合の強度が最も弱くなっていることがわかった．これらの実験結果から，Ru/Pr_2O_3 は，その「構造的」「電子的」促進効果により，非常に高い活性を発現することが明らかとなった．

次に，種々の単一の希土類酸化物に Ru を担持し，400 ℃，1.0 MPa でアンモニア合成活性を比較したところ，La_2O_3，CeO_2，Pr_2O_3 といった原子番号の小さな軽希土類に分類される元素の酸化物を担体に用いた場合に高い活性が得られた（**図 3.39**）[18]．これらの触媒は比較的高い比表面積を示し，Ru が高分散していること，担体が高い塩基性を示すことで，高活性が得られることがわかった．ただし，Ru/Pr_2O_3 が高活性を示すことについては，これらのことだけでは説明ができず，Ru の特殊な積層構造が重要であることが明らかとなった．なお，反応速度解析を行ったところ，Ru/MgO での水素の反応次数は負の値（−0.61）であったのに対し，希土類酸化物担持 Ru 触媒での水素の反応次数は 0 に近い値であった．すなわち，希土類元素を担体の構成元素に用いると，Ru 系触媒の最大の課題である水素被毒が緩和されるという傾向がみられた．この結果は，Ru 触媒での大きな課題である水素被毒の抑制の観点から非常に重要な知見である．

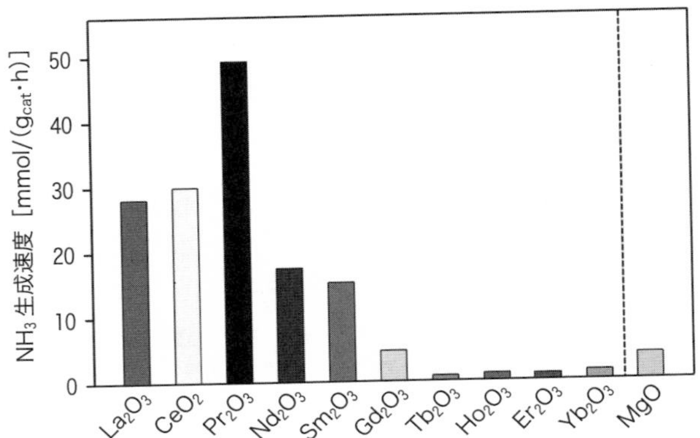

図 3.39　希土類酸化物担持 Ru 触媒のアンモニア合成活性
反応条件：温度 400 ℃，圧力 1.0 MPa，WHSV 72,000 mL/(g_{cat}・h)（N_2/H_2＝1/3）
［文献 18)より引用して再構成］

b.　複合希土類酸化物担体

Ce を含む複合酸化物を用いることで，担体を高比表面積化し，触媒表面の Ce^{3+} の濃度を向上させるための試みがなされている．たとえば，セリウム-マグネシウム複合酸化物担持ルテニウム触媒（Ru/50 mol% CeO_2-MgO）[19]，ランタン-セリウム複合酸化物担持ルテニウム触媒（Ru/10 mol% La-CeO_2）[20]，サマリウム-セリウム複合酸化物担持ルテニウム触媒（Ru/7% Sm-CeO_2）[21]，セリウム-ジルコニウム複合酸化物担持ルテニウム触媒（Ru/$Ce_{0.6}Zr_{0.4}O_2$）[22]が，Ru/CeO_2 よりも高活性を示すとの報告がある．

筆者らも触媒活性のさらなる向上を図るために，希土類の複合酸化物担体に Ru を担持し，スクリーニングを行った．その結果，軽希土類元素である La と Ce を等モル含む複合酸化物を担体としたランタン-セリウム複合酸化物担持ルテニウム触媒（Ru/$La_{0.5}Ce_{0.5}O_{1.75}$）を用い 500 ℃での水素還元後に活性を測定すると，Ru/La_2O_3，Ru/CeO_2，そして Ru/Pr_2O_3 よりも高いアンモニア合成速度が得られた[23]（**図 3.40**）．触媒の粉末X線回折より，Ru/La_2O_3 は水和しやすいこと，Ru/CeO_2 は焼結しやすいことによりそれぞれ比表面積が小さいことがわかった．一方，Ru/$La_{0.5}Ce_{0.5}O_{1.75}$ は複合酸化物の生成により，水和や焼結が抑制され，比表面積が 50 m^2/g と大きく，Ru ナノ粒子が担体上によく分散していることにより，高い活性を示すことが明らかとなった．さらに，Ru/$La_{0.5}Ce_{0.5}O_{1.75}$ は従来の報告

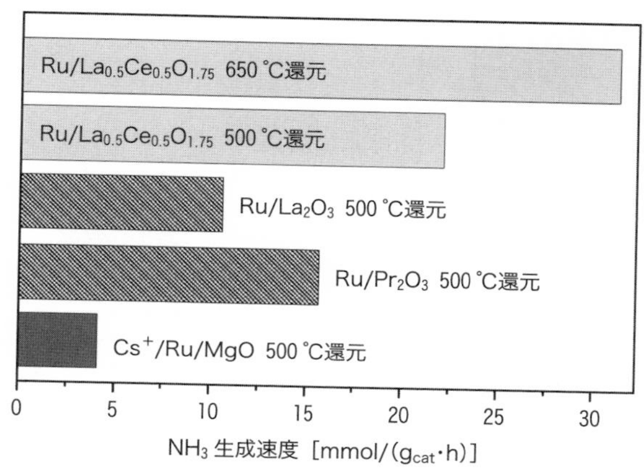

図 3.40 $Ru/La_{0.5}Ce_{0.5}O_{1.75}$ のアンモニア合成活性と還元処理温度の影響
反応条件：350 ℃，1.0 MPa，WHSV 72,000 mL/(g_{cat}・h)（N_2/H_2＝1/3）
［文献 23）より引用して再構成］

と比較して著しく高い温度（650 ℃）で還元（前処理）することによって，触媒重量あたりのアンモニア生成速度が大きく向上することを見出した．

Ru 触媒を用いたアンモニア合成の反応温度は 400 ℃以下である．そのため，触媒の焼結を抑制するために，触媒の前還元温度は，おおむね 500 ℃以下という常識があった．これに対して，$Ru/La_{0.5}Ce_{0.5}O_{1.75}$ での最適還元温度は 650 ℃という高温であり，この高温還元処理が触媒に及ぼす影響を解明することは興味深い．そこで，還元後の触媒について，収差補正走査透過電子顕微鏡（Cs-STEM）を用いた高分解能観察を行った（図 **3.41**）．なお，還元後に触媒が大気に触れると触媒の構造が変化する可能性があるため，ここでは，グローブボックスと大気遮断型の STEM 用試料ホルダーを用い，大気非暴露のまま観察した．その結果，$Ru/La_{0.5}Ce_{0.5}O_{1.75}$ は高温で還元処理しても，表面の Ru 粒子を平均粒径約 2 nm という微細な状態で保持できていることが明らかとなった．この要因として，$La_{0.5}Ce_{0.5}O_{1.75}$ が耐熱性を有すること，還元された担体が Ru ナノ粒子の一部を被覆する SMSI 現象により，Ru ナノ粒子の移動が制限され，焼結が抑制されたことが考えられる．さらに，電子エネルギー損失スペクトル（EELS）の測定によると，触媒表面近傍では，担体中の Ce^{4+} が Ce^{3+} へと還元されていた．650 ℃で還元した $Ru/La_{0.5}Ce_{0.5}O_{1.75}$ に吸着した N_2 分子の FT-IR スペクトルを測定すると，

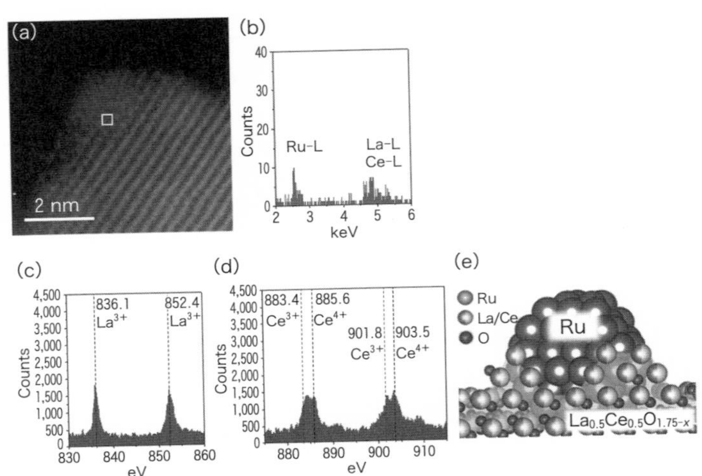

図 3.41　650 ℃で還元した $Ru/La_{0.5}Ce_{0.5}O_{1.75}$ の Cs-STEM 像(a)，EDS スペクトル(b)，EELS スペクトル(c,d)，触媒構造の模式図(e)
(b〜d)は(a)中の四角で示した箇所を分析した結果
［文献 23)より引用して再構成］

Ce^{4+} よりも電子リッチな Ce^{3+} が Ru ナノ粒子との界面付近を被覆することで，還元された担体から近傍の Ru 原子経由で N_2 分子への電子供与が効率的に起こり，アンモニア合成反応を促進したことが明らかとなった．

なお，筆者らは担体の組成についても検討を行っており，$Ru/La_{0.5}Ce_{0.5}O_{1.75}$ 中の Ce を Pr に置換した $Ru/La_{0.5}Pr_{0.5}O_{1.5}$ でも，650 ℃還元後に高いアンモニア合成活性が得られることを報告している[24]．

c. $Ru/La_{0.5}Ce_{0.5}O_{1.75}$ への Ba 添加効果

すでに述べたように，強塩基性助触媒の添加はアンモニア合成用 Ru 系触媒の高活性化にとって重要な手段である．そこで，筆者らは $Ru/La_{0.5}Ce_{0.5}O_{1.75}$ に対するアルカリ土類金属の添加効果について検討した[25]．その結果，$Ru/La_{0.5}Ce_{0.5}O_{1.75}$ に少量のバリウム（Ba）を添加したバリウム-ランタン-セリウム複合酸化物担持 Ru 触媒（$Ru/Ba_{0.1}/La_{0.45}Ce_{0.45}O_x$）を用い，還元温度を 500 ℃から 700 ℃に上昇させるとアンモニア合成速度が約 2.5 倍に向上し，著しく高いアンモニア合成速度が得られることを見出した（図 3.42）．$Ru/Ba_{0.1}/La_{0.45}Ce_{0.45}O_x$ は，広い温度域で，$Ru/La_{0.5}Ce_{0.5}O_{1.75}$，あるいは高活性な Ru 触媒として知られ，ベンチマークとして用いられることの多い $Cs^+/Ru/MgO$ よりも，高い活性を示した．とくに，

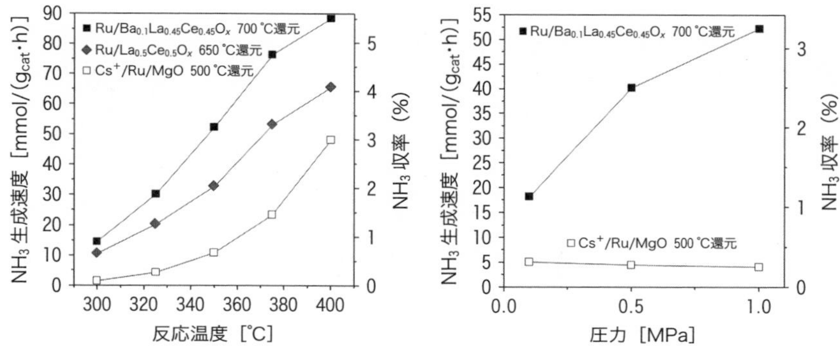

図 3.42 700 ℃で還元した Ru/$Ba_{0.1}$/$La_{0.45}Ce_{0.45}O_x$ のアンモニア合成活性の反応温度依存性（1.0 MPa，左図）と圧力依存性（350 ℃，右図）
反応条件：圧力 1.0 MPa，WHSV 72,000 mL/(g_{cat}·h)（N_2/H_2＝1/3）
［文献 25）より引用して再構成］

1.0 MPa，350 ℃のアンモニア合成速度は，50 mmol/(g_{cat}·h) に達した．また，TOF もほかの触媒の 5 倍以上であった．さらに，速度解析の結果，この触媒での H_2 の速度次数は，＋0.06 であり，ほかの希土類含有 Ru 触媒と同様に水素被毒は緩和されていることが示唆された．実際，350 ℃で，反応圧力が活性に及ぼす影響を検討したところ，Cs^+/Ru/MgO では反応圧を 0.1 MPa から 1 MPa に上昇させても，活性はほとんど変化しなかったのに対し，Ru/$Ba_{0.1}$/$La_{0.45}Ce_{0.45}O_x$ では圧力上昇とともに活性が大きく向上した．なお，Ru/$Ba_{0.1}$/$La_{0.45}Ce_{0.45}O_x$ では 350 ℃，1.0 MPa において，50 h の耐久性試験の間，高い活性が維持されることもわかっている．

Ba の添加と高温前処理の作用効果を明らかにするために，種々の特性解析を行った．まず，大気遮断型の試料ホルダーを用いることで，700 ℃還元後の触媒を大気に非暴露のまま Cs-STEM 装置にサンプルを導入し，観察を行った．Cs-STEM 像から，Ru 粒子の表面がナノサイズで低結晶性の酸化物に覆われている様子，いわゆる，コア-シェル型構造がみられた（図 3.43）．さらに同一の視野でエネルギー分散型検出器による蛍光 X 線（EDX）元素マッピングを行ったところ，この低結晶性の酸化物には，担体の構成元素であり電子供与性の Ba，La，Ce がすべて含まれていることがわかった．なお，Ce の約 50 % は Ce^{4+} から Ce^{3+} へと還元されているため，低結晶性の酸化物には酸素欠陥が含まれていることも示唆された．酸素欠陥の生成は Ru 粒子近傍から電子吸引性の O^{2-} イオンが除かれていることを意味

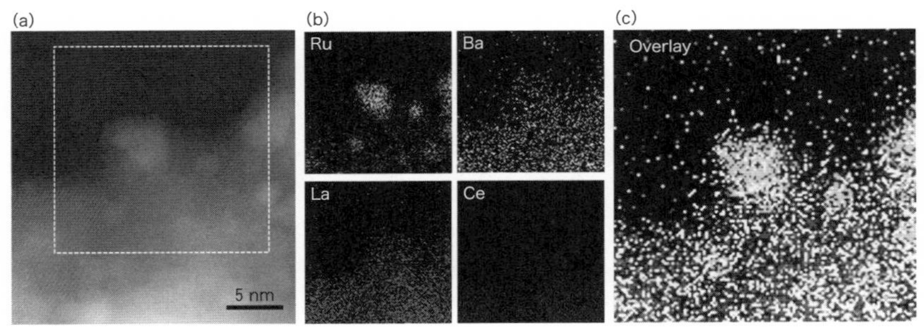

図 3.43　700℃で還元した $Ru/Ba_{0.1}/La_{0.45}Ce_{0.45}O_x$ の Cs-STEM 像(a)，Ru，Ba，La，Ce 各元素の EDX マッピング(b)，およびそれらの重ね合わせ像(c)

［文献 25)より引用して再構成］

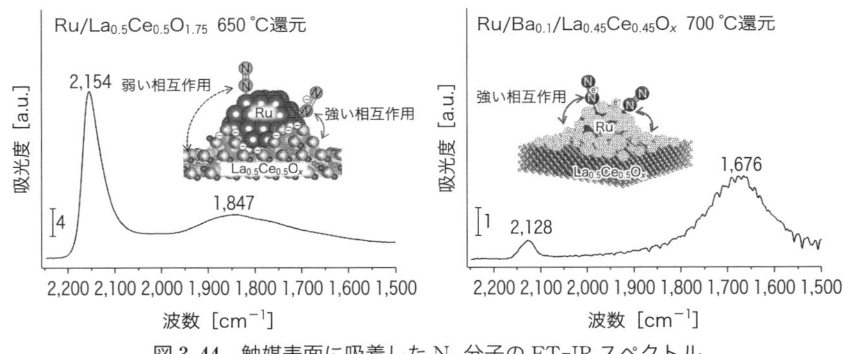

図 3.44　触媒表面に吸着した N_2 分子の FT-IR スペクトル

［文献 25)より引用して再構成］

し，このことも担体の電子供与性の向上に寄与する．したがって，このような非常に強い電子供与性の酸化物からなるナノフラクションに覆われた Ru ナノ粒子の表面が，吸着 N_2 に対して電子を強力に注入する優れた活性点としてはたらくと考えられる．

図 3.44 は，700℃で還元した $Ru/Ba_{0.1}/La_{0.45}Ce_{0.45}O_x$ と 650℃で還元した $Ru/La_{0.5}Ce_{0.5}O_{1.75}$ に吸着させた N_2 分子の FT-IR スペクトルである．$Ru/La_{0.5}Ce_{0.5}O_{1.75}$ では，二つのピークがみられた．このうち，高波数側のピーク（2,154 cm^{-1}）は担体との界面から離れた Ru 原子に吸着した N_2 分子，低波数側のピーク（1,847 cm^{-1}）のピークは担体との界面近傍の Ru 原子に吸着した N_2 分子に由来する．後者のピークは還元状態の担体からの電子供与を強く受け，吸着 N_2 の三重結合強度が弱まっているため，非常に活性化された状態にあることを意味す

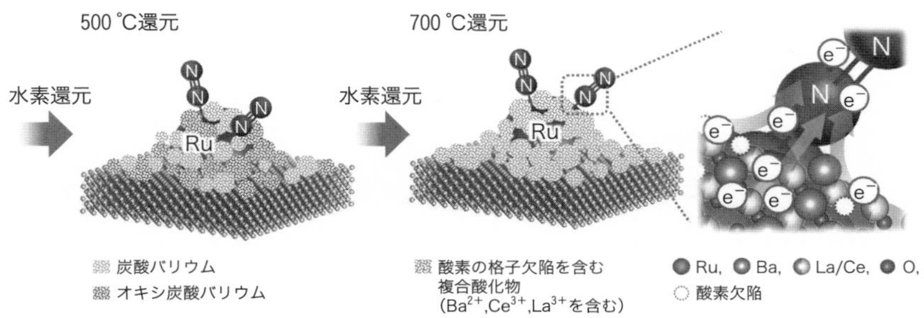

図 3.45　$Ru/Ba_{0.1}/La_{0.45}Ce_{0.45}O_x$ 触媒の還元中の触媒構造の変化の模式図
［文献 25）より引用して再構成］

る．このように，$Ru/La_{0.5}Ce_{0.5}O_{1.75}$ では，2 種類の活性サイトが存在していた．これに対して，$Ru/Ba_{0.1}/La_{0.45}Ce_{0.45}O_x$ では，吸着した N_2 分子に由来する 1 種類のピークがみられ，しかもその位置は $Ru/La_{0.5}Ce_{0.5}O_{1.75}$ よりも低波数（1,676 cm^{-1}）であった．なお，$^{15}N_2$ 同位体を用いた FT-IR 測定により，2,128 cm^{-1} に現れた小さなピークは吸着 N_2 分子に関するものではないことがわかった．以上の結果は，$Ru/Ba_{0.1}/La_{0.45}Ce_{0.45}O_x$ 上に均質で，$Ru/La_{0.5}Ce_{0.5}O_{1.75}$ よりも強力な N_2 の活性サイトが存在することを示している．つまり，Cs-STEM 像でみられた電子供与性酸化物のナノフラクションから Ru 原子経由で N_2 分子に電子が強力に供与されることで，N_2 分子が活性化されるために，$Ru/Ba_{0.1}/La_{0.45}Ce_{0.45}O_x$ が非常に高いアンモニア合成活性を示すことが明らかとなった．

なお，$Ru/Ba_{0.1}/La_{0.45}Ce_{0.45}O_x$ について 500 ℃還元後と 700 ℃還元後に種々の特性解析を行うことで，高温還元が触媒構造に及ぼす影響を明らかにすることができた（図 **3.45**）．500 ℃還元後には，Ru ナノ粒子が $La_{0.45}Ce_{0.45}O_x$ 上によく分散し，Ru ナノ粒子の表面は炭酸バリウム（$BaCO_3$）やオキシ炭酸バリウム（Ba_2OCO_3）に覆われている．次に，還元温度が 700 ℃になると，これらは水素化され BaO が生成するとともに，Ce^{4+} が Ce^{3+} へと還元されることにより発現する SMSI 現象によって，Ba^{2+}，Ce^{3+}，Ba^{3+}，そして酸素の格子欠陥を含む複合酸化物のナノフラクションが Ru ナノ粒子を覆った構造が形成される．なお，$CO_3{}^{2-}$ や $OCO_3{}^{4-}$ は電子吸引性であるため，これらの除去もナノフラクションの電子供与性の向上につながっている．以上，アルカリ土類金属の炭酸塩化合物の水素化と希土類元素の還元を駆動力とし触媒表面の再構築が起こり，強力な電子供与能をもつ特殊な構造が形成されることが明らかとなった．つまり，セラミックスの高温での移動現象を利用し，優れたアンモニア合成活性を有する，金属ナノ粒子を電子供与性の酸化物が包摂したコア-シェル構造の触媒の創製に成功した．

3.4.4　おわりに

電子供与性（低電気陰性度）の元素を含む担体とRu，あるいは他の金属のナノ粒子の界面の状態や構造を厳密に制御することで，温和な条件でさらに高活性なアンモニア合成触媒の開発が可能となると期待される[26)]．このような制御は，構成元素の原料試薬の選択，それぞれの構成成分を添加する順序といった触媒調製法や，触媒の焼成や還元の温度などの最適化などで可能となろう．なお，開発を進めるうえでは，最先端の分析機器を用いたナノレベルでの触媒の構造・特性の解明が必要不可欠な要素である．データサイエンスも強力な駆動力となろう．これらの取り組みによって，20世紀に食料危機から人類を救ったアンモニアが，21世紀には人類をCO_2排出量の増加に伴う地球温暖化の危機から救うことになると期待される．

参考文献（3.4節）

1）MacFarlane, D. R.; Cherepanov, P. V.; Choi, J.; Suryanto, B. H. R.; Hodgetts, R. Y.; Bakker, J. M.; Ferrero Vallana, F. M.; Simonov, A. N.: A Roadmap to the Ammonia Economy, *Joule*, **4**, 1186-1205（2020）.

2）経済産業省資源エネルギー庁：第3回産業構造審議会 グリーンイノベーションプロジェクト部会 エネルギー構造転換分野ワーキンググループ開催資料「『燃料アンモニアサプライチェーンの構築』プロジェクトの研究開発・社会実装の方向性」，2021.

3）Mittasch, A.; Frankenburg, W.: Early Studies of Multicomponent Catalysts, *Adv. Catal.*, **2**, 81-104（1950）.

4）Smith, C.; Hill, A. K.; Torrente-Murciano, L.: Current and future role of Haber-Bosch ammonia in a carbon-free energy landscape, *Energy Environ. Sci.*, **13**, 331-344（2020）.

5）Foster, S. L.; Bakovic, S. I. P.; Duda, R. D.; Maheshwari, S.; Milton, R. D.; Minteer, S. D.; Janik, M. J.; Renner, J. N.; Greenlee, L. F.: Catalysts for nitrogen reduction to ammonia, *Nat. Catal.*, **1**, 490-500（2018）.

6）Sato, K.; Nagaoka, K.: Boosting Ammonia Synthesis under Mild Reaction Conditions by Precise Control of the Basic Oxide-Ru Interface, *Chem. Lett.*, **50**, 687-696（2021）.

7）Ozaki, A.; Aika, K.; Hori, H.: A New Catalyst System for Ammonia Synthesis, *Bull. Chem. Soc. Jpn.*, **44**, 3216-3216（1971）.

8）Aika, K.; Hori, H.; Ozaki, A.: Activation of nitrogen by alkali metal promoted transition metal I. Ammonia synthesis over ruthenium promoted by alkali metal, *J. Catal.*, **27**, 424-431（1972）.

9）Wang, Q.; Guo, J.; Chen, P.: Recent progress towards mild-condition ammonia synthesis, *J. Energy Chem.*, **36**, 25-36（2019）.

10）Marakatti, V. S.; Gaigneaux, E. M.: Recent Advances in Heterogeneous Catalysis for Ammonia

Synthesis, *ChemCatChem*, **12**, 5838–5857 (2020).
11) Hara, M.; Kitano, M.; Hosono, H.: Ru-Loaded C12A7:e^- Electride as a Catalyst for Ammonia Synthesis, *ACS Catal.*, **7**, 2313–2324 (2017).
12) Ertl, G.; Knözinger, H.; Weitkamp, J.: Preparation of Solid Catalysts, Wiley-VCH (1999).
13) Jacobsen, C. J. H.; Dahl, S.; Hansen, P. L.; Tornqvist, E.; Jensen, L.; Topsoe, H.; Prip, D. V.; Moenshaug, P. B.; Chorkendorff, I.: Structure sensitivity of supported ruthenium catalysts for ammonia synthesis, *J. Mol. Catal. A: Chem.*, **163**, 19–26 (2000).
14) Dahl, S.; Tornqvist, E.; Chorkendorff, I.: Dissociative adsorption of N on Ru(0001): A surface reaction totally dominated by steps, *J. Catal.*, **192**, 381–390 (2000).
15) Niwa, Y.; Aika, K.: The Effect of Lanthanide Oxides as a Support for Ruthenium Catalysts in Ammonia Synthesis, *J. Catal.*, **162**, 138–142 (1996).
16) Niwa, Y.; Aika, K.: Ruthenium Catalyst Supported on CeO_2 for Ammonia Synthesis, *Chem. Lett.*, **25**, 3–4 (1996).
17) Sato, K.; Imamura, K.; Kawano, Y.; Miyahara, S.; Yamamoto, T.; Matsumura, S.; Nagaoka, K.: A low-crystalline ruthenium nano-layer supported on praseodymium oxide as an active catalyst for ammonia synthesis, *Chem Sci.*, **8**, 674–679 (2017).
18) Miyahara, S.; Sato, K.; Kawano, Y.; Imamura, K.; Ogura, Y.; Tsujimaru, K.; Nagaoka, K.: Ammonia synthesis over lanthanoid oxide-supported ruthenium catalysts, *Catal. Today*, **376**, 36–40 (2021).
19) Saito, M.; Itoh, M.; Iwamoto, J.; Li, C. Y.; Machida, K.: Synergistic Effect of MgO and CeO_2 as a Support for Ruthenium Catalysts in Ammonia Synthesis, *Catal. Lett.*, **106**, 107–110 (2006).
20) Luo, X.; Wang, R.; Ni, J.; Lin, J.; Lin, B.; Xu, X.; Wei, K.: Effect of La_2O_3 on Ru/CeO_2-La_2O_3 Catalyst for Ammonia Synthesis, *Catal. Lett.*, **133**, 382–387 (2009).
21) Zhang, L.; Lin, J.; Ni, J.; Wang, R.; Wei, K.: Highly efficient Ru/Sm_2O_3-CeO_2 catalyst for ammonia synthesis, *Catal. Commun.*, **15**, 23–26 (2011).
22) Ma, Z.; Xiong, X.; Song, C.; Hu, B.; Zhang, W.: Electronic metal-support interactions enhance the ammonia synthesis activity over ruthenium supported on Zr-modified CeO_2 catalysts, *RSC Adv.*, **6**, 51106–51110 (2016).
23) Ogura, Y.; Sato, K.; Miyahara, S.; Kawano, Y.; Toriyama, T.; Yamamoto, T.; Matsumura, S.; Hosokawa, S.; Nagaoka, K.: Efficient ammonia synthesis over a Ru/$La_{0.5}Ce_{0.5}O_{1.75}$ catalyst pre-reduced at high temperature, *Chem. Sci.*, **9**, 2230–2237 (2018).
24) Ogura, Y.; Tsujimaru, K.; Sato, K.; Miyahara, S.; Toriyama, T.; Yamamoto, T.; Matsumura, S.; Nagaoka, K.: Ru/$La_{0.5}Pr_{0.5}O_{1.75}$ Catalyst for Low-Temperature Ammonia Synthesis, *ACS Sustain. Chem. Eng.*, **6**, 17258–17266 (2018).
25) Sato, K.; Miyahara, S.; Ogura, Y.; Tsujimaru, K.; Wada, Y.; Toriyama, T.; Yamamoto, T.; Matsumura, S.; Nagaoka, K.: Surface Dynamics for Creating Highly Active Ru Sites for Ammonia Synthesis: Accumulation of a Low-Crystalline, Oxygen-Deficient Nanofraction, *ACS Sustain. Chem. Eng.*, **8**, 2726–2734 (2020).
26) Sato, K.; Miyahara, S.; Tsujimaru, K.; Wada, Y.; Toriyama, T.; Yamamoto, T.; Matsumura, S.; Inazu, K.; Mohri, H.; Iwasa, T.; Taketsugu, T.; Nagaoka, K.: Barium Oxide Encapsulating Cobalt Nanoparticles Supported on Magnesium Oxide: Active Non-noble Metal Catalyst for Ammonia Synthesis under Mild Reaction Conditions, *ACS Catal.*, **11**, 13050–13061 (2021).

3.5　アンモニア混焼

3.5.1　は じ め に

アンモニアは水素に比べて格段に貯蔵性および輸送性が優れており，分子中に炭素を含まないことから，直接燃焼させても排ガス中に二酸化炭素（CO_2）が含まれないため，現在燃焼機器に使用されているさまざまな化石燃料の代替燃料として利用が可能な CO_2 フリーエネルギーキャリアの候補として期待されている[1)]．発電分野に目を向けると，内閣府の戦略的イノベーションプログラム（SIP）などの国家プロジェクトを中心として，ガスタービンやレシプロエンジン，石炭焚きボイラなどへのアンモニア混焼技術開発が開始され，SIP 終了後も技術開発が継続されている．その中でも，石炭焚きボイラは CO_2 排出原単位が大きく，アンモニア混焼による CO_2 排出量削減効果が高いこと，また，ほぼすべての石炭火力発電所において，燃焼排ガスの脱硝用に現在もアンモニアを使用しており，事業所におけるアンモニアの取り扱いに関するハードルが低いことなどの理由から，アンモニアの燃料としての本格的な導入は石炭焚きボイラへの混焼が一番早い時期に実用化されるであろうといわれている．そのような背景から，石炭焚きボイラへの混焼利用を目的とし，ベンチスケール燃焼実験炉を用いたアンモニア/微粉炭混焼試験（混焼率 20 % まで）[2)]，実機サイズのバーナを備えた大型燃焼試験炉を用いた混焼試験（混焼率 20 % まで）[3)] に加え，営業運転中の実機微粉炭ボイラを対象とした混焼試験（混焼率 0.6 % まで）[4)] なども実施されてきている．しかし，これらの研究では大型の微粉炭バーナに混焼用アンモニアを導入し，NO_x の排出量や微粉炭の未燃焼率の変化などについて調べているものの，アンモニアと微粉炭の混焼特性についての基礎的な理解は未だ不十分であり，アンモニアと微粉炭の混焼時における NO_x や微粉炭の未燃焼率の変化などに関するメカニズムなどについては不明な点が多いのが現状である．このようなメカニズムを解明するためには，アンモニアと微粉炭の混焼についての基礎的な燃焼特性の理解が必要不可欠である．

アンモニアと既存化石燃料の混焼において，火炎の安定性に関わる重要な指標の一つとして火炎伝播特性がある．**図 3.46** は，微粉炭バーナ出口近傍に形成されるガス温度およびガス流速ベクトル図を示している．微粉炭は搬送用の一次空気とともにバーナ中央付近から供給され，その周囲からは旋回流れを有する二次空気が供

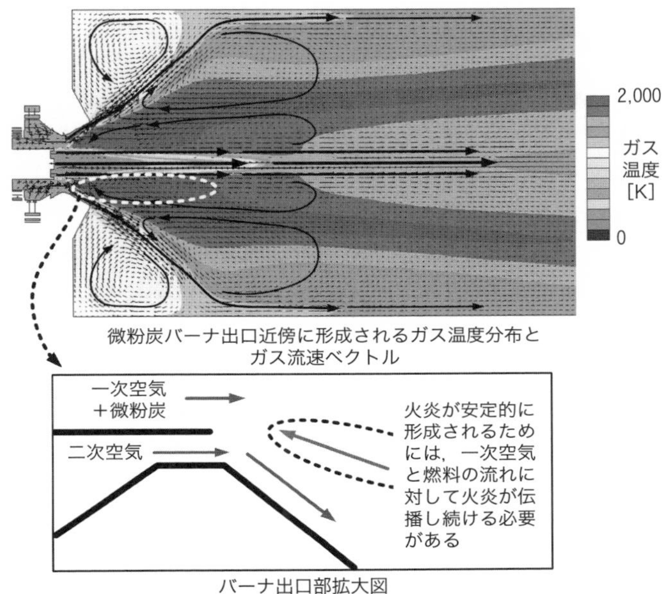

図 3.46　微粉炭燃焼バーナ出口における継続的な火炎伝播の概念
［ガス温度分布およびガス流速ベクトル図は文献 5)より引用］

給されている．バーナ出口に火炎が安定的に形成されるためには，図中のバーナ出口部拡大図に示すように，一次空気と微粉炭の流れに対して火炎が伝播し続ける必要がある．火炎伝播速度が低い，すなわち，火炎中の燃焼反応速度が低いと，旋回流によって形成されたよどみ点での滞留時間中に化学反応が進まず，火炎は吹き飛びを起こすこととなる．火炎の吹き飛びは，本来の設計とは異なる位置での火炎の形成や未燃焼率の著しい増加などを引き起こすだけでなく，最悪のケースでは煙突までの流路における想定外の場所での未燃混合気の爆発による大きな事故につながるため，防がなくてはならない．以上のことから，火炎伝播特性の把握は，新しい燃料の導入時における火炎安定性および基礎的な燃焼特性の理解に必要不可欠である．

本節では，既存の化石燃料にアンモニアを導入した際に問題となり得る火炎の安定性に関わる重要な指標の一つである火炎伝播特性について，北海道大学宇宙環境応用工学研究室で実施してきた研究内容を中心に概説する．

3.5.2 火炎伝播実験装置および実験手法

アンモニアと既存化石燃料の混焼場における乱流火炎伝播特性を明らかにするため，ガス燃料と固体燃料粒子群の火炎伝播実験が可能な実験装置を開発した[6〜10]．**図 3.47** に，開発した火炎伝播実験装置の概要を示す．実験装置は燃焼チャンバ，固体燃料粒子分散システム，着火システム，ガス供給ライン，シーケンサ，光学計測システムなどにより構成される．内容積約 6.19 L の燃焼チャンバには上下に乱流生成用のファンが設置されており，ファンの回転数を制御することにより内部の乱流強度を任意に設定することができる．燃焼チャンバには直径 50 mm の石英ガラス窓が四つ付いており，各種光学計測が可能である．固体燃料粒子の燃焼チャンバ内への分散は，あらかじめ分散用ガスタンクに入れておいた 300 kPa の予混合ガスを，固体燃料粒子を保持しているフィルターカップに通して吹き流すことにより行う．固体燃料粒子が燃焼チャンバ内に分散された 0.3 秒後に，点火電極により予混合気に着火する．着火後の火炎伝播の様子は，高速度カメラによる直接撮影，

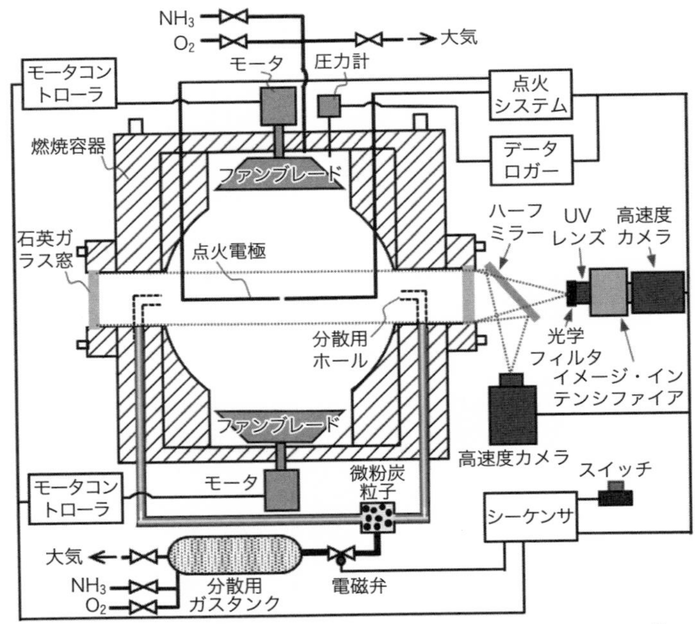

図 3.47　固体燃料粒子群およびガス燃料の乱流火炎伝播実験装置[9]

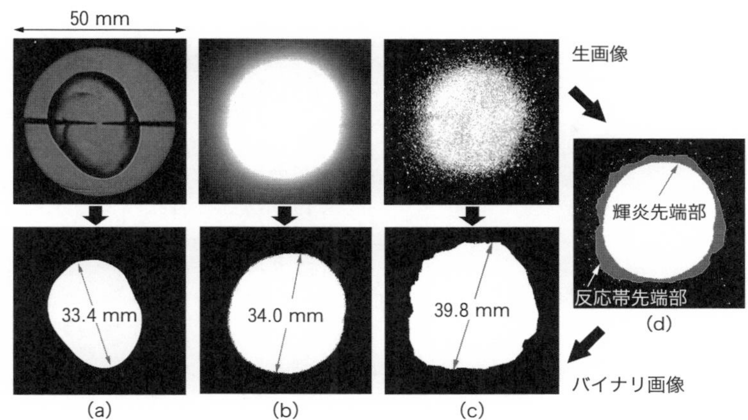

図 3.48　(a) シュリーレン法による撮影，(b) 直接撮影，(c) OH ラジカル自発光撮影により撮影した画像の処理方法の概要[10)]

シュリーレン光学系による高速度撮影，および OH ラジカル自発光高速度撮影，の 3 種類の撮影方法を必要に応じて選択・組み合わせて撮影した．アンモニア/微粉炭混焼条件だけでなく，アンモニアおよび微粉炭それぞれの専焼条件における火炎伝播画像も取得し，混焼が火炎伝播特性に与える影響を明らかにした．

アンモニア専焼条件ではシュリーレン法を用いたが，微粉炭専焼およびアンモニア/微粉炭混焼条件においては，粒子による光の散乱効果が強く，シュリーレン法を用いて画像を得ることができなかったため，直接撮影と OH ラジカル自発光撮影の同時計測を行った．図 3.48 に，各撮影手法で取得した画像の例およびその処理方法を示す．取得した画像は火炎の輪郭をクリアに検出するために二値化し，検出された火炎輪郭の最も離れた 2 点間の距離を火炎の直径として時々刻々の火炎半径履歴を求めた．シュリーレン法では，平行光が透過した空間の密度勾配が大きいところが陰になって現れる．したがって，シュリーレン法で取得した半径は火炎の熱によりガスの温度が上昇し，密度が急激に変化している半径が得られることから，火炎予熱帯の先端部を示す．一方，OH ラジカル自発光は化学反応によってラジカルが生成されることから，火炎反応帯の先端部を示す．また，直接撮影で取得する画像は，火炎中のすす粒子からの強い発光に大きく影響されるため，輝炎先端部を示す．図 3.48(d)に示されているように，反応帯先端部を示す OH ラジカル自発光計測で得られた火炎半径は，輝炎先端部を示す直接撮影で得られた同時刻の火炎半径よりも大きくなる．

表 3.8　使用した微粉炭の性状[9)]

分析項目	瀝青炭 C5	高燃料比炭		
		TW	KK	UL
工業分析［wt%］				
水分*2	0.7	2.3	0.3	3.0
灰分*1	14.2	19.9	12.9	21.2
揮発分*1	33.5	22.9	20.9	12.5
固定炭素*1	52.3	57.2	66.2	66.3
燃料比	1.56	2.5	3.17	5.3
元素分析［wt%, dry］				
炭素	70.5	69.2	76.7	71.8
水素	4.64	3.64	4.09	2.48
窒素	1.66	1.54	1.31	1.52
酸素	8.59	5.4	3.6	2.8
硫黄	0.46	0.41	1.46	0.34
発熱量［MJ/kg］	27.8	27.2	30.1	27.2
平均粒子径［μm］	48	48	33	42

*1　乾燥ベース，*2　到着ベース

一連の研究で使用した微粉炭の性状を表 3.8 に示す．燃料比（揮発分に対する固定炭素の比率）が大きく異なる 4 炭種の微粉炭を用いて比較実験を行うことで，微粉炭から放出される揮発分の影響を明らかにすることができる．

微粉炭は規模の小さな火炎では保炎が難しいため，一連の研究では酸化剤として 40 % 酸素 +60 % 窒素の混合ガスを使用した．

3.5.3　アンモニア/微粉炭混焼時の火炎伝播特性と混焼メカニズム

本項では，アンモニア専焼時における予混合気の当量比を ϕ，アンモニア/微粉炭混焼時において予混合気のアンモニアと酸化剤の割合から計算される当量比を ϕ_{ammonia}，火炎の予熱帯においてアンモニア/酸化剤予混合気に微粉炭から放出された揮発分を考慮した総合当量比を ϕ_{overall} とする．筆者らは，前述の実験装置および微粉炭を用いてさまざまな条件下で火炎伝播実験を行い，アンモニア/微粉炭混焼時の火炎伝播特性を把握するとともに，得られた実験結果から混焼メカニズムを明らかにしてきた．図 3.49 に，$\phi_{\text{ammonia}}=0.6$，乱流強度 $u'=0.65$ m/s の条件における着火後の時刻と火炎半径の関係を示す．図 3.49 中の「直接画像_(石炭の名

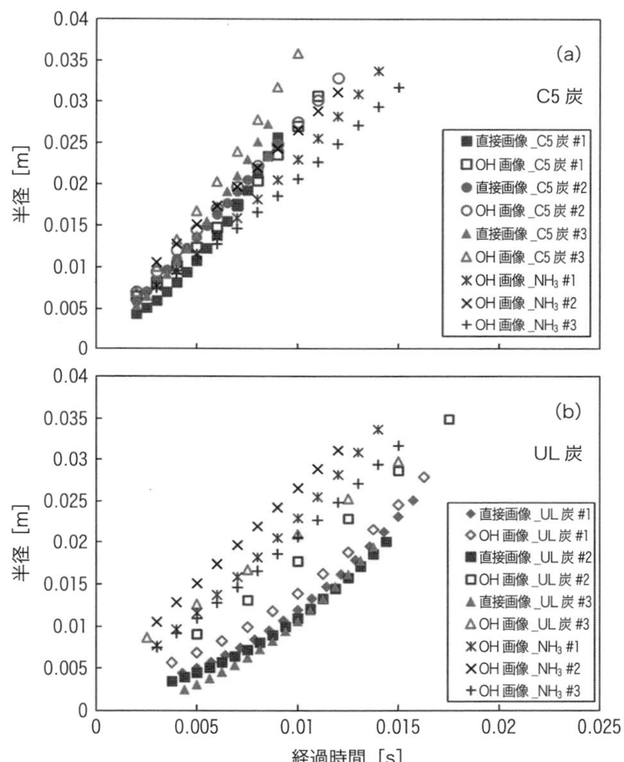

図 3.49 アンモニア/微粉炭混焼時およびアンモニア専焼時における火炎半径履歴[9)]

アンモニア/酸化剤ガスの当量比＝0.6, 乱流強度 u'＝0.65 m/s.
(a) C5 炭, (b) UL 炭

称)」「OH 画像_(石炭の名称)」, および「OH 画像_NH_3」で示されるプロットは, それぞれ, 混焼時の直接撮影で得られた火炎半径, 混焼時の OH ラジカル自発光計測で得られた火炎半径, およびアンモニア専焼時の OH ラジカル自発光計測で得られた火炎半径を示す. また, # の後の数字は同じ実験条件で実施した実験の番号を示す. **図 3.49** より, OH ラジカル自発光で計測される反応帯先端部を示す火炎半径は, 常に直接撮影で計測される輝炎先端部を示す火炎半径よりも大きいことがわかる. これは, 火炎の反応帯が通過してからすすが生成され, 輝炎が形成されるまでに時間がかかることを示している. また, C5 炭と UL 炭を比較すると, UL

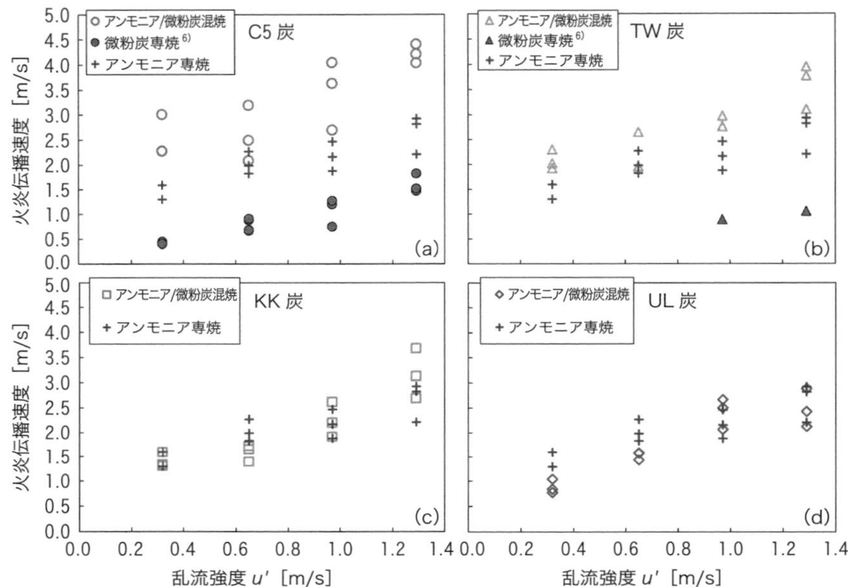

図 3.50　$\phi_{\mathrm{ammonia}}=0.6$ の条件における，アンモニア/微粉炭混焼時，アンモニア専焼時，および微粉炭専焼時における乱流強度と火炎伝播速度の関係[9)]
(a) C5 炭，(b) TW 炭，(c) KK 炭，(d) UL 炭

炭のほうが反応帯先端部と輝炎先端部の間の距離が長いことがわかる．これは UL 炭のほうの燃料比が高く，揮発分が少ないため，すすの生成による輝炎の形成により長い時間がかかるためである．

図 3.50 に，$\phi_{\mathrm{ammonia}}=0.6$ の条件における，乱流強度と火炎半径履歴から求めた火炎伝播速度の関係を示す．(a)C5 炭および(b)TW 炭についてはアンモニア/微粉炭混焼，アンモニア専焼に加えて微粉炭専焼の結果もプロットし，3 者の比較を行っている．しかし，(c)KK 炭および(d)UL 炭については，微粉炭専焼では火炎が伝播しなかったため，アンモニア/微粉炭混焼とアンモニア専焼の比較のみとなっている．**図 3.50** から，すべての条件において，乱流強度の増加とともに火炎伝播速度が高くなっていることがわかる．これは，乱流強度の増加とともに火炎先端部が乱流渦により大きく変形し，火炎面積が増大すること，および，乱流渦による熱と物質の輸送が促進されるためであると考えられる[6,8)]．

また，同じ乱流強度条件で比較すると，(a)C5 炭および(b)TW 炭では，微粉炭専焼およびアンモニア専焼時に比べ，アンモニア/微粉炭混焼時の火炎伝播速度が速いことがわかる．一方，(c)KK 炭ではアンモニア専焼時とアンモニア/微粉炭混焼時の火炎伝播速度はほぼ同じとなっており，(d)UL 炭ではアンモニア専焼時に比較してアンモニア/微粉炭混焼時の火炎伝播速度が若干低下していることがわかる．これらの違いは，微粉炭に含まれる揮発分の割合の違いに起因する．これらの違いを説明するアンモニア/微粉炭混焼メカニズムを以下に説明する．

図 **3.51** に，アンモニア/微粉炭混焼時における火炎伝播メカニズムの概要を示す．火炎伝播速度は反応帯先端部（本研究では OH ラジカル自発光により検出）が未燃領域の方向へ移動する速度として定義される．反応帯先端部の前には反応帯通過後の既燃領域（図 **3.51** 中のすす生成領域および輝炎領域）からの熱伝導によりガス温度が上昇する予熱帯が形成される．予熱帯では，ガス相から熱を受け取った微粉炭粒子から揮発分が放出される．これは，予熱帯において微粉炭粒子が熱を吸収することを意味する．反応帯では，アンモニアのみならず微粉炭粒子から放出された揮発分も酸化剤と反応する．したがって，アンモニア/微粉炭混焼時の反応帯における ϕ_{overall} は，アンモニア専焼時の ϕ よりも大きい．これが，図 **3.50**(a)，(b)において，アンモニア/微粉炭混焼時の火炎伝播速度がアンモニア専焼時の火炎伝播速度よりも速くなる主な原因である．図 **3.50** では $\phi_{\mathrm{ammonia}}=0.6$ と燃料希薄条件であるため，微粉炭からの揮発分放出による ϕ_{overall} の増加は火炎伝播速度の増加原因となる．図 **3.50**(c)，(d)において，アンモニア/微粉炭混焼時の火炎伝播速度がアンモニア専焼時の火炎伝播速度よりも速くならなかったのは，微粉炭に含まれる揮発分の割合が小さいため，予熱帯における ϕ_{overall} 増加効果が小さく，微粉炭粒子による熱吸収効果を上回る効果が得られないためであると考えられる．また，図 **3.51** に示すように，粒子径の大きな微粉炭は予熱帯で熱分解反応が完了せず，反応帯通過後も揮発分放出が継続し，ガス相に蓄積する揮発分は二次熱分解反応によりすす粒子を生成する．生成されるすす粒子が増えると輝炎となり，輝炎中のすす粒子から予熱帯の未燃微粉炭粒子への輻射熱輸送効果があると考えられる．

以上のことをまとめると，図 **3.51** の上部に示すように，アンモニア/微粉炭粒子の混焼時における火炎伝播は，火炎の予熱帯において，①微粉炭粒子からの揮発分の放出による ϕ_{overall} の増加効果，②微粉炭粒子によるガス相からの熱吸収効果，③輝炎中のすす粒子から未燃微粉炭粒子への輻射熱輸送効果，の三つの効果に支配されていると考えられる．①の効果については，ϕ_{ammonia} が 1 未満の条件（アンモニア希薄条件）では火炎伝播速度に対してプラスの効果，ϕ_{ammonia} が 1 以上の条件（アンモニア過濃条件）では火炎伝播速度に対してマイナスの効果をもつ．一方，

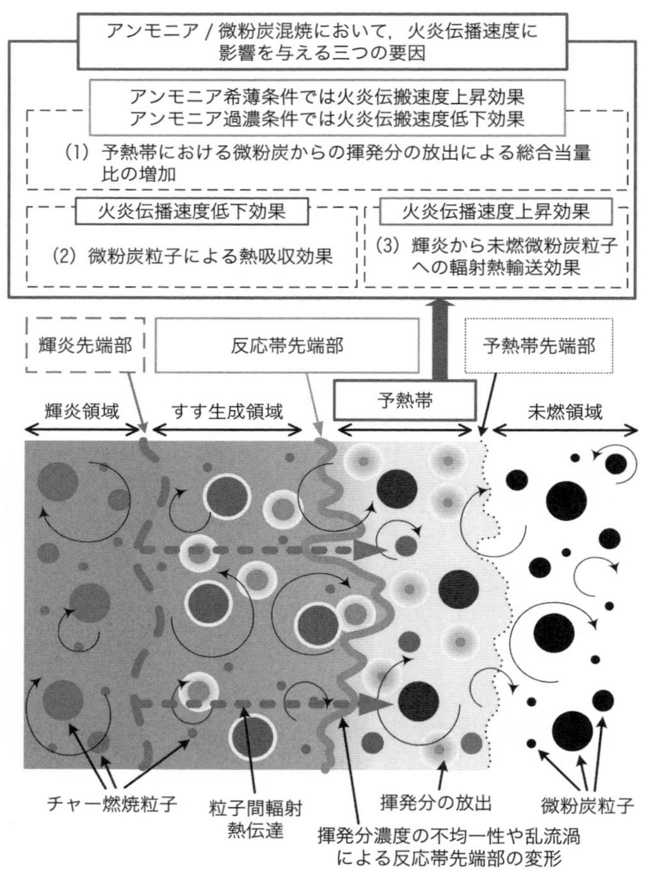

図 3.51　アンモニア/微粉炭混焼時の火炎伝播メカニズムの概要図

ϕ_{ammonia} に関わらず，②の効果は火炎伝播速度に対してマイナスの効果，③の効果は火炎伝播速度に対してプラスの効果をもつ．これら三つの効果のバランスにより，アンモニア/微粉炭混焼時の火炎伝播速度がアンモニア専焼時の火炎伝播速度よりも高くなるかどうかが決まる．

上記のアンモニア/微粉炭混焼時における火炎伝播速度決定メカニズムのうち，①の効果を確かめるため，ϕ_{ammonia} を変化させた実験を実施した．

図 3.52 に，ϕ_{ammonia} と火炎伝播速度の関係を示す．(a)アンモニア専焼時における火炎伝播速度は $\phi_{\mathrm{ammonia}}=1$ の条件において最大値となっているのに対し，(b)ア

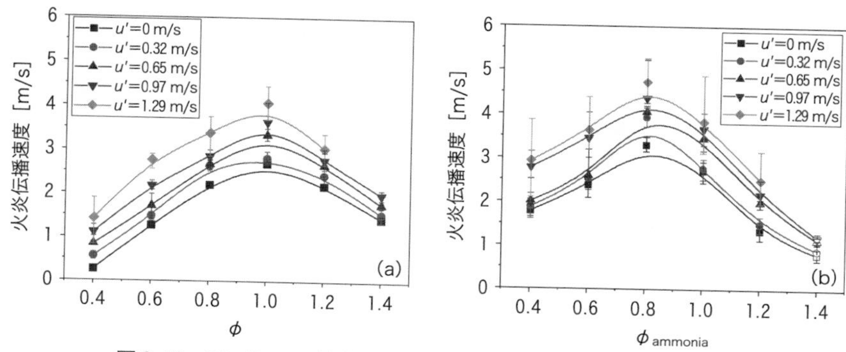

図 3.52 アンモニア/酸化剤ガスの当量比と火炎伝播速度の関係[10)]
(a) アンモニア専焼，(b) アンモニア/微粉炭混焼

ンモニア/微粉炭混焼時における火炎伝播速度は $\phi_{\mathrm{ammonia}}=0.8$ の条件において最大になっていることがわかる．この最大の火炎伝播速度が得られる ϕ_{ammonia} のシフトは，前述した①の効果によるものである．この効果をよりわかりやすく示すため，次式で定義される R_{R} を導入する．

$$R_{\mathrm{R}}=\frac{S_{\mathrm{R}}-S_{\mathrm{A}}}{S_{\mathrm{A}}} \tag{3.11}$$

ここで，S_{R} はアンモニア/混焼時の火炎伝播速度［m/s］，S_{A} はアンモニア専焼時の火炎伝播速度［m/s］である．R_{R} の値が正のとき，アンモニア/微粉炭混焼時の火炎伝播速度がアンモニア専焼時の火炎伝播速度よりも速いことを示し，R_{R} の値が負のときは遅いことを示す．

図 3.53 に，ϕ_{ammonia} と R_{R} の関係を示す．R_{R} の値は ϕ_{ammonia} の増加とともに単調に減少していることがわかる．また，R_{R} の値は ϕ_{ammonia} が 1 未満の条件，すなわち，アンモニア希薄条件において正の値となっていることがわかる．ϕ_{ammonia} が 1 の条件ではほぼゼロ，ϕ_{ammonia} が 1 よりも大きい条件では負の値となっている．このことから，前述のアンモニア/微粉炭混焼時における火炎伝播メカニズムのうち，①微粉炭粒子からの揮発分の放出による ϕ_{overall} の増加効果が，ϕ_{ammonia} が 1 未満の条件では火炎伝播速度に対してプラスの効果をもち，1 以上の条件ではマイナスの効果をもつことが確かめられた．

一方，②微粉炭粒子によるガス相からの熱吸収効果，が火炎伝播速度に対してマイナスの影響をもつこと，③輝炎中のすす粒子から未燃微粉炭粒子への輻射熱輸送効果は，実験室規模の小さな火炎ではほとんど影響がないことが，筆者らの最新の

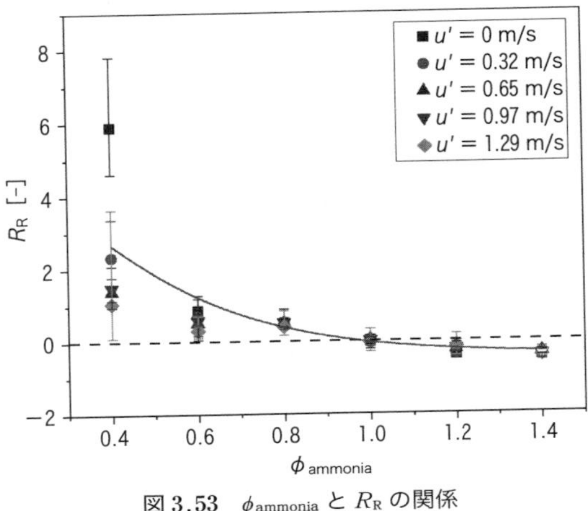

図 3.53　$\phi_{ammonia}$ と R_R の関係

研究で明らかとなっている．

3.5.4　お わ り に

本節では，筆者らの最近の研究結果によって明らかとなった，アンモニア/微粉炭混焼時の火炎伝播速度を決定するメカニズムについて解説を行った．今後は解明したメカニズムをモデル化し，アンモニア/固体燃料混焼数値シミュレーションの高精度化を図り，実際の燃焼機器内にアンモニアを導入した場合の性能を高精度に予測する技術を提供してアンモニアの導入を促進し，我が国の CO_2 排出量削減に貢献していきたいと考えている．

参考文献（3.5 節）

1) Kobayashi, H.; Hayakawa, A.; Somarathne, K. D. K. A.; Okafor, E. C.: Science and Technology of Ammonia Combustion, *Proc. Combust. Inst.*, **37**, 109-133 (2019).
2) 電力中央研究所：SIP「エネルギーキャリア」「アンモニア直接燃焼」「既設火力発電所におけるアンモニア利用に関する検討」終了報告書，2019.
3) Zhang, J.; Ito, T.; Ishii, H.; Ishihara, S.; Fujimori, T.: Numerical Investigation on Ammonia Co-Firing in a Pulverized Coal Combustion Facility: Effect of Ammonia Co-Firing Ratio, *Fuel*, **267**, 117166 (2020).
4) 中国電力：SIP「エネルギーキャリア」「アンモニア直接燃焼」「アンモニアの発電利用に関する事業性評価」終了報告書，2019.
5) Hashimoto, N.; Shirai, H.: Numerical Simulation of Sub-Bituminous Coal and Bituminous Coal Mixed Combustion Employing Tabulated-Devolatilization-Process Model, *Energy*, **71**, 399-

413 (2014).

6) Hadi, K.; Ichimura, R.; Hashimoto, N.; Fujita, O.: Spherical Turbulent Flame Propagation of Pulverized Coal Particle Clouds in an O_2/N_2 Atmosphere, *Proc. Combust. Inst.*, **37**, 2935-2942 (2019).

7) Ichimura, R.; Hadi, K.; Hashimoto, N.; Hayakawa, A.; Kobayashi, H.; Fujita, O.: Extinction Limits of an Ammonia/Air Flame Propagating in a Turbulent Field, *Fuel*, **246**, 178-186 (2019).

8) Xia, Y.; Hashimoto, G.; Hadi, K.; Hashimoto, N.; Hayakawa, A.; Kobayashi, H.; Fujita, O.: Turbulent Burning Velocity of Ammonia/Oxygen/Nitrogen Premixed Flame in O_2-Enriched Air Condition, *Fuel*, **268** (2020).

9) Hadi, K.; Ichimura, R.; Hashimoto, G.; Xia, Y.; Hashimoto, N.; Fujita, O.: Effect of Fuel Ratio of Coal on the Turbulent Flame Speed of Ammonia/Coal Particle Cloud Co-Combustion at Atmospheric Pressure, *Proc. Combust. Inst.*, **38**, 4131-4139 (2021).

10) Xia, Y.; Hadi, K.; Hashimoto, G.; Hashimoto, N.; Fujita, O.: Effect of Ammonia/Oxygen/Nitrogen Equivalence Ratio on Spherical Turbulent Flame Propagation of Pulverized Coal/Ammonia Co-Combustion, *Proc. Combust. Inst.*, **38**, 4043-4052 (2021).

演習問題

問題 3.1　太陽光発電による CO_2 削減効果

(a) 日本における年間日照時間は，地域に依存するがおおむね 1,500～2,000 時間である．これを日射量 1 kW/m^2 に換算すると，太陽光発電モジュールの典型的な年間発電時間は約 1,000 時間となる．4 kW の太陽光発電モジュールを導入した世帯では，年間でどの程度の CO_2 排出を削減できるか？　1 kWh あたりの CO_2 削減量を 0.65 kg として計算せよ．また，1 世帯あたりの年間 CO_2 排出量 4,000 kg の何％に相当するか？

(b) 日本の太陽光発電の累積導入量は，2030 年に 150 GW に到達するという試算がある．エネルギー変換効率が 20％の太陽電池セルにより，1 kW/m^2 の太陽光から 150 GW の出力を得るのに必要なセル面積を求めよ．この面積は，東京都の面積 2,194 km^2 の何％に相当するか？

問題 3.2　風力発電の国際動向

風力発電の国際動向に関する設問(a)～(e)について調査せよ．

(a) 近年の風力発電の大型化の動向について調査せよ．また，大型化することのメリット・デメリットを比較せよ．文献調査の際は必ず出典を明記し，文献から必要情報を正確に引用すること．個人の見解や評価を述べる場合は，引用した情報と混同しないように明示的に区別して書くこと．

(b) 風力発電のタイプC（二重給電誘導発電機 DFIG）とタイプD（同期発電機＋フルコンバータ）のメリット・デメリットについて調査せよ．文献調査の際は必ず出典を明記し，文献から必要情報を正確に引用すること．個人の見解や評価を述べる場合は，引用した情報と混同しないように明示的に区別して書くこと．英語文献が望ましい．

(c) 風車の擬似慣性（vertual inertia）について，各国の技術開発および/または制度設計について調査せよ．英語文献が望ましい．

(d) オフショアグリッド（offshore grid）について，とくに欧州における可能性研究および/または実証研究について調査せよ．英語文献が望ましい．

(e) 日本における風力発電の導入について，肯定的な見解を述べる文献と否定的な見解を述べる文献をそれぞれ一つずつ選び，科学的・学術的妥当性の観点から比較検討せよ．なお，科学的・学術的妥当性を検証するために，比較検討する二つの文献以外に，傍証文献が豊富にあることが望ましい．個人の見解や評価を述べる場合は，引用した情報と混同しないように明示的に区別して書くこと．

問題 3.3　大規模水素輸送システムのエクセルギー解析

(a) H_2(g) の化学エクセルギー

以下の H_2O(l) の生成反応に関する標準ギブズ自由エネルギー変化 $\Delta G^\circ_{T_0}$ に関する情報を用いて，H_2(g) の化学エクセルギーを求めなさい．なお，H_2O(l) の化学エクセルギーは0とする．

$$H_2(g) + \frac{1}{2} O_2(g) \longrightarrow H_2O(l) \quad (\Delta G^\circ_{T_0} = -237\ \mathrm{kJ}) \tag{3.12}$$

(b) NH_3(g) の化学エクセルギー

以下のNH_3(g) の生成反応に関する標準ギブズ自由エネルギー変化 $\Delta G^\circ_{T_0}$ に関する情報を用いて，NH_3(g) の化学エクセルギーを求めなさい．なお，N_2(g) の化学エクセルギーは 0.693 kJ/mol^{-1} とする．

$$\frac{1}{2} N_2(g) + \frac{3}{2} H_2(g) \longrightarrow NH_3(g) \quad (\Delta G^\circ_{T_0} = -16.4\ \mathrm{kJ}) \tag{3.13}$$

(c) NH_3(l) のエクセルギー

常圧下での NH_3 の沸点 240 K における NH_3(l) のエクセルギーを求めなさい．なお，NH_3(g) の比熱は 3.57×10^{-2} kJ/(mol·K)（一定値），蒸発潜熱は −23.3 kJ/mol とする．

問題 3.4　石炭火力からの CO_2 排出量と削減可能量の概算

表 3.9 に，火力発電で使用されている主な燃料である，石炭，C重油，天然ガス（メタン 100 % と仮定）の代表的な低発熱量および元素組成を示す．石炭およびC重油

表 3.9　各燃料の低位発熱量および元素組成

	単位	石炭	C 重油	メタン
低位発熱量（LHV）	MJ/kg	28.2	40.5	50
炭素分	wt%	70.4	89	75
水素分	wt%	4.4	11	25
酸素分	wt%	6.3	0	0
窒素分	wt%	1.6	0	0
水　分	wt%	2.5	0	0
灰　分	wt%	14.9	0	0

は主にボイラの燃料として使用され，天然ガスは主にガスタービンと廃熱回収ボイラを組み合わせたコンバインドサイクルの燃料として使用される．以下の問いに答えよ．

(a) 石炭，C 重油，天然ガスを用いて発電した場合の CO_2 排出原単位をそれぞれ計算し，なぜ石炭を用いた発電の CO_2 排出原単位がほかの燃料を用いた発電の CO_2 排出原単位よりも大きいのか説明せよ．ただし，石炭および C 重油は熱効率 40 % のボイラで発電し，天然ガスは熱効率 60 % のコンバインドサイクルで発電するものとする．また，燃料は完全燃焼させるものと仮定し，発電設備や運用による CO_2 排出は無視するものとする．

(b) 2020 年度に日本において石炭火力で発電された発電電力量は 2,747 億 kWh であった．この発電量を熱効率 40 % のボイラで発電したと仮定した場合，2020 年度 1 年間に消費した石炭は何億 t になるか求めよ．また，石炭消費量の半分を CO_2 フリーのアンモニアで置き換えた場合，削減可能な CO_2 排出量は何億 t になるか求めよ．

4

CO_2 利用技術

4.1　メタネーション触媒反応器の数値流体解析

4.1.1　は じ め に

現在，エネルギー源として最も多く使用されている化石燃料は世界のエネルギー消費の約 81 % 以上を占めている[1]．2015 年，パリ協定が採択され，世界共通の長期目標として，「世界的な平均気温上昇を産業革命以前に比べて 2 ℃より十分低く保つとともに，1.5 ℃に抑える努力を追求すること」「今世紀後半に温室効果ガスの人為的な発生源による排出量と吸収源による除去量との間の均衡を達成すること」が合意された．2020 年 10 月，菅義偉内閣総理大臣は，第 203 回臨時国会の所信表明演説において，「2050 年までに，温室効果ガスの排出を全体としてゼロにする．すなわち 2050 年カーボンニュートラル，脱炭素社会の実現を目指す」ことを宣言した[2]．ここで，排出を全体としてゼロというのは，二酸化炭素（CO_2）をはじめとする温室効果ガスの排出量から，森林などによる吸収量を差し引いた結果を実質的にゼロにすることを定義している．

近年，大気中への CO_2 排出量を削減するために，炭素を回収し貯蓄する CCS（carbon dioxide capture and storage）技術や，炭素を回収し利用する CCU（carbon dioxide capture and utilization）技術が注目されている．CCS 技術の短所として，回収した CO_2 を貯留するために広大な土地が必要なため，日本のような土地が小さな国では難しい．また，地下や海底に CO_2 を圧入する点から，地震などの災害が起因となって貯留した CO_2 の漏洩などの危険性も考えられる[3]．一方，CCU 技術は，CO_2 の大規模な処理は困難であるものの有価物の商業製品の製造につながるという点において考慮するとコスト性に優れており，今後の技術革新によって将来の利用拡大が大きく期待され，地球温暖化防止の一つの有効策となることが予想されている[4]．Cuéllar-Franca らは，CCS および CCU 技術の評価を行い，そのライフサイクルにおける環境影響の包括的な比較を提示した[5]．

上述のような CCU 技術の一つとしてメタネーションが挙げられる．メタネーションとは，工場などで排出された CO_2 を回収して，水の電気分解などによって得られる再生可能エネルギー由来の水素を反応させてメタンへ変換させ，メタンを合成ガスとして用いる技術である．この技術は，CO_2 排出量の削減の期待や既存輸送インフラ設備を利用すること，および炭素循環型社会モデルの構築の実現が可能となること，などの利点が挙げられ，余剰電力を気体燃料に変換して貯蔵または利用する方法（power-to-gas システム）の主要プロセスの一つとして注目されている．代表的なメタネーション反応は Sabatier と Senderents[6] より発見され，その反応式は以下の発熱反応で示される．

$$4\,H_2 + CO_2 = CH_4 + 2\,H_2O \quad (\Delta H = -164.94\ \mathrm{kJ/mol}) \qquad (4.1)$$

ここで ΔH は反応熱を表す．この反応が発見されてから 100 年以上経過するが，その応用についてはまだ十分に研究する価値がある．これは発熱反応の性質と触媒技術の制約によるものである．初期のメタネーション反応の研究および工業的応用は，主に CO を対象にアンモニア製造プラントのような水素リッチな雰囲気下で触媒反応を利用する工程における触媒被毒の予防を目的としていた[7]．1980 年代までは触媒開発に向けて，主に Ni 触媒[8,9] を中心に Co，Fe，Ru，Rh，Pd などの金属を用いた表面反応機構の解明と速度論的基礎研究が行われた[10,11]．しかし，CO メタネーションに比べ，比較的注目されなかった CO_2 メタネーションは地球温暖化対策の一環として，再生可能エネルギーを用いた海水電気分解による水素製造と統合した炭素循環サイクルが提案され[12]，本格的な研究が進んできた．近年ではとくに高活性と高耐久性を兼ね備えた触媒の開発[13] に伴い商業化に向けて反応器スケールアップを目的とした研究が進んでいる[14]．

一方でさまざまなメタネーション反応炉の数値流体解析が盛んに報告されてきている．Zhang らはオープンソース流体解析ツールボックス OpenFOAM[15] を利用し，ガス，触媒層，反応壁，クーラントの伝熱を考慮したシェルアンドチューブ型メタネーション反応炉の三次元シミュレーションの手法とその検証結果について報告した[16]．Sun ら[17]は式(4.1)のサバティエ反応における熱除去と触媒の不活性化を組み込んだ数値計算を行い，触媒の不活性化による反応器性能の低下で，10,000時間後の CO_2 転化率が 80 % まで低下することを予測した．また，Lin らは上述のサバティエ反応を考慮した格子ボルツマン法によるガス相のシミュレーションを行い，熱除去の再現に成功した[18]．ここでは Zhang らの数値計算手法を中心に解説する．Zhang らの方法は，上述のとおり，ガス，触媒層，反応壁，クーラントの熱の交換を考慮しており，クーラントの流量などの条件に対する CO_2 転化率の変化なども計算することが可能となる．ただし，メタネーション反応モデルについては最新の研究結果のモデルについて紹介する．

4.1.2　方　　法

筆者らは Zhang らが報告した方法をもとに気体-固体-液体間の伝熱を計算できるコンピューターコードの開発を行った．開発にはオープンソース流体解析プログラム開発ツール OpenFOAM v2006[15]を使用した．ベースとなるソルバーは chtMultiRegionFoam であり，主要な変更としてメタネーション反応モデル，二温度モデルを主に追加した．メタネーションの反応モデルについては，燃焼モデルのライブラリの一部として開発，さらに，気相と触媒層の温度を別々に取り扱えるように触媒層の温度計算の組み込みを行った．なお，修正前の chtMultiRegionFoam のソースコードは Web 上[15]で公開されており，また，OpenFOAM の使い方や解説については他の文献[19〜22]を参考にされたい．

a.　支配方程式

気相支配方程式は，以下に示す質量保存式，運動量保存式，エネルギー保存式，化学種保存式の 4 式である．

$$\frac{\partial \varepsilon_{\mathrm{por}} \rho_{\mathrm{gas}}}{\partial t} + \frac{\partial \rho_{\mathrm{gas}} u_{\mathrm{gas},j}}{\partial x_j} = 0 \tag{4.2}$$

$$\frac{\partial \rho_{\mathrm{gas}} u_{\mathrm{gas},i}}{\partial t} + \frac{\partial \rho_{\mathrm{gas}} u_{\mathrm{gas},i} u_{\mathrm{gas},j}}{\partial x_j} = \frac{\partial}{\partial x_j}\left[\mu_{\mathrm{gas}}\left(\frac{\partial u_{\mathrm{gas},i}}{\partial x_j} + \frac{\partial u_{\mathrm{gas},j}}{\partial x_i} - \frac{2}{3}\frac{\partial u_{\mathrm{gas},k}}{\partial x_k}\delta_{ij}\right)\right] - \frac{\partial p_{\mathrm{dyn,gas}}}{\partial x_i} - g_j x_j \frac{\partial \rho_{\mathrm{gas}}}{\partial x_i} + S_{\mathrm{gas,u}} \tag{4.3}$$

$$p_{\mathrm{dyn,gas}} = p_{\mathrm{gas}} - \rho_{\mathrm{gas}} g_j x_j \tag{4.4}$$

$$\frac{\partial \varepsilon_{\mathrm{por}}\rho_{\mathrm{gas}}h_{\mathrm{gas}}}{\partial t}+\frac{\partial \rho_{\mathrm{gas}}K_{\mathrm{gas}}}{\partial t}+\frac{\partial \rho_{\mathrm{gas}}u_{\mathrm{gas},i}h_{\mathrm{gas}}}{\partial x_i}+\frac{\partial \rho_{\mathrm{gas}}u_iK_{\mathrm{gas}}}{\partial x_i}$$

$$=\frac{Dp_{\mathrm{gas}}}{Dt}+\frac{\partial}{\partial x_i}\left[\left(\varepsilon_{\mathrm{por}}\rho_{\mathrm{gas}}\alpha_{\mathrm{gas}}\right)\frac{\partial h_{\mathrm{gas}}}{\partial x_i}-\sum_J j_{i,J}\left(h_{\mathrm{gas},J}\right)\right]+q'''_{\mathrm{gas,\,reac}}+S_{\mathrm{gas,h}} \quad (4.5)$$

$$K_{\mathrm{gas}}=\frac{1}{2}|u_{\mathrm{gas}}|^2 \quad (4.6)$$

$$\frac{\partial \varepsilon_{\mathrm{por}}\rho_{\mathrm{gas}}Y_{\mathrm{gas},J}}{\partial t}+\frac{\partial \rho_{\mathrm{gas}}u_{\mathrm{gas},i}Y_{\mathrm{gas},J}}{\partial x_i}=\frac{\partial}{\partial x_i}\left(-j_{i,J}\right)+\omega_{\mathrm{gas},J} \quad (4.7)$$

$$\omega_{\mathrm{gas},J}=C_{\mathrm{cat}}\left(1-\varepsilon_{\mathrm{por}}\right)\rho_{\mathrm{por}}\omega_{\mathrm{metha},J} \quad (4.8)$$

$$j_{i,J}=-\rho_{\mathrm{gas}}D_{\mathrm{gas},J}\frac{\partial Y_{\mathrm{gas},J}}{\partial x_i}-\frac{D_J^{\mathrm{T}}\nabla T_{\mathrm{gas}}}{T_{\mathrm{gas}}} \quad (4.9)$$

ここで $\varepsilon_{\mathrm{por}}$，$t$，$x$ はそれぞれ空隙率，時間，座標値を表し，ρ_{gas}，u_{gas}，μ_{gas}，p_{gas}，$p_{\mathrm{dyn,gas}}$，$S_{\mathrm{gas,u}}$，h_{gas}，α_{gas}，$q'''_{\mathrm{gas,reac}}$，$S_{\mathrm{gas,h}}$，$Y_{\mathrm{gas},J}$，$\omega_{\mathrm{gas},J}$，$D_{\mathrm{gas},J}$，$D^T_{\mathrm{gas},J}$，T_{gas} は，それぞれ気相の密度，速度，粘性係数，全圧，動圧，運動方程式の多孔質領域が流体へ及ぼす抵抗を起因とする生成項，エンタルピー，熱拡散率，反応による生成項，多孔質領域からのエネルギー授受を起因とする生成項，化学種 J の質量分率，化学反応による化学種の生成/消費速度，拡散係数，熱拡散係数，温度である．熱拡散係数の求め方に関しては文献を参照されたい[23]．反応に関して $\omega_{\mathrm{metha},J}$，$C_{\mathrm{cat}}$ はメタネーション反応で計算される触媒 1 kg あたりの化学種の生成/消費速度，触媒有効係数である．添え字 gas は気相，por は多孔質媒体もしくは多孔質モデル，i,j,k は方向を表す．g は重力加速度，$j_{i,J}$ は i 方向，化学種 J を起因とする質量流束である．

触媒層温度分布を気相温度と分離して考慮する二温度モデル[16]を用いるため，加えて触媒層エネルギー方程式が必要である．

$$\frac{\partial(1-\varepsilon_{\mathrm{por}})\rho_{\mathrm{por}}h_{\mathrm{por}}}{\partial t}=\nabla\cdot((1-\varepsilon_{\mathrm{por}})\kappa_{\mathrm{por}}\nabla T_{\mathrm{por}})+S_{\mathrm{por,h}} \quad (4.10)$$

ここで κ_{por} は触媒層の熱伝導率，T_{por} は触媒層の温度，$S_{\mathrm{por,h}}$ は触媒層の生成項であり，触媒層を一様等方性多孔質領域と仮定している．運動量保存式において $S_{\mathrm{gas,u}}$ は，多孔質領域が流体に対する抵抗を表す．これは Darcy-Forchheime 則で評価する．

$$S_{\mathrm{gas,u}}=-\mu_{\mathrm{gas}}D_{\mathrm{por}}u_{\mathrm{gas},i}-\frac{1}{2}\rho_{\mathrm{gas}}F_{\mathrm{por}}|u_{\mathrm{gas}}|u_{\mathrm{gas},i} \quad (4.11)$$

$$D_{\mathrm{por}}=\frac{150}{d_{\mathrm{por}}^{2}}\frac{(1-\varepsilon_{\mathrm{por}})^{2}}{\varepsilon_{\mathrm{por}}^{3}} \tag{4.12}$$

$$F_{\mathrm{por}}=\frac{3.5}{d_{\mathrm{por}}}\frac{1-\varepsilon_{\mathrm{por}}}{\varepsilon_{\mathrm{por}}^{3}} \tag{4.13}$$

ここで D_{por} と F_{por} はそれぞれ流体の粘性による抵抗と流体の慣性による抵抗力であり，Ergun の式で計算する．d_{por} は触媒ペレットの代表粒子径である．

気相エネルギー保存式における $S_{\mathrm{gas,h}}$ と触媒層エネルギー保存式中の $S_{\mathrm{por,h}}$ は，気相と触媒層の温度差による熱交換を起因とする生成項であり，次式で表される．

$$S_{\mathrm{gas,h}}=h_{\mathrm{htc}}(T_{\mathrm{por}}-T_{\mathrm{gas}}) \tag{4.14}$$

$$S_{\mathrm{por,h}}=h_{\mathrm{htc}}(T_{\mathrm{gas}}-T_{\mathrm{por}}) \tag{4.15}$$

ここで h_{htc} はガスと触媒ペレット接触面の伝熱係数であり，セル内で計算したヌセルト数から次式で計算する．

$$h_{\mathrm{htc}}=\frac{Nu_{\mathrm{gas}}\kappa_{\mathrm{gas}}}{d_{\mathrm{por}}^{2}} \tag{4.16}$$

$$Nu_{\mathrm{gas}}=2+1.1Pr_{\mathrm{gas}}^{1/3}Re_{\mathrm{gas}}^{0.6} \tag{4.17}$$

$$Pr_{\mathrm{gas}}=\frac{Cp_{\mathrm{gas}}\mu_{\mathrm{gas}}}{\kappa_{\mathrm{gas}}} \tag{4.18}$$

$$Re_{\mathrm{gas}}=\frac{\rho|u_{\mathrm{gas}}|d_{\mathrm{por}}}{\mu_{\mathrm{gas}}} \tag{4.19}$$

ここで，Nu_{gas}，Pr_{gas}，Re_{gas} はそれぞれ気相のヌセルト数，プラントル数，粒子レイノルズ数である．κ_{gas} と Cp_{gas} は流体の熱伝導率と熱容量である．

気相だけではなく，反応管領域である固相，熱媒体を流す非反応性流体である液相も計算する．ただし，液相は乱流状態であるため，ここでは乱流のレイノルズ平均化した方程式を示す．なお，乱流モデルとしては k-ω SST モデル[24]を使用している．レイノルズ平均化した液相の支配方程式は，以下に示すとおりである．

液相（熱媒体）領域：

$$\frac{\partial\bar{\rho}_{\mathrm{liq}}}{\partial t}+\frac{\partial\bar{\rho}_{\mathrm{liq}}\bar{u}_{\mathrm{liq},j}}{\partial x_j}=0 \tag{4.20}$$

$$\frac{\partial\bar{\rho}_{\mathrm{liq}}\bar{u}_{\mathrm{liq},i}}{\partial t}+\frac{\partial\bar{\rho}_{\mathrm{liq}}\bar{u}_{\mathrm{liq},i}\bar{u}_{\mathrm{liq},j}}{\partial x_j}$$
$$=\frac{\partial}{\partial x_j}\left[(\mu_{\mathrm{liq}}+\mu_{\mathrm{t}})\left(\frac{\partial\bar{u}_{\mathrm{liq},i}}{\partial x_j}+\frac{\partial\bar{u}_{\mathrm{liq},j}}{\partial x_i}-\frac{2}{3}\frac{\partial\bar{u}_{\mathrm{liq},k}}{\partial x_k}\delta_{ij}\right)\right]-\frac{\partial\bar{p}_{\mathrm{dyn,liq}}}{\partial x_i}-g_jx_j\frac{\partial\bar{\rho}_{\mathrm{liq}}}{\partial x_i} \tag{4.21}$$

$$\bar{p}_{\mathrm{dyn,liq}}=\bar{p}_{\mathrm{liq}}-\bar{\rho}_{\mathrm{liq}}g_jx_j \tag{4.22}$$

$$\frac{\partial\bar{\rho}_{\mathrm{liq}}\bar{h}_{\mathrm{liq}}}{\partial t}+\frac{\partial\rho_{\mathrm{liq}}K_{\mathrm{liq}}}{\partial t}+\frac{\partial\bar{\rho}_{\mathrm{liq}}\bar{u}_{\mathrm{liq},i}\bar{h}_{\mathrm{liq}}}{\partial x_i}+\frac{\partial\rho_{\mathrm{liq}}u_iK_{\mathrm{liq}}}{\partial x_i}=\frac{D\bar{p}_{\mathrm{liq}}}{Dt}+\frac{\partial}{\partial x_i}\left[\left(\bar{\rho}_{\mathrm{liq}}\alpha_{\mathrm{liq}}+\frac{\mu_{\mathrm{liq,t}}}{Pr_{\mathrm{liq,t}}}\right)\frac{\partial\bar{h}_{\mathrm{liq}}}{\partial x_i}\right] \tag{4.23}$$

$$K_{\mathrm{liq}}=\frac{1}{2}|\bar{u}_{\mathrm{liq}}|^2 \tag{4.24}$$

ここで $\mu_{\mathrm{liq,t}}$ は液相の乱流粘性係数，α_{liq} は液相の熱拡散係数，$Pr_{\mathrm{liq,t}}$ は液相の乱流プラントル数を指し，$Pr_{\mathrm{liq,t}}=0.85$ とする．添え字 liq は液相，t は乱流を指す．さらに変数の上の ¯ はレイノルズ平均を指す．

さらに反応管の熱伝導は以下で考慮する．

固相（反応管）領域：

$$\frac{\partial\rho_{\mathrm{sol}}h_{\mathrm{sol}}}{\partial t}=\nabla\cdot\rho_{\mathrm{sol}}\alpha_{\mathrm{sol}}\nabla h_{\mathrm{sol}} \tag{4.25}$$

ここで添え字 sol は固相を表す．

気相-固相接触面の条件：

二温度モデルを使用していたため，Zhang らは触媒層と気相の温度両方の影響を気相-固相の接触面で考慮した．

$$-\kappa_{\mathrm{sol}}\frac{\partial T_{\mathrm{sol}}}{\partial x_j}=\varepsilon_{\mathrm{por}}\kappa_{\mathrm{gas}}\frac{\partial T_{\mathrm{gas}}}{\partial x_j}+(1-\varepsilon_{\mathrm{por}})\kappa_{\mathrm{por}}\frac{\partial T_{\mathrm{por}}}{\partial x_j} \tag{4.26}$$

$$T_{\mathrm{gas}}=T_{\mathrm{sol}} \tag{4.27}$$

$$T_{\mathrm{por}}=T_{\mathrm{sol}} \tag{4.28}$$

ここで κ_{sol}，κ_{gas} はそれぞれ固相，気相の熱伝導率である．

固相-液相の接触面は OpenFOAM が下のような式を提供している．

$$-\kappa_{\mathrm{sol}}\frac{\partial T_{\mathrm{sol}}}{\partial x_j}=\kappa_{\mathrm{liq}}\frac{\partial T_{\mathrm{liq}}}{\partial x_j} \tag{4.29}$$

$$T_{\mathrm{liq}}=T_{\mathrm{sol}} \tag{4.30}$$

ここで κ_{liq} は液相での熱伝導率である．

b. 反応モデル

一段反応速度モデルは原料の CO_2 と H_2 の反応時 CO を生成せず CH_4 に直接転換する反応経路を考慮している．正反応とその逆反応の速度式をそれぞれ求め，それらの引き算の形で CH_4 生成速度を表している．

$$\omega_{\mathrm{metha,CH_4}}=k_{\mathrm{f}}\frac{K_{\mathrm{CO_2}}p_{\mathrm{gas,CO_2}}p_{\mathrm{H_2}}^{0.5}}{(1+K_{\mathrm{CO_2}}p_{\mathrm{gas,CO_2}})^2}-k_{\mathrm{r}}\frac{K_{\mathrm{H_2O}}p_{\mathrm{gas,CH_4}}p_{\mathrm{gas,H_2O}}}{(1+K_{\mathrm{H_2O}}p_{\mathrm{gas,H_2O}})^2} \tag{4.31}$$

$$k_i = A_i \exp\left(-\frac{E_{\mathrm{a},i}}{RT_{\mathrm{gas}}}\right) \qquad i=\mathrm{f,r} \tag{4.32}$$

$$K_J = K_{J,0} \exp\left(-\frac{\Delta H_J}{RT_{\mathrm{gas}}}\right) \quad J=\mathrm{CO_2, H_2O} \tag{4.33}$$

ここで，k_i，A_i，$E_{a,i}$ は反応iの反応速度定数，頻度因子，活性化エネルギーである．さらに，K_j，$K_{j,0}$，ΔH_j はそれぞれ触媒表面に吸着する化学種Jの吸着平衡定数，頻度因子，吸着エンタルピーである．また，Rは気体定数，$p_{\mathrm{gas},J}$ は化学種Jの分圧である．式(4.31)～(4.33)のパラメータは文献を参考にした[18]．

c.　OpenFOAM による数値計算の概略

OpenFOAM[15]はオープンソース熱流体解析ツールボックスであり，近年ではユーザー数が増えさまざまな分野で利用されるようになってきた[16,25,26]．OpenFOAM はオープンソースゆえに，ユーザーマニュアルは比較的簡易で，サポートも受けられないために，ユーザー自身でソースコードを解読，使い方を習得していく必要がある．しかし，近年ではコミュニティによる情報交換が活発に行われ[27,28]，多数の関連書籍も出版され[19～22]，習得しやすい環境も整ってきたといえる．

OpenFOAM の特徴の一つとして，テンソル解析や偏微分方程式のプログラム上の記述において，**図 4.1** のように類似の書き方で表現することができ，プログラム作成のための労力を大幅に減らすことができる．

また，多くの開発済みのソルバーが多数用意されており，用途に合わせてこれらを選択するが，場合によっては新たに開発をしていくことになる．境界条件や物理モデルは OpenFOAM 中でライブラリというモジュールとして提供され，ソルバー開発時に利用される．メタネーション反応速度の計算は OpenFOAM の燃焼モデルライブラリの一つとして作成した．

メッシュ作成は OpenFOAM が提供するメッシュ作成ツール群で作成した．作成した単管式シェルアンドチューブ型反応器の計算領域を**図 4.2** に示す．計算格子作成に関しては Pointwise[29]などの商用の計算格子作成ソフトウェア，もしくは商用の流体解析ソフトウェアの計算格子を変換する方法などが用意されているが，ある程度簡単な形状であればこのような商用のソフトウェアを必要とせず作成できる．計算は Linux などの端末上からコマンドとしてプログラムを実行する．たとえば，本節で作成したソフトウェア名 chtMultiRegionReactingFoam をケースディレクトリ中でコマンドを入力する．商用のソフトウェアの多くは計算の並列数によ

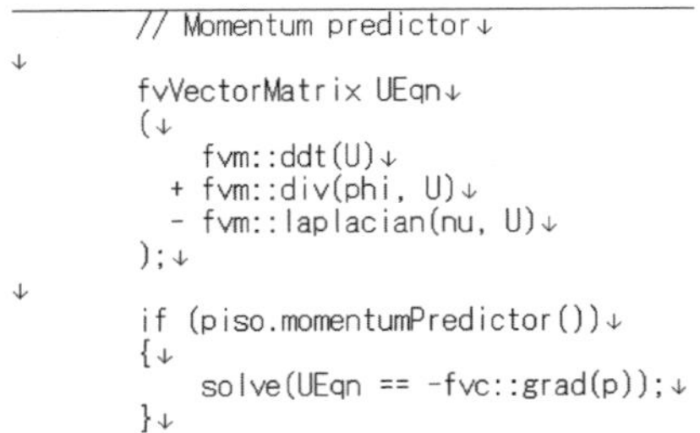

```
        // Momentum predictor↓
↓
        fvVectorMatrix UEqn↓
        (↓
            fvm::ddt(U)↓
          + fvm::div(phi, U)↓
          - fvm::laplacian(nu, U)↓
        );↓
↓
        if (piso.momentumPredictor())↓
        {↓
            solve(UEqn == -fvc::grad(p));↓
        }↓
```

図 4.1　非圧縮のナヴィエ-ストークス方程式の離散化ソースコードの例

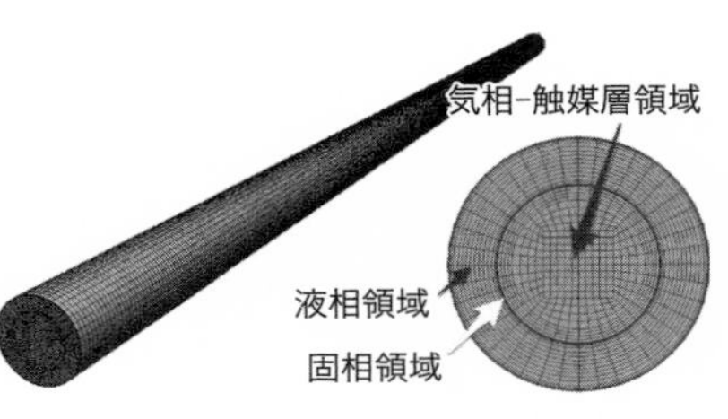

図 4.2　OpenFOAM のメッシュ作成ツールで作成した計算格子

りライセンス料が付加されるか，1 台のワークステーションのマルチコア CPU のみであれば並列計算が可能といった制限がある．これに対して，OpenFOAM は並列計算にも対応しており，大型の計算機を用意できれば数百～数千並列などの大規模並列も可能であり，このことは商用のソフトウェアにはない大きな利点となる．計算結果の可視化はオープンソース可視化ソフトウェア Paraview[30] で行う．このように数値流体力学における計算格子作成，計算，可視化の一連の作業をライセンスフリーのソフトウェアで行うことが可能である．

d. 計算条件

図 4.3 に示すような単管式シェルアンドチューブ型反応器を計算対象とした．実験データおよび触媒は日立造船[31] により提供を受けた．**表 4.1** に計算条件，**表 4.2** に計算に使用したパラメータを示す．単管式シェルアンドチューブ型反応器の場合，ガス入口体積流量はおおむね 3 Nm^3/h であり，熱媒体流量は 2.5 m^3/h であ

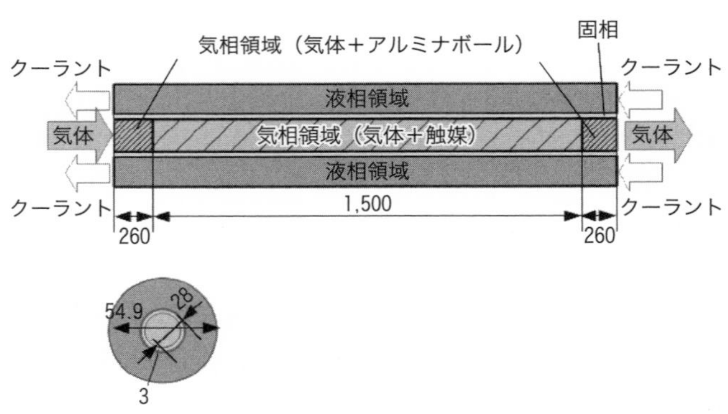

図 4.3　シェルアンドチューブ型反応器の概略図（単位：mm）

表 4.1　計算条件

計算領域・項目		単　位	数　値
気相−触媒層領域	H_2/CO_2	—	4:1
	反応圧力	MPa	0.35/0.60/1.09
	体積流量	Nm^3/h	2.94/3.06/3.02
	入口温度	K	293.15
	触媒有効係数	—	0.0065/0.008/0.012
熱媒体領域	圧　力	MPa	0.15
	体積流量	m^3/h	2.5
	入口温度	K	473.15

表 4.2　計算に使用したパラメータ

計算領域・パラメータ		単　位	数　値
熱媒油	密　度	kg/m^3	920
	粘性係数	Pa·s	0.000754
	熱伝導度	W/(m·K)	0.114
	熱 容 量	J/(kg·K)	2,180
反応管	密　度	kg/m^3	8,000
	熱伝導度	W/(m·K)	13
	熱 容 量	J/(kg·K)	500
触媒層	かさ密度	kg/m^3	2,923.7
	熱伝導度	W/(m·K)	1.4
	熱 容 量	J/(kg·K)	698
	直　径	m	0.0036742
	空 隙 率	—	0.481
アルミナボール層	かさ密度	kg/m^3	3,969.3
	熱伝導度	W/(m·K)	21.190
	熱 容 量	J/(kg·K)	985.89
	直　径	m	0.0036742
	空 隙 率	—	0.481

る．気相-触媒層領域は触媒層のみがメッシュ作成されているため，ガス入口温度は実験中触媒層入口の計測値に合わせる．ガスの物性値は混合物各成分の物性値から算出され，熱媒体の物性は Barrel therm 400 熱媒油の物性値を使用する．メタネーション反応速度は 4.1.2 項 b. で説明した反応モデルにより計算を行った．

計算格子数は気相で 137,280 セル，液相で 401,280 セル，固相で 84,480 セルである．この計算格子数は Zhang らが以前使用した計算格子の数よりも多く，計算格子の気相温度，気相圧力に対する依存性は無視できる[16)]．

4.1.3　結　　果

図 **4.4** に 0.35，0.6，1.09 MPa 下での気体温度を示す．アルミナボール充填位置と触媒充填位置は図 **4.3** に従う．アルミナボール充填位置では反応を起こさない．触媒充填層は 0〜1.5 m であり，ここでメタネーション反応が起こるが，反応器前半部分の 0〜0.2 m でおおむね完了する．また，圧力が上昇するにつれピーク温度は上昇する．反応器出口に近づくにつれて気体および触媒層温度が，473.15 K に近づくのは，液相から気相への熱移動によりメタネーション反応で発生した熱が冷却されたからである．

図 **4.5**〜**4.7** に 0.35，0.6，1.09 MPa のときの中心軸上の気相と触媒層の温度を示す．実験で測定された値を気相温度と比べると，図 **4.5** から 0.35 MPa で気相ピーク温度について中心軸距離 0.6 m 程度まで若干の過大予測をするが，0.6 MPa，1.09 MPa ではおおむね一致している．ここで誤差を定量評価するために，以下のような標準偏差を評価した．

$$Err=\frac{\left[\sum_{N=1}^{N_{\max}}(\phi_{\mathrm{ref},N}-\phi_N)^2\right]}{\phi_{\mathrm{ref,max}}\,N_{\max}}\times 100\,\% \qquad (4.34)$$

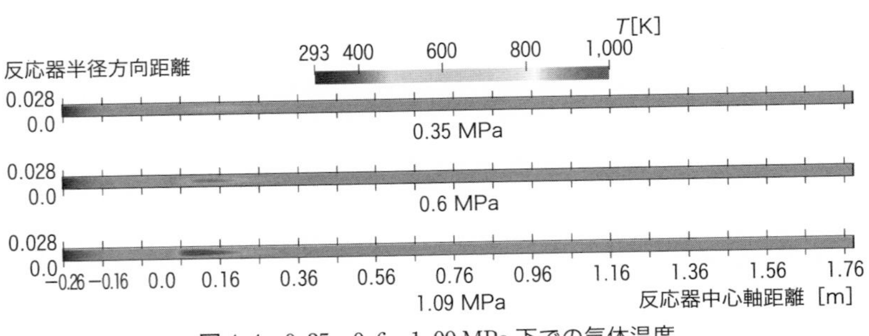

図 **4.4**　0.35，0.6，1.09 MPa 下での気体温度

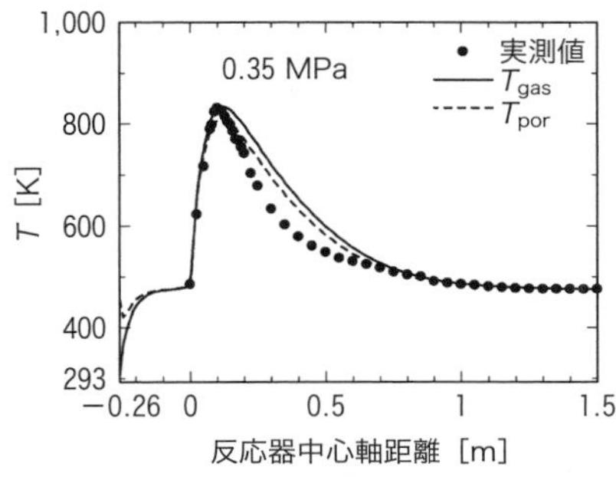

図 4.5 0.35 MPa 下での中心軸上の気体と触媒層の温度

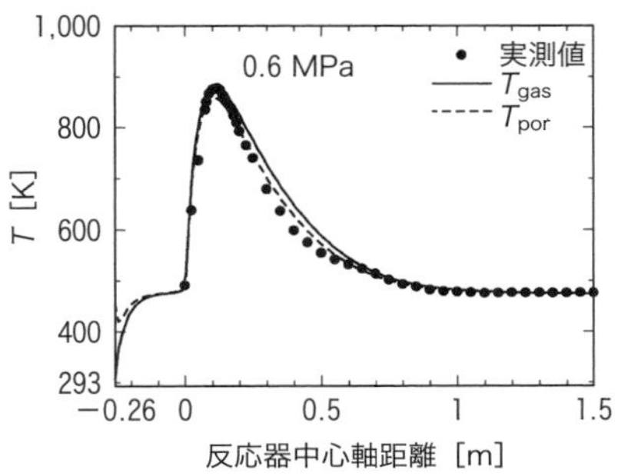

図 4.6 0.6 MPa 下での中心軸上の気体と触媒層の温度

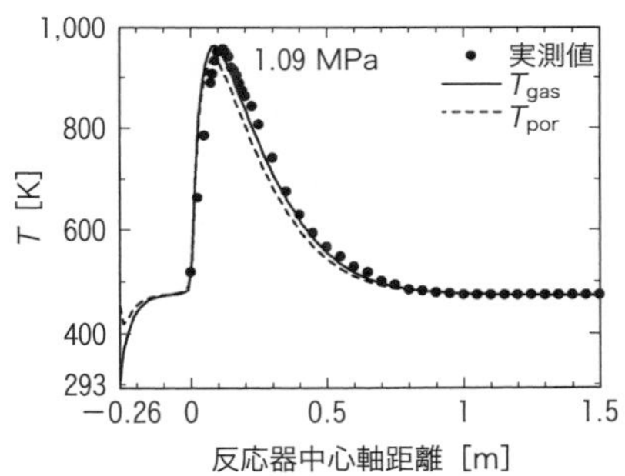

図 4.7 1.09 MPa 下での中心軸上の気体と触媒層の温度

ここで Err は誤差，N はデータ番号，N_{max} はデータの個数，$\phi_{\mathrm{ref},N}$ は N 番目の参照データ，ϕ_N は N 番目の比較対象のデータである．式(4.34)によりそれぞれ評価すると，0.35 MPa のとき 4.4 %，0.6 MPa のとき 2.9 %，1.09 MPa のとき 3.7 % である．

−0.26 m から 0 m の部分はアルミナボールが充塡されており，アルミナボールの温度は 473.15 K のため，気体の温度もこの温度まで上昇する．触媒層にガスが入るとメタネーション反応が開始するので，急激に気体・触媒層温度が上昇する．ここで，気体のピーク温度の具体的な予測値を例にとると，0.35 MPa のとき 833 K，0.6 MPa のとき 885 K，1.09 MPa のとき 963 K となる．すなわち，圧力が上昇するにつれピーク温度は上昇する．

図 4.8 に 0.35，0.6，1.09 MPa 下での CO_2 モル分率のコンター図を示す．低圧

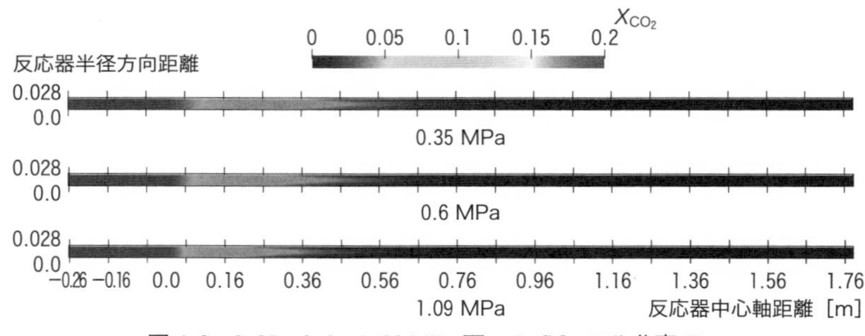

図 **4.8**　0.35，0.6，1.09 MPa 下での CO_2 モル分率 X_{CO_2}

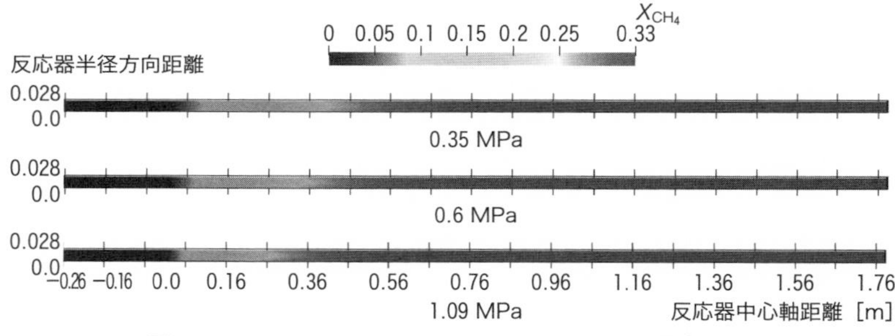

図 **4.9**　0.35，0.6，1.09 MPa 下での CH_4 モル分率 X_{CH_4}

から高圧条件に変化するにつれて，CO_2 の消費が早く，モル分率がほぼゼロとなる場所が反応器入口方向（左側）へ少し移動する．

図 **4.9** に 0.35，0.6，1.09 MPa 下での CH_4 モル分率のコンター図を示す．低圧から高圧条件に変化するにつれて，CH_4 の生成が早く，モル分率が高い場所が反応器入口方向へ少し移動する．

図 **4.10**～**4.12** に 0.35，0.6，1.09 MPa のときの中心軸上のモル分率を示す．実験は出口でのガス濃度の測定値のみである．上述の温度の比較と同様に，低圧条件 0.35 MPa のときの H_2，H_2O のモル分率の誤差が CH_4，CO_2 のものより大きく，高圧の条件では実験と予測値の整合性がよくなる．

図 **4.13** にガスの流量を 2 倍，5 倍，10 倍と変化させたときの温度の変化を示す．さらに，表 **4.3** に CO_2 転化率とメタネーション反応を起因とする放熱速度を示す．

流量を 2 倍へ変化させたときは転化率が 97.6 % 程度までの低下にとどまるが，5 倍まで増やすと 77.1 % まで下がり，10 倍では 26.1 % となる．流量を増やした

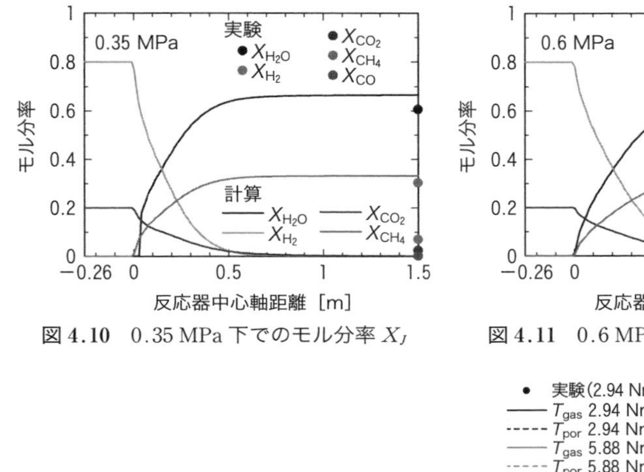

図 4.10　0.35 MPa 下でのモル分率 X_J

図 4.11　0.6 MPa 下でのモル分率 X_J

図 4.12　1.09 MPa 下でのモル分率 X_J

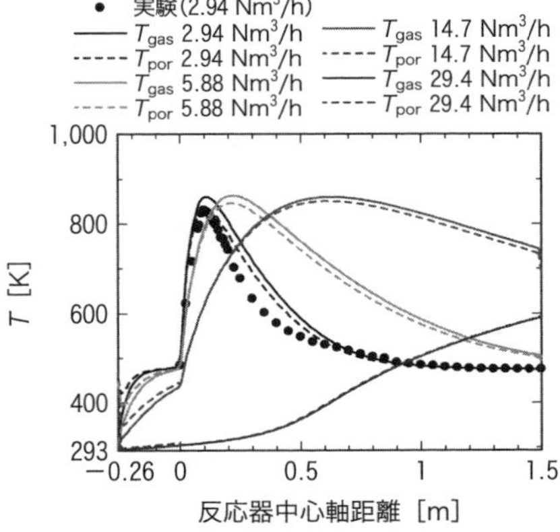

図 4.13　0.35 MPa 下での流量を変化させたときの気体・触媒層温度

としても気相，触媒層のピーク温度の著しい上昇は確認されない．このことから現在の条件より流量を 2 倍程度まではガス流量を増やしても問題ないと考える．

表 4.3 から，低圧条件 0.35 MPa よりも高圧条件 1.09 MPa のときのほうが CO_2 転化率は上昇し，放熱速度も上昇する傾向がみられる．より多くのガスを処理したいときは高圧下で反応器を運転したほうが効率よくガスを処理できるが，**図 4.7** に示したように気体温度が 964 K まで上昇するため，触媒劣化が懸念される．

図 4.14 にクーラント流量を 1/10 へ変化させたときのガス・触媒層温度の変化を示す．本節で紹介した方法は液相（クーラント）の計算を含んでおり，これの物性値や流量などの影響をみることができるという特徴がある．**図 4.14** に示すとおり，クーラント流量が 1/10 になると，冷却能力が下がり，ガス温度が 833 K から 904

表 4.3　CO_2 転化率と放熱速度

	CO_2 転化率［%］	放熱速度［J/s］
0.35 MPa	99.5	1.1960×10^3
0.6 MPa	99.7	1.2457×10^3
1.09 MPa	100	1.2436×10^3
0.35 MPa，体積流量×2	97.6	2.3852×10^3
0.35 MPa，体積流量×5	77.1	5.4714×10^3
0.35 MPa，体積流量×10	26.0	2.4833×10^4

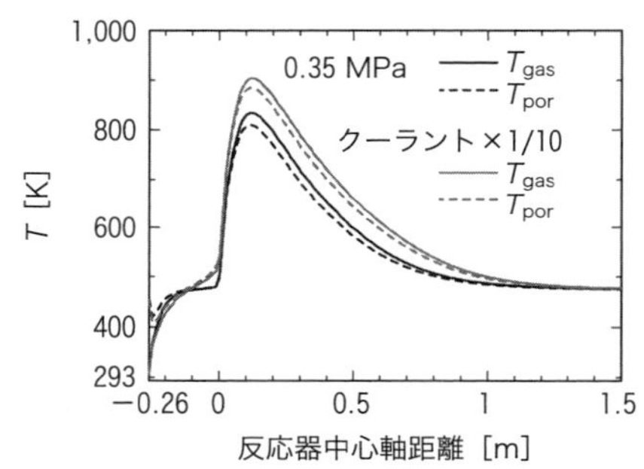

図 4.14　クーラント流量を 1/10 にしたときの気体・触媒層温度の変化

K まで上昇することが予測された．このような反応炉の運転条件を比較的簡便に変化させてどのような挙動を示すか，実験に先立って傾向や指針を得ることができるのが数値計算の利点といえる．

4.1.4　おわりに

本節ではメタネーション反応器の数値流体解析技術とそれによって得られた結果について解説を行った．

ガス，触媒層，反応壁，クーラントの熱の交換を考慮しており，クーラントの流量などの条件に対する CO_2 転化率の変化なども計算することが可能となる．メタネーション反応モデルについては最新の研究結果のモデルについて紹介した．日立造船により行われたシェルアンドチューブメタネーション反応炉の実験の再現を行い，温度とモル分率などの比較，流量などを変化させたケーススタディを行った．その結果，以下のことがわかった．

(1) シェルアンドチューブ型の温度の実験値と予測値を比較したところ，誤差は

0.35 MPaのとき4.5％，0.6 MPaのとき2.8％，1.09 MPaのとき3.0％であり，低圧条件のときに若干誤差が大きくなる．

⑵ ガスの流量を変化させ，CO_2転化率を調べたところ，現在の条件より流量を2倍にすると97.6％であり，5倍まで増やすと77.1％まで落ちるので2倍程度までは増やすことができる．

⑶ 低圧条件0.35 MPaよりも高圧条件1.09 MPaのときのほうがCO_2転化率は上昇し，メタネーション反応を起因とする放熱速度も上昇する傾向がある．しかし，気体温度も上昇するので，触媒層温度の上昇，触媒劣化が懸念される．

以上のように数値流体解析を使用して運転条件を机上探索することにより，反応炉の挙動を知ることができ，その結果に基づいて反応炉設計の指針を得ることができる．

謝　辞

本節で紹介した研究は，国立研究開発法人新エネルギー・産業技術総合開発機構（NEDO）プロジェクト「次世代火力発電等技術開発次世代火力発電基盤技術開CO_2有効利用技術開発」の一環で実施して得られた成果であり，ここにNEDOおよびその共同研究機関の株式会社INPEX，日立造船株式会社，産業技術総合研究所ともに深く感謝申し上げます．

参考文献（4.1節）

1）International Energy Agency: Key World Energy Statistic, 2018. https://www.iea.org/events/key-world-energy-statistics-2018/（2022/12/19閲覧）

2）環境省：カーボンニュートラルとは. https://ondankataisaku.env.go.jp/carbon_neutral/about/（2022/12/19閲覧）

3）Massachusetts Institute of Technology: The future of Coal, 2007. https://web.mit.edu/coal/（2022/12/19閲覧）

4）経済産業省資源エネルギー庁：次世代火力発電協議会（第2回会合）資料1. https://www.meti.go.jp/committee/kenkyukai/energy_environment/jisedai_karyoku/pdf/002_01_00.pdf（2022/12/19閲覧）

5）Cuéllar-Franca R. M.; Azapagic A.: Carbon capture storage and utilization technologies: a critical analysis and comparison of their life cycle environmental impacts, *J. CO_2 Util.*, **9**, 82-102（2015）.

6）Sabatier, P.; Senderens, J.: Comptes Rendus Hebdomadaires Des Séances, *De l'Académie Des Sciences*, **134**（1902）.

7）Mills, G. A.; Fred, W. S.: Catalytic Methanation, *Cataly. Rev.*, **8** 159-210（1974）.

8）Herwijnen, T. V.; Doesburg, H. V.; De Jong, W. A.: Kinetics of the Methanation of CO and CO_2 on a Nickel Catalyst, *J. Cataly.*, **28**, 391-402（1973）.

9）Weatherbee, G. D.; Bartholomew, C. H.: Hydrogenation of CO_2 on Group VIII Metals. II.

Kinetics and Mechanism of CO_2 Hydrogenation on Nickel, *J. Cataly.*, **77**, 460-472 (1982).

10) Weatherbee, G. D.; Bartholomew, C. H.: Hydrogenation of CO_2 on Group VIII Metals. IV. Specific Activities and Selectivities of Silica-supported Co, Fe, and Ru, *J. Cataly.*, **87**, 352-362 (1984).

11) Solymosi, F.; Erdöhelyi, A.; Bánsági, T.: Methanation of CO_2 on supported rhodium catalyst, *J. Cataly.*, **68**, 371-382 (1981).

12) Hashimoto, K.; Yamasaki, M.; Fujimura, K.; Matsui, T.; Izumiya, K.; Komori, M.; El-Moneim, A. A.; Akiyama, E.; Habazaki, H.; Kumagai, N.; Kawashima, A.; Asami, K.: Global CO_2 Recycling — Novel Materials and Prospect for Prevention of Global Warming and Abundant Energy Supply, *Mater. Sci. Eng. A*, **267**, 200-206 (1999).

13) Takano, H.; Kiriyama, Y.; Izumiya, K.; Kumagai, N.; Habazaki, H.; Hashimoto, K.: Highly Active Ni/Y-doped ZrO_2 Catalysts for CO_2 Methanation, *Appl. Surf. Sci.*, **388** (Part B), 653-663 (2016).

14) Gruber, M.; Weinbrecht, P.; Biffar, L.; Harth, S.: Trimis D.; Brabrandt J.; Posdziech O.; Blumentritt R.: Power-to-Gas Through Thermal Integration of High-Temperature Steam Electrolysis and Carbon Dioxide Methanation-Experimental Results, *Fuel Process. Technol.*, **181**, 61-74 (2018).

15) OpenFOAM: The open source CFD toolbox.
https://www.openfoam.com/ (2022/12/19 閲覧)

16) Zhang, W.; Machida, H.; Takano, H.; Izumiya, K.; Norinaga, K.: Computational Fluid Dynamics Simulation of CO_2 Methanation in a Shell-and-Tube Reactor with Multi-Region Conjugate Heat Transfer, *Chem. Eng. Sci.*, **211**, 115276 (2020).

17) Sun, D.; Khan, F. M.; Simakov, D. S.: Heat Removal and Catalyst Deactivation in a Sabatier Reactor for Chemical Fixation of CO_2: Simulation-Based Analysis, *Chem. Eng. J.*, **329**, 165-177 (2017).

18) Lin, Y.; Yang, C.; Choi, C.; Zhang, W.; Fukumoto, K.; Machida, H.; Norinaga, K.: Inhibition of Temperature Runaway Phenomenon in the Sabatier Process using Bed Dilution Structure: LBM-DEM Simulation, *AIChE J.*, e17304 (2021).

19) 人見大輔：OpenFOAM ライブラリリファレンス，森北出版 (2020).

20) Maric, T.; Hopken, J.; Mooney, K.: OpenFOAM プログラミング，森北出版 (2017).

21) 川畑真一：OpenFOAM の歩き方，インプレス (2021).

22) 春日　悠；今野　雅：OpenFOAM による熱移動と流れの数値解析，森北出版 (2019).

23) Fukumoto, K.; Wang, C. J.; Wen, J. X.: Large Eddy Simulation of a Syngas Jet Flame: Effect of Preferential Diffusion and Detailed Reaction Mechanism, *Energ. Fuel*, **33**, 5561-5581 (2019).

24) Menter, F. R.; Kuntz, M.; Langtry, R.: Ten years of Industrial Experience with the SST Turbulence Model. In Proceedings of the fourth international symposium on turbulence, *Heat Mass Trans*, 625-632 (2003).

25) Fukumoto, K.; Wang, C. J.; Wen, J. X.: Large Eddy Simulation of Upward Flame Spread on PMMA Walls with a Fully Coupled Fluid-Solid Approach, *Combust and Flame*, **190**, 365-387 (2018).

26) Saldi, Z. S.; Wen, J. X.: Modeling Thermal Response of Polymer Composite Hydrogen Cylinders Subjected to External Fires, *Inter. J. Hydro. Energ.*, **42**, 7513-7520 (2017).

27) オープン CAE 学会.　http://www.opencae.or.jp/ (2022/12/19 閲覧)

28) CFD Online.　https://www.cfd-online.com/ (2022/12/19 閲覧)

29) Poitwise.　https://www.pointwise.com/ (2022/12/19 閲覧)

30) Paraview. https://www.paraview.org/（2022/12/19 閲覧）
31) Hitachi Zosen. https://www.hitachizosen.co.jp/（2022/12/19 閲覧）

4.2 再生可能エネルギーを利用した CO_2 の燃料化技術

4.2.1 は じ め に

地球温暖化への対応は世界全体の課題と位置付けられ，2015 年 12 月パリで開催された気候変動枠組条約第 21 回締約国会議（COP21）にて採択されたパリ協定[1]では，産業革命前からの平均気温上昇を 2 ℃未満にする目標のもと，人為起源の温室効果ガス（GHG：greenhouse gas）排出量を実質的にゼロにする方針が打ち出された．国連でも気候行動サミット 2019 を開催し，各国に今後 10 年間で温室効果ガス排出量を 45 % 削減し，2050 年までに正味ゼロエミッションを達成するために，2020 年までに具体的，現実的計画をもつように求めている．我が国では，2020 年の内閣総理大臣所信表明演説にて，2050 年までにカーボンニュートラル，脱炭素社会の実現を目指すことが宣言された．これを実現するために「2050 年カーボンニュートラルに伴うグリーン成長戦略」[2]が打ち出され，これまで以上の速度で，各種制度の見直し，技術開発の促進および早期社会実装などを進めていくことが求められている．

4.2.2 カーボンリサイクル

CO_2 の固定化・有効利用については，CCS や大規模植林による地上隔離が有効とされ，導入に向けた取り組みが進められてきた．一方，「G20 持続可能な成長のためのエネルギー転換と地球環境に関する関係閣僚会合」閣僚声明[3]で，「カーボンリサイクル」「エミッショントゥーバリュー」といった CO_2 を資源としてとらえ，発生源から分離回収した CO_2 を，化学品，燃料，鉱物などに変換して再利用（utilization）する CO_2 の有効利用すなわち CCU を，CCS に対するもう一つの柱として位置付けた．これまでの常識的な技術開発を廃し，意欲的な技術開発（非連続イノベーション）を国際的な産学官の協調で進めていく方向性が示されている．

カーボンリサイクルの目的である CO_2 を資源として有価物に変換して，CO_2 排出量の削減を図るためには，CO_2 排出量とリサイクル品の利用量のバランスがとれないと，循環利用の中心技術となり得ないことを考慮する必要がある．化学品へ

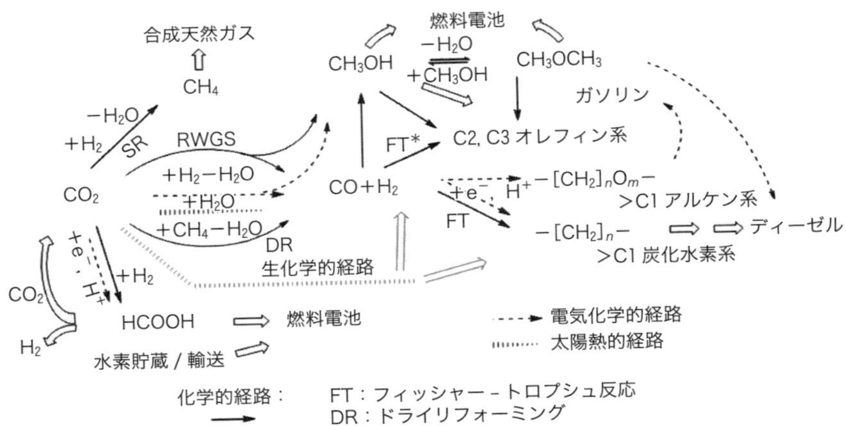

図 4.15 CO_2 の接触水素化を主体とした再燃料化スキーム[5)]

の変換を例にとると，化学品の生産量は 48 百万 t/year[4)] とエネルギー起源の CO_2 排出量の数％しかなく，リサイクルの需給バランスがとれない．よって，燃料から排出される CO_2 を大量利用される燃料に変換してリサイクルすることが，最もバランスのとれた選択肢と考える．

CO_2 は比較的反応性に富む化合物で図 4.15 に示すように接触水素化や還元によりさまざまな燃料に変換することができる．この中で，ギ酸，メタノール，ジメチルエーテル（DME），ガソリン，ディーゼルは利用量が限定的であり，変換までに何段階もの反応ステップを踏む必要がある．それに対して，メタンは，シンプルな反応であり，天然ガス火力発電所，天然ガス自動車，都市ガスなど用途が最も広く大量利用が可能であり，輸送・貯蔵・利用のためのインフラがすべて整っている．よって，CO_2 から変換されたメタン（e-methane）によるカーボンリサイクルは CO_2 排出量の大幅削減に貢献する技術と考えられる．

4.2.3 グローバル CO_2 リサイクル

再生可能エネルギー由来の水素を用いて，CO_2 を天然ガスの主成分であるメタンに変換し，カーボンニュートラル燃料としてリサイクルする構想は，1993 年に Hashimoto により「グローバル CO_2 リサイクル」として提唱された[6)]．この構想の概念を図 4.16 に示す．再生可能エネルギー密度の高い砂漠などの場所で同エネ

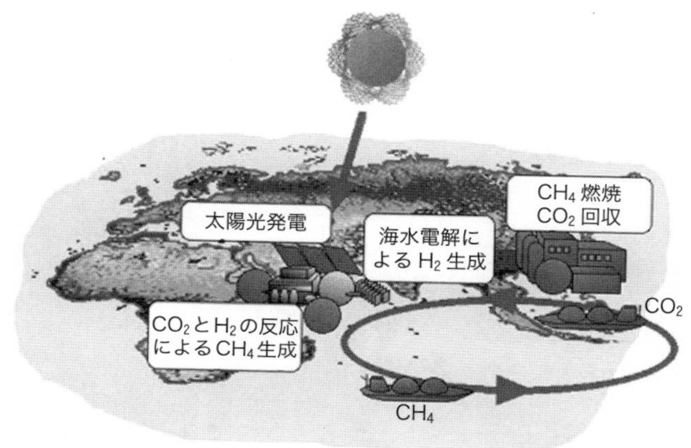

図 4.16 グローバル CO_2 リサイクルの概念

ルギーを水素に変換し，これに消費地から回収してきた CO_2 と反応させてメタンに変換し，消費地に輸送するという CO_2 を媒体とした炭素循環社会を実現しようとするものである．1993 年に提唱されたこの構想は，近年になり持続可能な社会の実現が強く求められるようになったことで，広く理解されるようになってきた．

1995 年に東北大学 Hashimoto らの研究グループと日立造船は，東北大学金属材料研究所の屋上にメタン製造能力 0.1 Nm^3-CH_4/h の実証システム，いわゆる世界初の power to gas システムを稼働させた（**図 4.17**）[7]．このシステムは，**図 4.16** の概念を具現化したもので，太陽光発電で得た電力を電解装置に送電して水素を製造し，CO_2 と水素を反応させてメタンを合成する構成となっている．これにより，「グローバル CO_2 リサイクル」の概念が技術的に実現可能であることを世界で初めて示した．

4.2.4 CO_2 のメタン化反応および高性能触媒

CO_2 と水素からメタンを合成する反応はきわめて単純で，次式に示すような反応で表され，ノーベル化学賞に輝いたフランスの Paul Sabatier らが 1897 年に発見したことから，サバティエ反応として古くから知られている．

$$CO_2 + 4H_2 \longrightarrow CH_4 + 2H_2O \quad (\Delta H = -164.9\ \mathrm{kJ/mol}) \qquad (4.35)$$

ここで ΔH は反応熱である．この反応はメタン生成 1 mol あたり 164.9 kJ/mol の発熱を伴う反応であり，触媒を介することにより，いったん反応が開始すると外

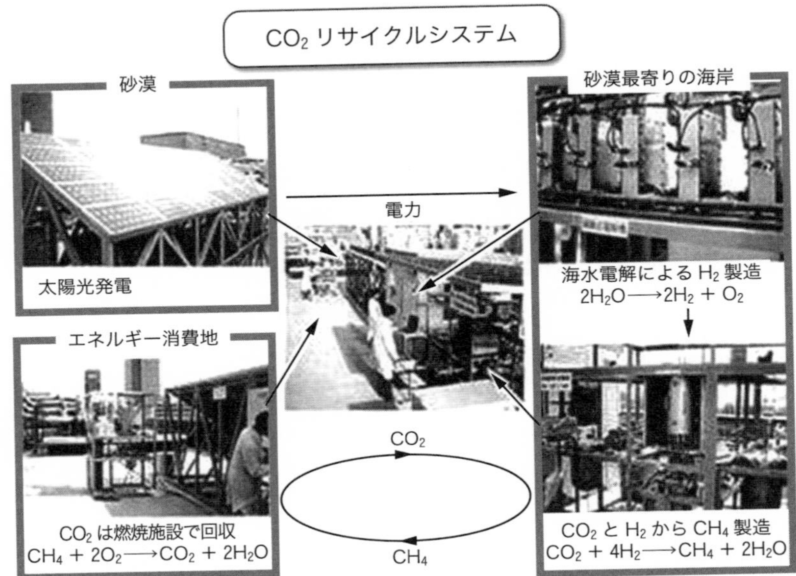

図 4.17　世界初のメタン化システムの実証[7)]

部エネルギーを必要とせずに自発的に反応が進行する．また，式(4.35)の反応において水素 4 mol のもつエネルギーは 241.78 kJ/mol×4 mol＝967.12 kJ，メタン 1 mol がもつエネルギーは 802.25 kJ であるため，式(4.35)の反応における理論的なエネルギー効率は 802.25 kJ÷967.12 kJ×100 (%)＝83 % であり高効率なプロセスである．さらに，反応熱を回収して再利用することでエネルギー効率をさらに高めることができる．

Hashimoto がグローバル CO_2 リサイクル構想を発表した 1993 年当時の CO_2 のメタン化触媒は，CO_2 と水素の反応に対する触媒活性が低いため反応を進行させるには高温・高圧が必要であるほか，メタン生成への反応選択性が低いため，次で表される式(4.36)，(4.37)のような，CO_2 の不均化反応による CO の副生もしくは炭素析出が生じるという課題があった．

$$CO_2 + H_2 \longrightarrow CO + H_2O \tag{4.36}$$

$$CO_2 + 2\,H_2 \longrightarrow C + 2\,H_2O \tag{4.37}$$

そこで Hashimoto らはアモルファス合金を前駆体とした高性能なメタネーション触媒の開発を行い，中でもニッケル-ジルコニウム合金が迅速に CO_2 をメタンに

図 4.18　ペレット（左）およびハニカム形状（右）の触媒例

変換することを見出した[8]．ニッケル-ジルコニウム合金前駆体は酸化処理したのち水素還元処理を行うことで，正方晶 ZrO_2 上に金属ニッケルが高分散担持された状態となり，これが活性発現因子となる．さらに，ニッケル-ジルコニウム合金の一部をイットリウムなどの希土類元素で置換することにより，触媒活性がさらに向上することを見出した[9,10]．日立造船は，量産可能な化学的な製法によって，図 4.18 のような希土類元素をドープした正方晶 ZrO_2 に金属 Ni を分散させたペレットおよびハニカム形状の触媒へと改良した．

下記に，日立造船の高性能メタネーション触媒の特徴を示す．

・低温（200 ℃以上）かつ常圧にて CO_2 を高速にメタンに変換．
・メタンへの反応選択性が 100 % であり，CO や炭素析出が生じない．
・CO も高速にメタンに変換．
・ルテニウムなどの貴金属を使用しない．
・高耐久性（20,000 h 以上）

4.2.5　高性能触媒を用いたメタネーションプロセスの開発

著者が所属する日立造船では，4.2.4 項で示した高性能メタネーション触媒を用いた高効率メタネーションプロセスの開発を行ってきた．本項では，これまでの取り組みを紹介する．

NEDO「戦略的次世代バイオマスエネルギー利用技術開発事業」[11]**（2012～2015 年度）**　当該事業では，木質バイオマスのガス化による SNG（synthetic natural gas）製造技術の開発を目的とし，木質バイオマスをガス化して得られた H_2，CO および CO_2 からなるガス化ガスをメタン化するプロセスの開発を実施した（図

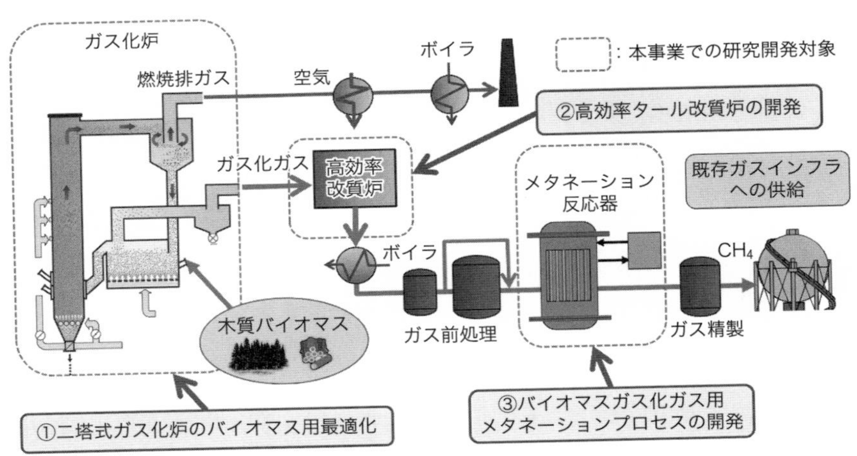

図 4.19　プロセスフロー

4.19）．IHI の二塔式ガス化炉に，図 4.20 の日立造船のメタネーションパイロット装置を接続し，ガス化炉にて生成される常圧のガス化ガス（H_2，CO および CO_2）38 Nm^3/h をパイロット装置に供給して SNG 製造実証を行った．ガス化ガス中の CO および CO_2 ともに高速にメタン化され，CO のメタンへの転化率は 99.2 % を示し，供給ガス化ガスのエネルギーに対する生成メタンのエネルギー比で定義されるメタネーション効率は 76.4 % を示すことが確認され，木質バイオマスをガス化して生成した CO_2，CO および H_2 の高効率なメタン変換が可能であることを確認している．

NEDO「水素利用等先導研究開発事業」[12]**（2014〜2017 年度）**　海外の大規模再生可能エネルギーを用いて製造した大量の CO_2 フリー水素を，輸送・貯蔵するためのエネルギーキャリアとしてメタンに変換するプロセスの開発を事業目的としている．日立造船は，シェルアンドチューブ型の熱交換反応器を含むメタネーションプロセス開発，および 12.5 Nm^3/h 規模のメタン製造実証を行った．

図 4.21 は開発したシェルアンドチューブ反応器を含む実証試験用メタン製造設備で，定格メタン製造量は 12.5 Nm^3/h である．

表 4.4 に，定格処理量（62.5 Nm^3/h，水素：CO_2 比＝1：4）におけるメタネーション反応試験条件および結果を示す．CO_2 転化率 99.2 %，生成メタン濃度 98.0 % および反応熱回収率 73.2 % を示し，高効率にかつ高濃度メタン製造が可能であることを確認している．

図 4.20　パイロット装置

図 4.21　メタネーション実証機

表 4.4　試験結果

項　目		単　位	数　値
反応試験条件	反応圧力	MPaG	0.4
	熱媒温度	℃	230
試験結果	CO_2 転化率	%	99.2
	生成 CH_4 体積分率	%（dry basis）	98.0
	出口 H_2 体積分率	%（dry basis）	0.7
	出口 CO_2 体積分率	%（dry basis）	1.3
	反応熱回収率	%	73.2

NEDO「カーボンリサイクル・次世代火力発電等技術開発」[13)]（2017～2021 年度）
火力発電などの排ガスから分離回収して得られる高濃度 CO_2 を，再生可能エネルギー由来の水素と反応させてメタンに変換し，有効利用することを事業目的としている．日立造船は，高濃度 CO_2 が得られる既存の産業施設である天然ガス田から分離回収された CO_2 実ガスを用いて，高効率なメタン化プロセス開発およびメタン製造実証を行った．

図 4.22 および図 4.23 に，プロセスフローおよびメタネーション試験設備（定格メタン製造量 8 Nm^3/h ）の外観を示す．

天然ガスから分離回収した 8 Nm^3/h の高濃度 CO_2 は，脱硫処理を行った後メタ

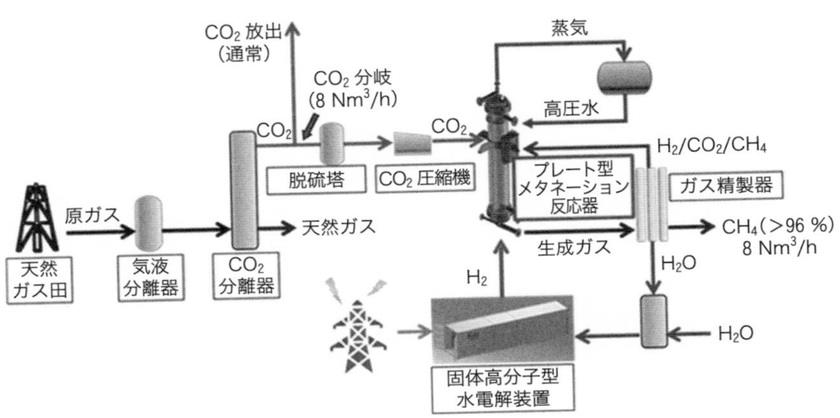

図 4.22　プロセスフロー

図 4.23　メタネーション試験設備

ネーション反応器に投入する．反応器には熱交換特性が優れ大型化に適したプレート型熱交換反応器を採用している．反応器内では固体高分子水電解装置から供給された 32 Nm^3/h の水素と反応し，ガス精製器を通じることで 99.6 % もの高濃度メタンが製造できることと 87 % の反応熱回収率が得られることを検証した．さらに，4,500 時間以上の運転を通じて，システムの安定性検証ならびにプロセス運用条件の最適化を行った．

環境省「二酸化炭素の資源化を通じた炭素循環社会モデル構築促進事業」（2018 年度～）　当該事業では，CO_2 を資源として化学物質に変換して地域エネルギーに活用する炭素循環モデルの構築を目的に，廃棄物処理部門（一般廃棄物）から排出される CO_2 を水素と反応させ天然ガスの代替となるメタン燃料に変換する実証を行うものであり，2022 年度までの 5 年間を予定している．炭素循環モデルの構築実証事業のイメージを**図 4.24** に示す．小田原市環境事業センターにおける廃棄物処理施設からの排ガスを一部抜出し，排ガス冷却設備にて排ガスを冷却した後，圧力変動吸着法（PVSA 法）により CO_2 を分離回収する．この CO_2 を水素と反応させメタンに変換する．**図 4.25** はメタネーション実証設備の 3D イメージ図で，シェルアンドチューブ型反応器を採用しており，定格のメタン製造量は 125

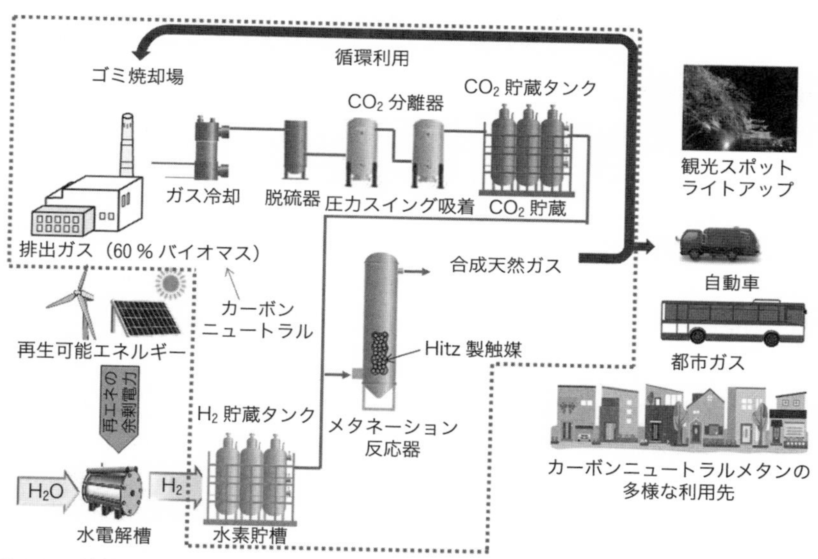

図 4.24 清掃工場から回収した二酸化炭素の資源化による炭素循環モデルの構築実証事業のイメージ（点線枠内が実証範囲）

図 4.25 メタネーション実証設備の 3D イメージ

Nm^3/h と国内最大規模のメタネーション装置となる．

4.2.6　おわりに

「2050年までのカーボンニュートラル・脱炭素化社会実現」のためには，再生可能エネルギーを用いて CO_2 を資源として有価物に変換して再利用するカーボンリサイクルが必要である．なかでも，大量の CO_2 を有効利用するためには，既存の都市ガスインフラの輸送・貯蔵・利用に適用でき用途が広く，大量消費できるメタン燃料への変換が適切である．

産業施設などから排出される CO_2 を回収して，再生可能エネルギー由来の水素と反応させてメタン燃料（e-methane）に変換して循環利用するという概念は，1993年にHashimotoらにより「グローバル CO_2 リサイクル」にて世界で初めて発表された．以降，高性能なメタネーション触媒およびメタネーションプロセスの開発および実証が行われ，メタネーションの社会実装に向けたプロセスの技術構築および大型化に向けた取り組みが進められている．今後，本技術の早期社会実装ならび普及に向けて邁進したい．

謝　　辞

本研究の一部は，国立研究開発法人新エネルギー・産業技術総合開発機構(NEDO)「カーボンリサイクル・次世代火力発電等技術開発/次世代火力発電基盤技術開発/CO_2 有効利用技術開発」「水素利用等先導研究開発事業/エネルギーキャリアシステム調査・研究/高効率メタン化触媒を用いた水素・メタン変換」および「戦略的次世代バイオマスエネルギー利用開発事業」の一環で実施して得られた成果によるものであり，NEDOに謝意を表しますとともに，関係者の方々に深く感謝いたします．

さらに本研究の一部は，環境省事業「二酸化炭素の資源化を通じた炭素循環社会モデル構築促進事業」の一環で実施して得られた成果によるものであり，同省地球環境局地球温暖化対策課地球温暖化対策事業室に謝意を表しますとともに，関係者の方々に深く感謝いたします．

参考文献（4.2節）

1) United Nations: Adoption of the Paris Agreement, FCCC/CP/2015/L.9/Rev.1, 12 Dec. 2015.
2) 経済産業省：2050年カーボンニュートラルに伴うグリーン成長戦略.　https://www.meti.go.jp/press/2020/12/20201225012/20201225012-2.pdf（2022/12/19閲覧）

3) 環境省：G20 持続可能な成長のためのエネルギー転換と地球環境に関する関係閣僚会合」閣僚声明．https://www.env.go.jp/press/files/jp/111879.pdf（2022/12/19 閲覧）
4) 経済産業省：経済産業省生産動態統計年報化学工業統計編，2020.
5) Ampelli, C.; Perathoner, S.; Centi, G.: CO_2 utilization: an enabling element to move to a resource- and energy-efficient chemical and fuel production, *Phil. Trans. R. Soc. A*, **373**, 20140177（2015）．http://dx.doi.org/10.1098/rsta.2014.0177（2022/12/19 閲覧）
6) 橋本功二：グリーンマテリアル－地球環境保全と豊富なエネルギーのための材料，金属，**63**, 5-10（1993）.
7) 橋本功二，熊谷直和，泉屋宏一，目黒眞作，浅見勝彦，幅崎浩樹，山崎倫昭：地球温暖化防止とエネルギー安定供給のためのキーマテリアルズ，まてりあ，**43**，318（2004）.
8) Habazaki, H.; Tada, T.; Wakuda, K.; Kawashima, A.; Asami K.; Hashimoto K.: Corrosion, Electrochemistry and Catalysis of Metastable Metals and Intermetallics, Clayton, C. R.; Hashimoto, K.: Editors, 393-404. The Electro-chemical Society Proceedings Series, Pennington（1993）.
9) Shimamura, K.; Komori, M.; Habazaki, H.; Yoshida, T.; Yamasaki, M.; Akiyama, E.; Kawashima, A.; Asami K.; Hashimoto, K.: Supplement to *Mater, Sci. Eng.*, **A226-228**, 376-379（1997）.
10) 橋本功二，秋山英二，幅崎浩樹，川嶋朝日，嶋村和郎，小森 充，熊谷直和：グローバル CO_2 リサイクル，材料と環境，**45**，614-620（1996）.
11) 坪井陽介，高藤 誠，大原宏明，四宮博之，髙野裕之，泉屋宏一：木質バイオマスのガス化による SNG 製技術の開発，日本燃焼学会誌，**58**，137-144（2016）.
12) 新エネルギー・産業技術総合開発機構：平成 26～29 年度成果報告書「水素利用等先導研究開発事業 エネルギーキャリアシステム調査・研究 高効率メタン化触媒を用いた水素・メタン変換」(2018).
13) 新エネルギー・産業技術総合開発機構研究評価委員会：「カーボンリサイクル・次世代火力発電等技術開発/〔4〕次世代火力発電基盤技術開発 7）CO_2 有効利用技術開発」（事後評価）分科会資料．https://www.nedo.go.jp/content/100932266.pdf（2022/12/19 閲覧）
14) 環境省：CCUS の早期社会実装会議（第 3 回）資料．http://www.env.go.jp/earth/R3ccus/ENVCCS_R02_2-1_hitachizosen.pdf（2022/12/19 閲覧）

4.3　メタネーションの事業化展望

CO_2 のメタンへの変換，すなわちメタネーションは，カーボンニュートラル社会実現に不可欠な CCU の中心的な技術の一つとして期待されている．本節では，筆者が所属する INPEX での事例を中心にメタネーションの事業化展望を紹介する．

4.3.1　は じ め に

INPEX では，2021 年 1 月 27 日に策定・公表した「今後の事業展開～2050 ネットゼロカーボン社会に向けて～」に加え，2018 年 5 月 11 日に策定した「INPEX

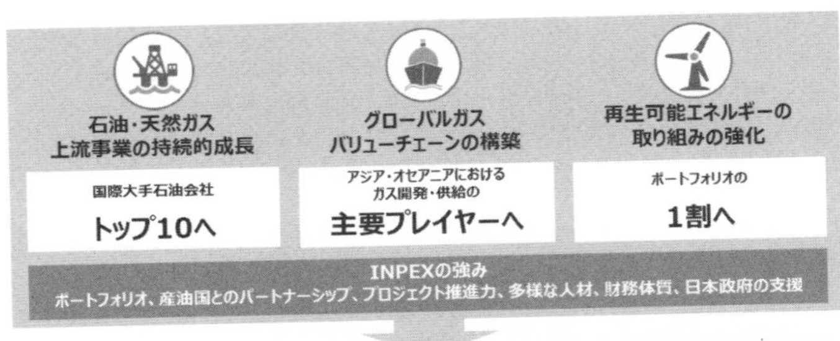

事業活動の低炭素化

持続的な企業価値の向上

★ビジョン 2040
再生可能エネルギーの取り組みの強化，再エネ事業への参入加速
★中期経営計画 2018-2022
事業目標（3）再生可能エネルギーの取り組みの強化，再エネ関連技術の研究・開発の強化
電気-水素-メタンのバリューチェーンの構築に資する技術の研究開発

図 4.26　INPEX ビジョン 2040 の策定（2018 年 5 月 11 日）

ビジョン 2040」の具体策である「中期経営計画 2018-2022」において，「電気-水素-メタンのバリューチェーン」の構築に資する技術の研究開発を推進する事業目標が策定されており（図 **4.26**），その構築に資する技術開発として，CO_2-メタネーションに係る NEDO-CO_2 有効利用技術開発事業（2017〜2021 年度）を実施してきた．

「電気-水素-メタンのバリューチェーン」は，使用時の CO_2 排出がゼロである電気と水素，既存インフラが充実している電気とメタン，貯蔵が容易な水素とメタンを，相互に変換する技術によって，各々から排出される CO_2 と再生可能エネルギー（再エネ）由来水素などを原料として，二次エネルギーとしての再エネ由来メタンを CO_2-メタネーションによって製造することで，一次エネルギーとしてのメタンのサプライチェーンを活用して，バリューチェーンを構築するものである（図 **4.27**）．

CO_2-メタネーションによって製造された二次エネルギーとしてのメタン（将来的には再エネ由来メタン）は，既存の天然ガス・都市ガスインフラに導入されることで，再エネ電力，および大規模電力需要の創出による再エネ電力導入量の拡大，再エネ由来メタンの都市ガス導管への注入により，電力系統安定化（再エネ電力の大量導入による電力インフラの擾乱防止），都市ガス網の再エネ化や低炭素化/脱炭素化などに波及するポテンシャルを有している（図 **4.28**）．

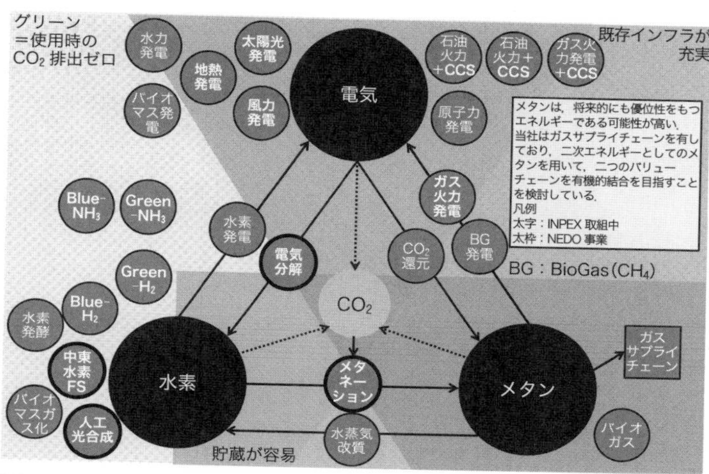

図 4.27 INPEX 構想の電気-水素-メタン（二次エネルギー）のバリューチェーン

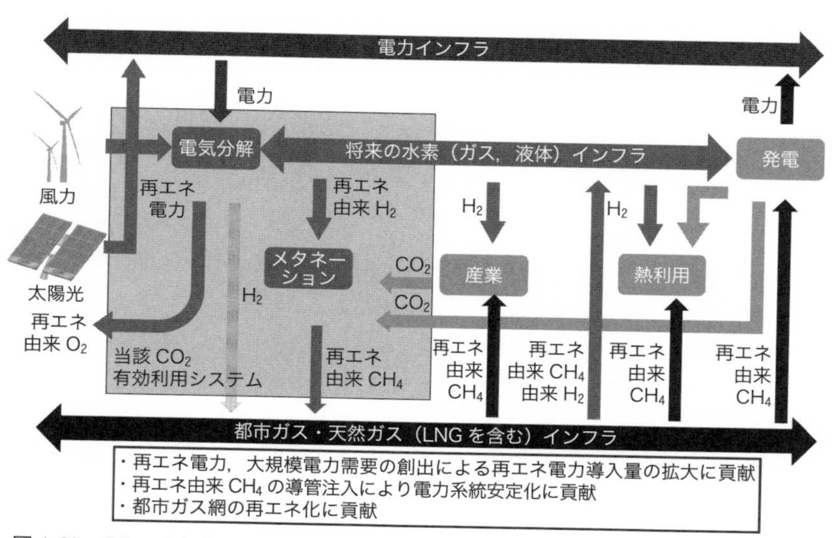

図 4.28 CO_2-メタネーション技術による都市ガス事業者における CO_2 削減への寄与
［文献 1）をもとに INPEX 改変］

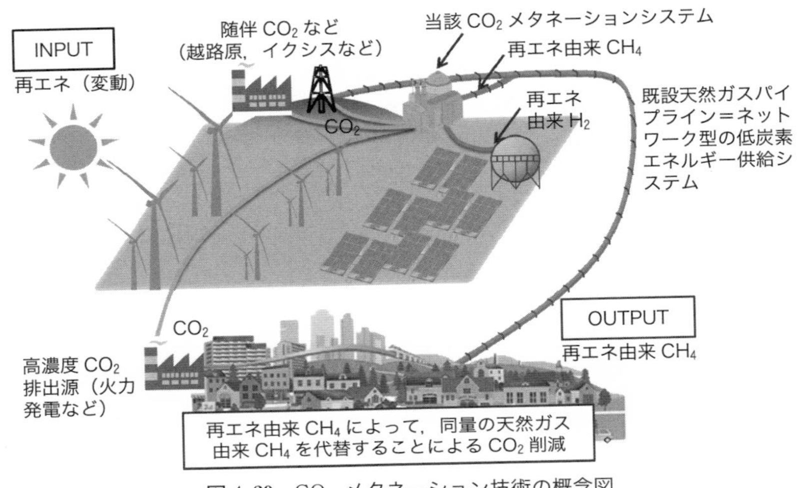

図 4.29　CO_2-メタネーション技術の概念図

最終的には，技術開発を通して，得られる再エネ由来メタンによって化石燃料由来メタンを代替することで原理的に再エネ由来メタンと等量の CO_2 を削減し，さらに導管などの天然ガス・都市ガスのインフラを活用したネットワーク型の低炭素エネルギー供給システムの構築，再エネ由来メタンの供給・販売が可能となる（図 **4.29**）．

INPEX のロードマップでは，技術開発スケール（400 Nm^3-CO_2/h）の技術開発が実施され，実用化技術が構築されれば，将来の商用スケール（60,000 Nm^3-CO_2/h）を目標にした実証スケール（10,000 Nm^3-CO_2/h）を実施していく想定である．これにより，当該技術の早期社会実装が可能になると想定している（図 **4.30**）．また，技術開発スケールや実証スケールで得られた知見をもとに，商用スケールまでのスケールアップ検討と同時に，各スケールにおける国内外への水平展開を検討している．

一方，カーボンニュートラルやカーボンリサイクルのような社会イノベーションや産業構造のパラダイムシフトを伴う社会転換は，「社会文化」「技術」「制度」の 3 要素が互いに関連しながら変容することによって進んでいくと考えられる（図 **4.31**）[2]．つまり，「技術」の開発だけが進んだとしても，「制度」面での規制やインセンティブ賦与などに加え，「社会文化」としての変化の促進や，社会としての受け入れ素地が醸成できなければ，カーボンニュートラルのような産業パラダイム転

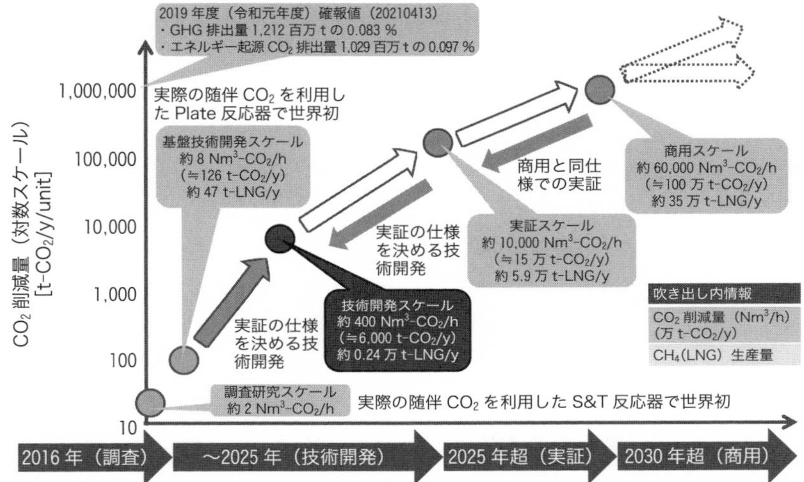

図 4.30　CO_2-メタネーション技術のロードマップ

GHG：greenhouse gas,　LNG：liquefled natural gas,　CAPEX：capital expenditure, S&T：shell and tube

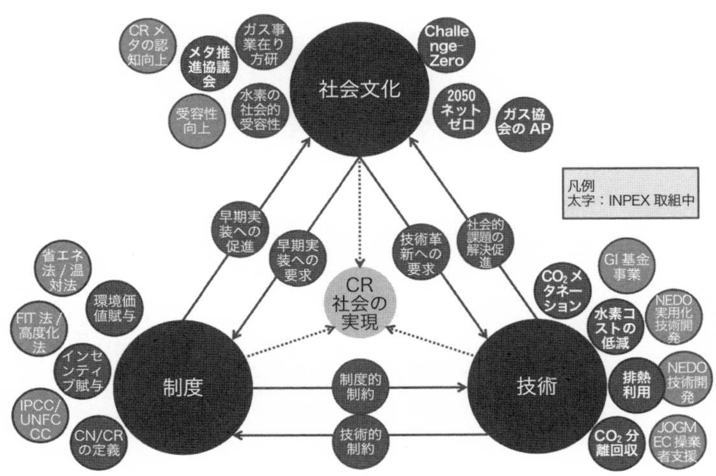

図 4.31　カーボンリサイクル社会の実現に必要な 3 要素
（社会文化・技術・制度）

換は実現しない．早期社会実装にはこれらの 3 要素の補完的な推進が必要である．

4.3.2　メタネーション事業化における「社会文化」

「社会文化」は，世界的な地球温暖化防止に係る情勢を背景に，2019 年 1 月の世界経済フォーラム年次総会（ダボス会議）における安倍晋三内閣総理大臣（当時）の「人工光合成」や「CO_2-メタネーション」を通した環境イノベーションの推進に係るスピーチに加え，菅義偉内閣総理大臣（当時）による 2020 年 10 月の「2050 年カーボンニュートラル」宣言以降，カーボンニュートラルの実現に向けた議論が加速し，2021 年 6 月の「成長戦略（閣議決定）・グリーン成長戦略（関係省庁策定）」，2021 年 7 月の「第 6 次エネルギー基本計画（素案）」にも合成メタンとして，CO_2-メタネーション技術が記載されており，当該技術を受け入れる政策的な素地はできていると思われる（図 4.32）．

経済産業省（METI：Ministry of Economy, Trade and Industry）が，関係省庁と連携して 2020 年 12 月に策定し，2021 年 6 月 18 日にさらに具体化した「2050 年カーボンニュートラルに伴うグリーン成長戦略（METI-グリーン成長戦略）」では，次世代熱エネルギー産業として，供給サイドのカーボンニュートラル化（ガス

・2020 年 10 月の「2050 年カーボンニュートラル」宣言以降，カーボンニュートラルの実現に向けた議論が加速．2021 年 4 月には，2030 年度に，温室効果ガスを 2013 年度から 46 % 削減することを目指し，さらに 50 % の高みに向けて挑戦を続けるとの新たな方針も示された．

・ガス事業については，「2050 年に向けたガス事業の在り方研究会」において議論を重ね，2050 年に向け，脱炭素・低炭素等に求められるガスの役割や，それぞれの役割を果たすための課題及びその解決に向けた方向性や取組を整理．（2021 年 4 月中間とりまとめ）

・また，2021 年 6 月に閣議決定された成長戦略や改訂されたグリーン成長戦略において，成長が期待される産業として「次世代熱エネルギー産業」を位置付け．実行計画の着実な実施を通じて，2050 年カーボンニュートラル実現を目指す．

2020 年 10 月 26 日　菅内閣総理大臣 所信表明演説

・我が国は，2050 年までに，温室効果ガスの排出を全体としてゼロにする，すなわち 2050 年カーボンニュートラル，脱炭素社会の実現を目指すことを，ここに宣言いたします．

2021 年　4 月　5 日　2050 年に向けたガス事業の在り方研究会 中間とりまとめ

・2050 年に向け，脱炭素・低炭素，レジリエンス強化，経営基盤強化について，求められるガスの役割をまとめるとともに，それぞれの役割を果たすための課題及びその解決に向けた方向性や取組を整理し，官民で進めることを目指して，「中間とりまとめ」を実施．

4 月 22 日　第 45 回地球温暖化対策推進本部（菅内閣総理大臣ご発言）

・2050 年目標と整合的で，野心的な目標として，2030 年度に，温室効果ガスを 2013 年度から 46 % 削減することを目指します．さらに，50 % の高みに向けて，挑戦を続けてまいります．

6 月 18 日　成長戦略（閣議決定）／グリーン成長戦略（関係省庁策定）

・成長が期待される産業として「次世代熱エネルギー産業」を位置付け．

図 4.32　CO_2-メタネーションに係るカーボンニュートラルの動向[3)]

次世代熱エネルギー産業（本文抜粋）

(3) 次世代熱エネルギー産業

①供給サイドのカーボンニュートラル化（ガスの脱炭素化）
＜今後の取組＞

2030 年には，既存インフラへ合成メタンを 1 % 注入し，水素直接利用等その他の手段と合わせて 5 % のガスのカーボンニュートラル化を目標とする．2050 年までには，既存インフラに合成メタンを 90 % 注入し，水素直接利用等その他の手段と合わせてガスのカーボンニュートラル化達成を目指す．加えて，2030 年頃において，船舶分野におけるガス燃料として合成メタン等の供給開始を目指す．（略）

このためまずは，水素製造に必要な水電解装置の低コスト化やメタネーション設備の大型化に必要な技術開発，高効率なメタン合成や CO_2 の分離・回収に必要な革新的技術開発に取り組む．（略）

また，CO_2 削減量のカウントについて，カーボンニュートラルに資する方向での検討を速やかに行う．

さらに，2050 年カーボンニュートラルの実現に向けて，合成メタンの生成のために相当量の水素の確保が必要となり，合成メタンのコストを低く抑えるためには，水素コストが相対的に安価な海外で生成した合成メタンを国内に輸送することが有効と考えられる．これらを踏まえ，合成メタンの導入などガスの脱炭素化に向けた海外サプライチェーン構築を進めていく．2020 年代後半には海外から国内へ合成メタンの輸送を開始し，2030 年代には全国的な導入拡大を進めていき，コスト低減を図りながら，2040 年代には商用化の実現を目指す．

これらの取組を進めるためには，供給側・需要側の民間企業や政府など関係する様々なステークホルダーが連携して取り組むことが重要であることから，ガスの脱炭素化に向けて官民が一体となって取組を推進する「メタネーション推進官民協議会」を 2021 年 6 月に設置し，検討を推進する．（略）

これらの取組を通じて，2050 年までに合成メタンを 2,500 万トン供給し，合成メタンの価格が現在の LNG 価格（40～50 円 /Nm^3）と同水準となることを目指す．（以下，略）

図 4.33　METI-グリーン成長戦略（2021 年 6 月 18 日）
［文献 4) より抜粋加筆］

の脱炭素化）が位置付けられており，合成メタン（CO_2-メタネーションによるメタン，将来的に再エネ由来メタン）の導入に係る目標や目指すべき数値が掲げられている（**図 4.33**）

「METI-グリーン成長戦略」の目標値である，「2030 年には，既存インフラへ合成メタンを 1 % 注入」「2050 年までには，既存インフラへ合成メタンを 90 % 注入」は，INPEX における現在の天然ガスや都市ガスの販売量から試算すると，チャレンジングでもあり（**表 4.5**），事業者としては，自社での技術開発のみならず経済的，制度的な課題解決も必要と認識している．

そこで経済産業省は，CO_2-メタネーションを中心に，都市ガスや燃料，そのほかの用途での活用拡大に向け，技術的・経済的・制度的課題や，その解決に向けたタイムラインを官民で共有し，一体となって取り組みを進めるため，「メタネーション推進官民協議会」を設置した．2021 年 6 月 28 日に第 1 回当該協議会が開催され，2022 年 12 月時点で第 9 回まで実施された．2023 年度以降に中間とりまとめがなされる予定である（**図 4.34**）．INPEX は，第 1 回当該協議会において，NEDO-CO_2 有効利用技術開発事業（2017～2021 年度）の成果を発表している．

なお，将来的に得られる再エネ由来メタンは，既存の天然ガス・都市ガスインフ

表 4.5　METI-グリーン成長戦略における想定市場の規模感

	現在販売量*1	METI-2030-1％目標		METI-2050-90％目標	
	(億 Nm^3/y)	販売量*2 (億 Nm^3/y)	CO_2削減効果 (万 t-CO_2/y)	販売量*2 (億 Nm^3/y)	CO_2削減効果 (万 t-CO_2/y)
INPEX（国内）	26.9	0.3	4.7	24.2	422.4
JGA*3	384.9	3.8	67.2	346.5	6,049.2

JGA：日本ガス協会
*1　INPEX の有価証券報告書から抜粋
*2　便宜上都市ガス（45 MJ/Nm^3）として，合成メタン分を熱量換算で試算（45/50 MJ/Nm^3）
*3　年間 LG 輸入量の 37％が都市ガス原料として換算

座長　山内　弘隆　一橋大学 名誉教授
秋元　圭吾　公益財団法人地球環境産業技術研究機構 システム研究グループリーダー・主席研究員
石井　義朗　株式会社 INPEX 常務執行役員 再生可能エネルギー・新分野事業本部長
石塚　康治　株式会社デンソー 執行幹部 環境ニュートラルシステム開発部長
上田　絵理　株式会社日本政策投資銀行 産業調査部 産業調査ソリューション室 課長
小野田久彦　東邦ガス株式会社 執行役員 R&D・デジタル本部長
橘川　武郎　国際大学 副学長・大学院国際経営学研究科 教授
木本憲太郎　東京ガス株式会社 専務執行役員 デジタルイノベーション本部長
工藤　拓毅　一般財団法人日本エネルギー経済研究所 理事
久保田伸彦　株式会社 IHI 執行役員 技術開発本部長
河野　晃　日本郵船株式会社 専務執行役員
小森　浩幸　関西電力株式会社 ガス事業本部副事業本部長
齊藤　勝　三菱商事株式会社 執行役員 天然ガスグループ 北米本部長（兼）天然ガス／水素事業開発室長
三宮　功　株式会社 JERA 東日本支社 副支社長
芝山　直　日立造船株式会社 常務取締役
島　裕和　三菱マテリアル株式会社 セメント事業カンパニー 品質保証部長
嶋崎　亨　株式会社アイシン 理事 エナジーソリューションカンパニー Vice President
高木　英行　CCR 研究会幹事／国立研究開発法人 産業技術総合研究所 ゼロエミッション国際共同研究センター 水素製造・貯蔵基盤研究チーム長
野崎　広之　東京電力ホールディングス株式会社 技術戦略ユニット 技術統括室 プロデューサー
野村　誠治　日本製鉄株式会社 フェロー 先端技術研究所長
早川　光毅　一般社団法人日本ガス協会 専務理事
平井　宏宜　Shell Japan 株式会社 ニューエナジー マネージャー
藤井　良基　JFE スチール株式会社 専門主監（環境防災・エネルギー）
松岡　憲正　千代田化工建設株式会社 常務執行役員 地球環境事業統括
松坂　顕太　株式会社商船三井 取締役専務執行役員 エネルギー・海洋事業営業本部長
水口　能宏　日揮ホールディングス株式会社 執行役員 サステナビリティ協創部 部長代行
宮川　正　大阪ガス株式会社 代表取締役 副社長執行役員
森　肇　住友商事株式会社 執行役員 エネルギー本部長 エネルギーイノベーション・イニシアチブサブリーダー
和久田　肇　独立行政法人石油天然ガス・金属鉱物資源機構 副理事長

回	時期	テーマ	発表内容
第 1 回	6/28	民間企業等の取組について	JGA（6/10 策定のアクションプラン） INPEX（全体課題，NEDO 事業） CCR 研究会（INPEX 発起人，幹事）（技術，研究会紹介） IEEJ（GHG アカウンティング）
第 2 回	9/15 AM	技術開発の動向	案：オンサイトメタネーション（IHI，JFE スチール，デンソー等）
第 3 回	10/19 PM	サプライチェーンの検討状況	案：CCR 研究会 海外サプライチェーン検討 WG（INPEX も参画） 舶用燃料 WG 等
第 4 回	1/24 PM	技術開発の動向	案：個社（ガス事業者）取組（NEDO 事業，GI 基金事業を含む）
予備日	2/22 PM		
第 5 回	3/22 PM	今年度検討した事項の整理	中間とりまとめ

図 4.34　METI-メタネーション推進官民協議会
［文献 3)より抜粋加筆］

ラを通じて，天然ガス・都市ガスのユーザーに利活用されるが，当該ユーザーにおける利活用設備の変更などは不要であるため，「社会文化」のうちの社会受容性に係る制約は限定的と考えられる．

4.3.3　メタネーション事業化における「技術」

「技術」は，INPEX 策定のロードマップにあるように，CO_2-メタネーションの 2030 年超断面の商用スケールの社会実装実現を目指した大規模CO_2-メタネーション技術の確立が必要である．とくに，スケールアップやコストダウンが可能な，最適反応プロセスの開発・評価・検証が重要である（**表 4.6**，**図 4.35**）．また，CO_2-メタネーションを司る低温活性と高温耐性を有する触媒や，SOEC（solid oxide electrolysis cell）のような新技術の確立も重要である．

一方，CO_2-メタネーションによって得られる再エネ由来メタンのコストの大半は，必要となる再エネ由来水素のコストもしくは再エネ由来電力のコストである（**図 4.36**）．

再エネ由来水素を製造するための技術の一つである水の電気分解装置において

表 4.6 CO/CO_2-メタネーションの技術体系

原料	原料濃度	基本反応式	反応温度［℃］	熱回収	反応器形式	規模	適用主目的
CO	低	$CO+3\,H_2 \longrightarrow CH_4+H_2O$	250	限定的	多段断熱型	大規模（数万～数十万 Nm^3/h）	・水素化脱硫 ・NH_3 合成用 H_2 の精製 ・SNG 生産
	高						
CO_2	低	$CO_2+4\,H_2 \longrightarrow CH_4+2\,H_2O$					
	高		600	積極的利活用	熱交換器型	中小規模（十数～数百 Nm^3/h）	・CCU ・SNG 生産

SNG：synthetic natural gas，CCU：carbon capture and utilization

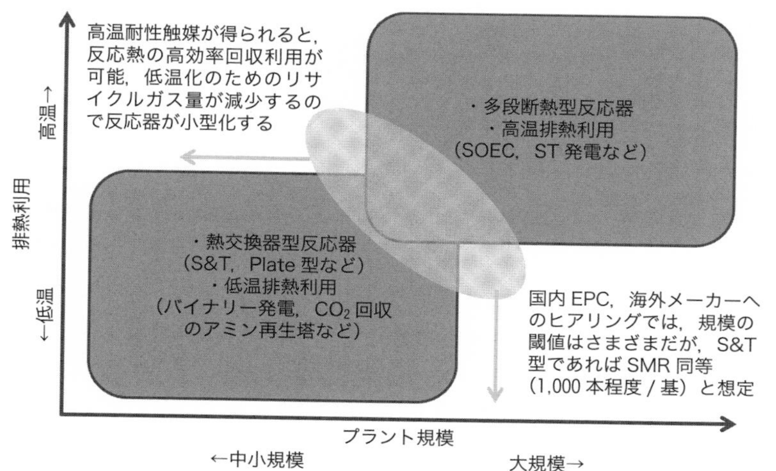

図 4.35 商用スケールにおける最適反応器の検討

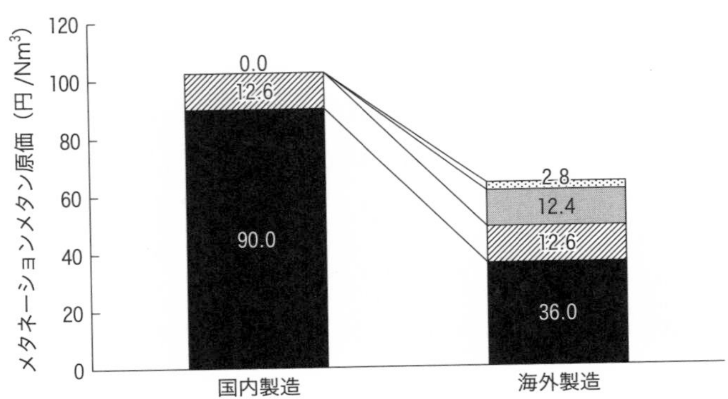

図 4.36　CO_2-メタネーションコストの試算例

規模：60,000 Nm^3-CO_2/h，水素製造：4.5 kWh/Nm^3-H_2，LNG 液化コスト：3 US$/mmbtu，LNG 輸送コスト：0.7 US$/mmbtu（日本-豪州）で試算

［文献 5)のデータより筆者作成］

は，耐久性向上技術，変動電源対応技術，コスト低減が必要となり，GI 基金や NEDO 事業において技術開発が進められている．また，変動する再エネ由来電力を貯蔵するさまざまな蓄電池の能力向上，コスト低減も必要である．これらは CO_2-メタネーションの導入地に依存する面もあり，例えばいわゆるサンベルト地帯に位置する一部の地域では，1.0 円台/kWh の太陽光発電事業が存在するが，将来的にはどのような導入地においても安価・大量かつ安定した再エネ由来電力を確保する技術の開発も求められる．

4.3.4　メタネーション事業化における「制度」

「制度」は，現在の天然ガス・都市ガス価格と，現状高額な再エネ由来水素価格に由来する再エネ由来メタン価格との差分を吸収できるような既存制度（再エネの固定価格買取制度やエネルギー供給構造高度化法など）の改変や，CO_2-メタネーションにより得られたメタンの環境価値を CO_2 削減量として評価するための既存制度（いわゆる省エネ法や温対法など）の改変などが必要である（図 4.37）．

また，安価かつ安定した大量の再エネ由来電力を求めて，CO_2-メタネーションの導入地を国外で実施し，再エネ由来メタン（LNG）として国内に輸入する場合，この LNG は，国外の再生可能エネルギーのキャリア，もしくは再エネ由来水素の

CO_2-メタネーションの早期社会実装に必要な制度については，既存制度を活用しつつ，生産者，供給者，需要家の観点から普及を促進する制度の方向性を検討（再エネ由来 CH_4＝プレミアム CH_4＝P-CH_4）
生産者：上流の開発支援（①），コスト回収（②）が可能な制度を検討し普及時期の前倒しを図る）
供給者：ニーズを創出（③）するような制度を検討し，普及量の拡大を図る
需要家：ニーズを創出（④）するような制度を検討し，普及量の拡大を図る

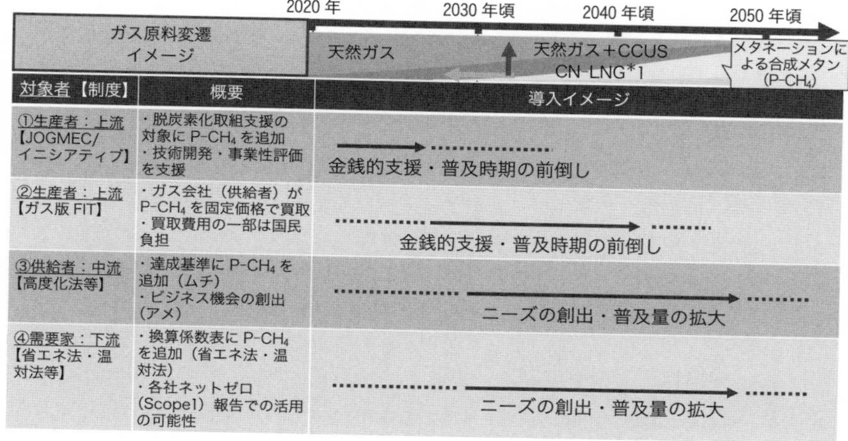

図 4.37 CO_2-メタネーションの社会実装に必要な制度検討例

キャリアとも位置付けられる．そのため，その環境価値の国外から国内への移転に関する既存制度（二国間クレジット制度，JCM：joint crediting mechanism）の改変なども必要である（現行の JCM では，締結国先におけるエネルギー生産や国内への輸入は想定していないため，直接的には適用できない）．

さらに，化石燃料由来 LNG と再エネ由来 LNG を混載して LNG カーゴや LNG ローリーで輸送したり，LNG タンクに混合貯留したり，LNG ユーザーが選択・購入できるようにしたりするため，MRV（measurement, reporting and verification）や法規制の設計や適用が必要となる．これには，ICAO（International Civil Aviation Organization）が導入した CORSIA（Carbon Offsetting and Reduction Scheme for. International Aviation）のマスバランス法が参考になると思われる．

これらの「制度」については，NEDO-CO_2 有効利用技術開発事業（2017～2021 年度）においても検討されており，そこでも国内外の既存制度の調査や，法整備の必要性が指摘されている．

4.3.5 おわりに

CO_2-メタネーションは，それにより得られた再エネ由来メタンを都市ガス導管

識者に問う

Q 今後，海外の再生可能エネルギーの奪い合いとなり，安定的に十分な量を調達できなくなるリスクが想定されます．南米やアフリカでは，欧州企業がグリーン水素調達で先行しているとの報道もなされているなか，調達リスク対策としてどのようなことが考えられますか．

A 国際協調・連携のための継続的な努力はいうまでもありませんが，再生可能エネルギーの本質，エネルギーセキュリティの本質は「エネルギーの国産化あるいは準国産化」であると考えられます．これは難しい課題ですが，達成不可能な課題ではないと考えます．原子力を除けば，我が国がエネルギー生産の国産化を達成するための唯一の解は，再生可能エネルギーの利用です．風力，太陽光，水力発電によって少なくとも電力需要の大半を賄うための技術実装と，絶え間ない性能向上を目指すべきです．ただし，バイオマス，水素などの形態によらず，化学エネルギーの一部あるいは多くを海外に依存せざるを得ない可能性は小さくないことを踏まえるならば，当該国への低炭素化促進に資する技術の供与とそれらによる経済発展をサポートできる仕組みを今から考え，段階的に実践する必要があるでしょう．とはいえ，資源国との win-win かつ equal の関係を構築，持続した国際関係の実現は容易ではありません．

［回答者：九州大学先導物質化学研究所 教授 林 潤一郎］

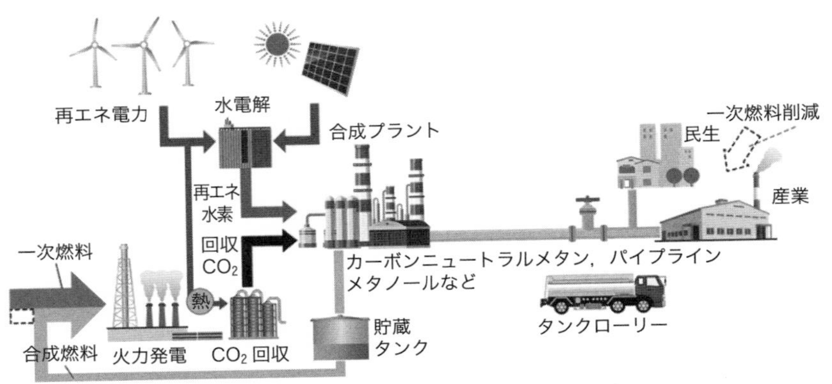

図 4.38　CO_2-メタネーションの社会実装時の絵姿[6)]

へ注入することで，都市ガス網の再エネ化やカーボンニュートラル化を実現するポテンシャルを有している（図 4.38）．INPEX では，技術ロードマップ（図 4.30）に基づき，引き続き，将来の商用スケール（60,000 Nm^3-CO_2/h）の早期社会実装（図 4.38）に資する技術開発や実証機会を追求し，METI-グリーン成長戦略（図 4.33）目標値達成の見通しを得るべく，2050 ネットゼロカーボン社会に向けた取り組みを加速化させる．

謝　辞

INPEX は，NEDO-CO_2 有効利用可能性調査事業（2016～2017 年度），NEDO-CO_2 有効利用技術開発事業（2017～2021 年度）[7] を実施することで，CO_2-メタネーションに係るさまざまな知見を得ることができた．改めて，METI，NEDO，実施者各位に厚く御礼申し上げる．

参考文献（4.3 節）

1) DNV KEMA Energy & Sustainability, Final Report, Systems analyses Power to Gas Deliverable 1: Technology Review.
2) 妹尾堅一郎：「つくる」だけでなく「活かす」発想を，日立評論，**108**(2)，182-183（2019）．https://www.hitachihyoron.com/jp/archive/2010s/2019/02/pdf/02_TRENDS.pdf
3) 経済産業省：第 1 回メタネーション推進官民協議会資料．https://www.meti.go.jp/shingikai/energy_environment/methanation_suishin/001.html
4) 経済産業省：2050 年カーボンニュートラルに伴うグリーン成長戦略．https://www.meti.go.jp/press/2021/06/20210618005/20210618005.html
5) 田村康昌：日本の天然ガス・LNG シフトとガスセキュリティー，石油・天然ガスレビュー，**53**，31-48（2019）．https://oilgas-info.jogmec.go.jp/_res/projects/default_project/_page_/001/007/758/201903_31a.pdf
6) 新エネルギー・産業技術総合開発機構：Focus NEDO，**73**，11（2019）https://www.nedo.go.jp/content/100893277.pdf
7) 新エネルギー・産業技術総合開発機構：CO_2 有効利用技術開発事業前倒し事後評価委員会資料．https://www.nedo.go.jp/introducing/iinkai/ZZBF_100453.html https://www.nedo.go.jp/content/100932266.pdf

演 習 問 題

問題 4.1　メタネーション触媒反応器の数値流体解析

4.1 節では数値流体解析に基づく手法について解説を行ったが，方程式の数が多く，流体力学，反応工学の初学者にはやや難度が高い．そこで 100 行前後のプログラム作成で有用な結果が得られるメタネーション触媒反応器の一次元シミュレーションについて解説を行う．

一次元シミュレーションでは，PFR（plug flow reactor）の設計方程式，およびエネルギー収支式を解くことで各ガスの組成変化，および触媒層内の温度変化について計算した．計算の際，触媒の形状や反応器の規模などに起因する物質移動などによる反応速度への影響を考慮するための変数を触媒有効係数と定義し，反応速度にかけることで用いた．以下に解いた常微分方程式を示す．

$$\text{設計方程式(PFR)}：\frac{\mathrm{d}F_i}{\mathrm{d}V}=\frac{-r_i\eta\rho_\mathrm{b}}{\dot{n}_{i,0}} \tag{4.38}$$

$$\dot{n}_i=\dot{n}_{i,0}(1-F_i) \tag{4.39}$$

$$\text{エネルギー収支式}：\frac{\mathrm{d}T}{\mathrm{d}V}=\frac{-UA(T-T_\mathrm{w})+\sum\rho_\mathrm{b}r_j\eta(\Delta_{r,j}H)}{\sum\dot{n}_ic_{p,i}} \tag{4.40}$$

ここで，F_i は物質 i の消費率で（$1-F_i$）とすると残存率，$\dot{n}_i$，$\dot{n}_{i,0}$は物質 i のモル流量［mol/s］とその初期のモル流量［mol/s］，Vは反応管の体積［m^3］，r_j はガス j の反応速度［mol/(g･s)］，ρ_b は触媒の見かけ密度［g/m^3］，$c_{p,i}$ は物質 i の比熱［J/(mol･K)］，ηは触媒有効係数（—），Uは総括伝熱係数［J/(m^2･s･K)］，Aは水力直径の逆数［1/m］，T は温度［K］，T_w は壁面温度［K］，$\Delta_{r,j}H$ は反応 j での反応熱［J/mol］である．

以下は式(4.38)～(4.40)をもとに Python で作成したプログラムである．実際に作成し，実行せよ．以下のプログラムは Python version 3 で作成，numpy，matplot，scipy をライブラリとしてインポートしている．

プログラム作成例

```
#####################################################
# 1-D simulation for shell and tube                 #
# methanation reactor                               #
#                    Nagoya Univ. K.Fukumoto        #
#####################################################
#-*-coding: utf-8-*-

import numpy as np
import matplotlib as mpl
import matplotlib.pyplot as plt
from scipy.integrate import odeint
import math

#####################################################
```

```
# Basic input parameters                              #
#######################################################
rhob = 2.980e+3  #Catalyst density (kg/m3)
p = 0.35         #Total pressure (MPa)
U = 100          #Heat transfer coefficient (J/(m2 s K))
eta = 6.5e-3     #Catalyst effectiveness factor

mf0CO2 = 7.0e-3  #CO2 molar flow rate (mol/s)
mf0H2 = 2.79e-2  #H2  molar flow rate (mol/s)
T0    = 484.55

Cp = 39.0     #Specific heat (J/mol K)
Ta = 473.15   #Coolant side T (K)

# Basic constants
dH = 1.65e+5   #Reaction heat (J/mol)
R = 8.314      #Gas constant (J/(mol K))

reactorVol = 9.2363e-4  #Reactor volume (m3)
d = 2.8e-2              #Gas tube diameter (m)
A = 4.0*1/d             #Inverse of hydraulic diameter (m-1)

# Reaction kinetics parameters for 0.35 MPa
k0f = 1.234e+3
Eaf = 2.277e+4     #J/mol
K0CO2 = 2.503e-5
dHCO2 = -3.233e+4  #J/mol

k0r = 3.8850e+8
Ear = 1.144e+5     #J/mol
K0H2O = 5.513e+7
dHH2O = 7.761e+4  #J/mol

#######################################################

#-----------------------------------------------------#
# Differential equations                              #
#-----------------------------------------------------#
def dfdx(y, t):
  KH2O = K0H2O * math.exp(-dHH2O/(R*y[1]))
```

```
  KCO2 = K0CO2 * math.exp(-dHCO2/(R*y[1]))
  kf = k0f * math.exp(-Eaf/(R*y[1]))
  kr = k0r * math.exp(-Ear/(R*y[1]))

  mfCO2 = mf0CO2 * (1.0 - y[0])
  mfH2 =  mf0H2 - 4.0 * mf0CO2 * y[0]
  mfCH4 = mf0CO2 * y[0]
  mfH2O = 2.0 * mf0CO2 * y[0]
  mfTot = mfCO2+mfH2+mfCH4+mfH2O

  pCO2 = mfCO2 / mfTot * p
  pH2  = mfH2   / mfTot * p
  pCH4 = mfCH4 / mfTot * p
  pH2O = mfH2O / mfTot * p

  Rf = kf * KCO2 * pCO2 * pH2**0.5 / (1.0+KCO2*pCO2)**2.0
  Rr = kr * KH2O * pCH4**2.0 * pH2O / (1.0+KH2O * pH2O)**2.0
  Rtot = eta * (Rf - Rr) * rhob * 1.0e+3

  df0dt = Rtot / mf0CO2
  df1dt = (-U * A * (y[1] - Ta)+dH * Rtot) / (Cp * mfTot)
  return [df0dt, df1dt]


################################################
# Main function                                #
################################################
if __name__ == '__main__':

  f0 = [mf0CO2, T0]
  v  = np.linspace(0.0, reactorVol, 100)
  f  = odeint(dfdx, f0, v)
  l  = v/(math.pi*d**0.5) * 100

  #Calculate mole fractions
  mfCO2 = mf0CO2 * (1.0 - f[:, 0])
  mfH2 =  mf0H2 - 4.0 * mf0CO2 * f[:, 0]
  mfCH4 = mf0CO2 * f[:, 0]
  mfH2O = 2.0 * mf0CO2 * f[:, 0]
  mfTot = mfCO2 + mfH2 + mfCH4 + mfH2O
```

```
fig, ax = plt.subplots()

#Set x axis
ax.set_xlabel("L [cm]", fontsize=20, fontname='serif')

#Set y. Here is for T [K]
#ax.set_ylabel("T [K]", fontsize=20, fontname='serif')
#ax.plot(l, f[:,1])

#Set y. Here is for mole fractons
ax.set_ylabel("Mole fraction", fontsize=20, fontname='serif')
ax.plot(l, mfCO2/mfTot, label='XCO2')
#ax.plot(l, mfH2/mfTot,  label='XH2')
#ax.plot(l, mfCH4/mfTot, label='XCH4')
#ax.plot(l, mfH2O/mfTot, label='XH2O')

plt.show()
```

問題 4.2　メタネーション事業化展望

メタネーションは，エネルギーの需給・利用などに関する我が国の中・長期的政策の基本指針となる第 6 次エネルギー基本計画に，将来の導入目標値や目標コストが記載されている．さらに，第 6 次エネルギー基本計画には，メタネーションに必要な水素についても，将来の導入目標値や目標コストが記載されている．

そこで，**表 4.5** を参考にし，第 6 次エネルギー基本計画の各目標年度における，合成メタンの価格（X円/Nm^3），経済的な規模感（Y億円/year）を試算したうえで，都市ガスや水素の実勢価格と比較せよ．また，比較を通した課題を抽出するとともに，解決策を論ぜよ．

なお，メタネーション反応は，$CO_2 + 4\,H_2 \longrightarrow CH_4 + 2\,H_2O \quad \Delta H = -164.9\,\mathrm{kJ/mol}$ とする．

5

カーボンニュートラルへのアクション

5.1 カーボンニュートラルに向け我が国独自の新しいエネルギーシステムを考える

5.1.1 はじめに

我が国は，世界的なカーボンニュートラルの潮流に乗り遅れまいと温暖化ガス排出量を 2013 年度比で 2030 年度 46 % 減，2050 年度カーボンニュートラルとする目標を高らかに掲げた．これは化石燃料をベースとする一次エネルギー消費量を同程度の割合で削減しなくてはならないことに等しいといえよう．その実現に向け我が国はどのようなエネルギーシステムに転換していかなくてはならないのか．現在の一次エネルギー消費形態から考察を加えてみた．

5.1.2 日本とドイツのエネルギーフローの比較とエネルギー転換の方向性

昨今，欧州連合（EU）の中でも，とくに再生可能エネルギー導入に積極的なドイツのエネルギー実情を日本と比較して見てみよう．

図 5.1 と**図 5.2** に日本とドイツのそれぞれのエネルギーフローを示す．日本の特徴として，①産業は石炭と石油の比率が高い，②民生は電化率が高いということ，またドイツの特徴としては，①産業は天然ガスの比率が高い，②民生も産業と同じように天然ガスの比率が高いということが挙げられる．

日本は暖かい気候風土により，熱よりも電気が好まれて消費（利用）され，安い発電燃料である石炭の利用と，燃料価格は高いが，天然ガスを高い発電効率で電力

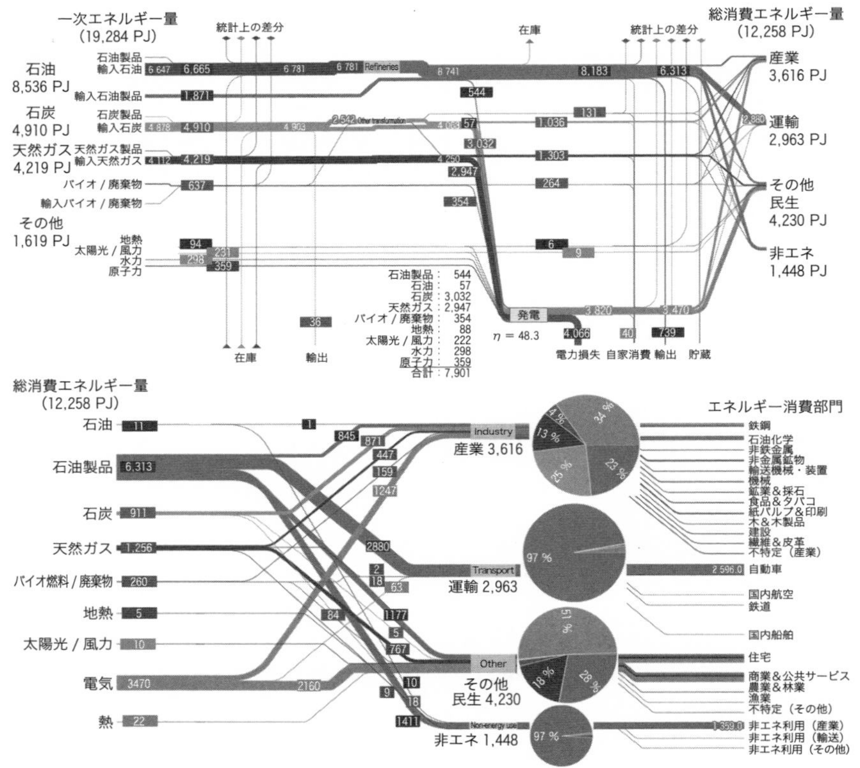

図 5.1　日本のエネルギーフロー（2017 年）
［文献 1）をもとに IAE が作成］

供給することで低電力価格を実現してきたガスタービン複合発電の普及，そしてその集中電源化が日本経済を支えてきたといえよう．一方，ドイツは寒冷な気候風土が熱需要を高め，コージェネのような分散電源が普及しやすい環境にあったといえよう．これにより，天然ガス比率の高いことが理解される．

また，当然であるが両国とも運輸は，ほぼ石油に依存している．

こうした背景から，日本では，民生に対しては太陽光と蓄電池を駆使した電化，これに合わせて自動車も電動化，そして動力負荷の高い車両分野は CO_2 フリー燃料（5.1.5 項参照）の普及，産業では電化と CO_2 フリー燃料の導入が目指すべきエネルギー社会の姿になるように思われる．

太陽光発電のさらなる普及については，これまでのような投機的な売電目的志向

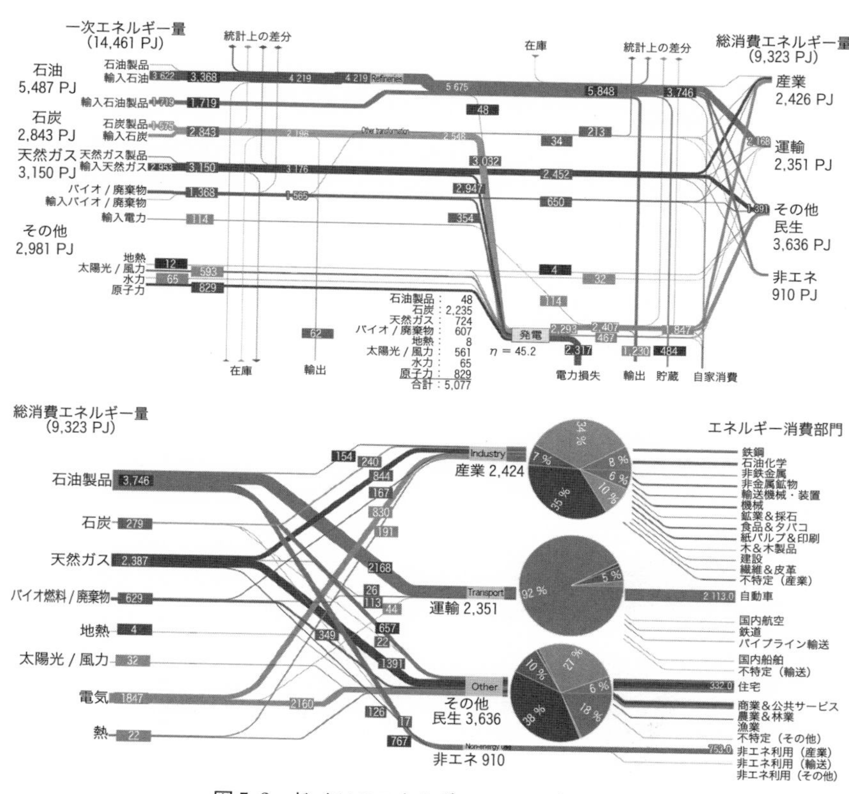

図 5.2　ドイツのエネルギーフロー（2018 年）
［文献 2）をもとに IAE が作成］

ではなく，自己消費的な観点に基づいた導入を図り，系統に極力変動負荷を与えないような導入形態が望まれる．風力発電はウインドファーム型とし負荷変動を相互に全体的に抑制しながら，ガスタービン複合発電やアンモニア混焼石炭火力とともに電力供給を支えていく姿を目指すべきであろう．CO_2 フリー燃料も適宜活用し，CO_2 は分離回収する．エネルギーフローにみられるように，電化率の高い日本は，集中電源のカーボンニュートラル化を進め，その電力を運輸にも拡げられれば，効率的，かつ大量に CO_2 削減が可能となると思われる．

産業も電化は進むだろうが，大きな生産プロセスの変更は難しい．ここにも CO_2 フリー燃料を適用し，CO_2 はできるだけ分離回収するのが望ましいだろう．この CO_2 分離回収への取り組みについては，今後の CO_2 排出権取引価格次第になると思われる．しかし，EU では，現在 50 ユーロ/t 程度ですでに取引が始まり，中国でも市場が開設された．日本も急がなくてはならない．

一方のドイツでは，天然ガス利用の分散電源のインフラの活用を考えれば，再生可能エネルギー電力から製造した水素利用が容易に思い浮かび，さらに運輸への燃料電池自動車への展開も考えられる．しかし，昨今の電気自動車への展開も考えた場合，どちらが最適なのかについては今後，難しい選択に迫られると考えられる．

5.1.3　目指すは再生可能エネルギーの主力一次エネルギー源化

最近，欧州委員会では，2030 年の温室効果ガス削減目標（1990 年比）をこれまでの 40 % から 55 % に引き上げることが決まった（Fit for 55 パッケージと呼ばれる）．これに伴い，ドイツでもその目標が 55 % から 65 % に引き上げられる．さらに，2040 年に 88 % 削減，そして 2045 年には実質温室効果ガス排出中立を目指すという．

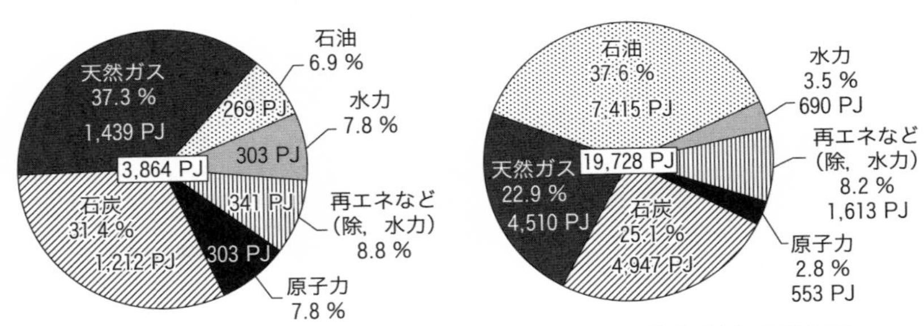

図 5.3　日本の電源構成（左）と一次エネルギー源の構成（右）（2018 年）
［文献 3)をもとに IAE が作成］

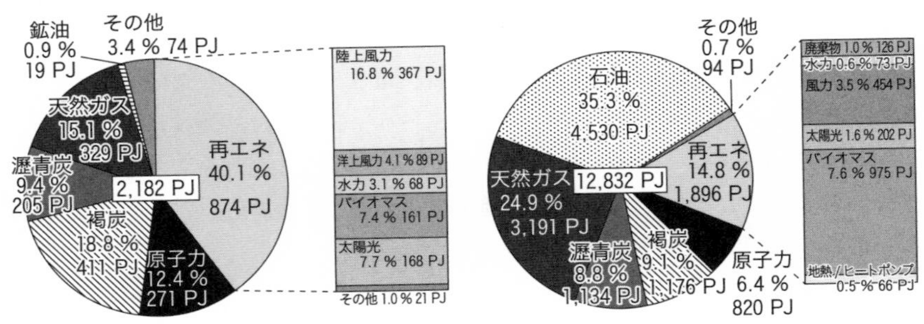

図 5.4　ドイツの電源構成（左）と一次エネルギー源の構成（右）（2019 年）
［文献 4)をもとに IAE が作成］

では，その実態はどのようになっているのだろうか．**図 5.3** と**図 5.4** に日本とドイツの電源構成と一次エネルギー源の構成を示す．両国の CO_2 排出量は，一次エネルギー源を構成する化石燃料（石油・石炭・天然ガス）の使用量に比例する．注意を要するのは，発電電力量に占める再生可能エネルギーの割合を大きくしたからといって（たとえば 100 % にしたからといって），カーボンニュートラルが完全に達成されるというわけではない点である．あくまでも，それは必要条件であって，十分条件ではない．目指すは，再生可能エネルギーの主力一次エネルギー源化であって，主力電源化ではない．

ドイツでは，これまで再生可能エネルギーの普及をわかりやすい発電電力量に占める割合で，その高さを誇張してきた感がある．しかし，一次エネルギーに占める割合にしてみれば，まだ約 15 % でしかない．国際連系のできない日本でも約 12 % を占めている．欧州委員会は，「Fit for 55」の中の改正再生可能エネルギー指令の中で 2030 年の EU のエネルギーミックスにおける再生可能エネルギーの割合を 38〜40 %（現状 32 %）に引き上げようとしている．

これらを受けて，ドイツでもようやく運輸の電動化に向け，各自動車メーカーが戦略を公表し，脱石油の議論も活発になり始めた．そのような折，2021 年，10 年ぶりに洋上風力の新規増設を行わないとドイツ業界団体が発表している．前途多難である．前回，COP25 で“化石賞”を受賞した日本に起死回生の手立てはあるのか．次に考えていきたい．

5.1.4 日本に一次エネルギー源となる再生可能エネルギーは十分あるのか

再生可能エネルギーには，よく導入ポテンシャルという言葉が使われるが，その定義は**図 5.5** に示すとおり，そこには「経済的要因等を考慮した特定のシナリオを

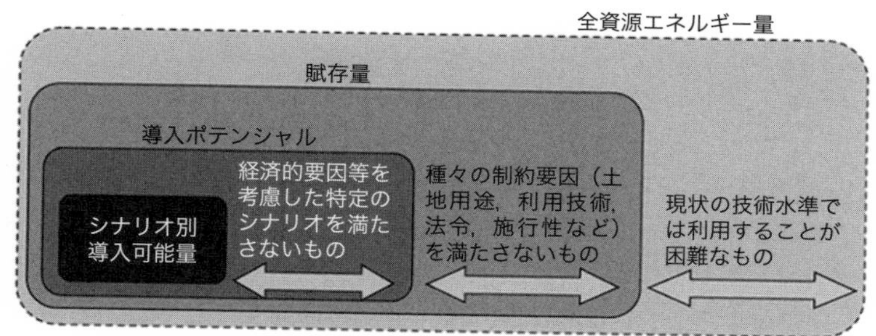

図 5.5 賦存量・導入ポテンシャル・導入可能量の違い[5)]

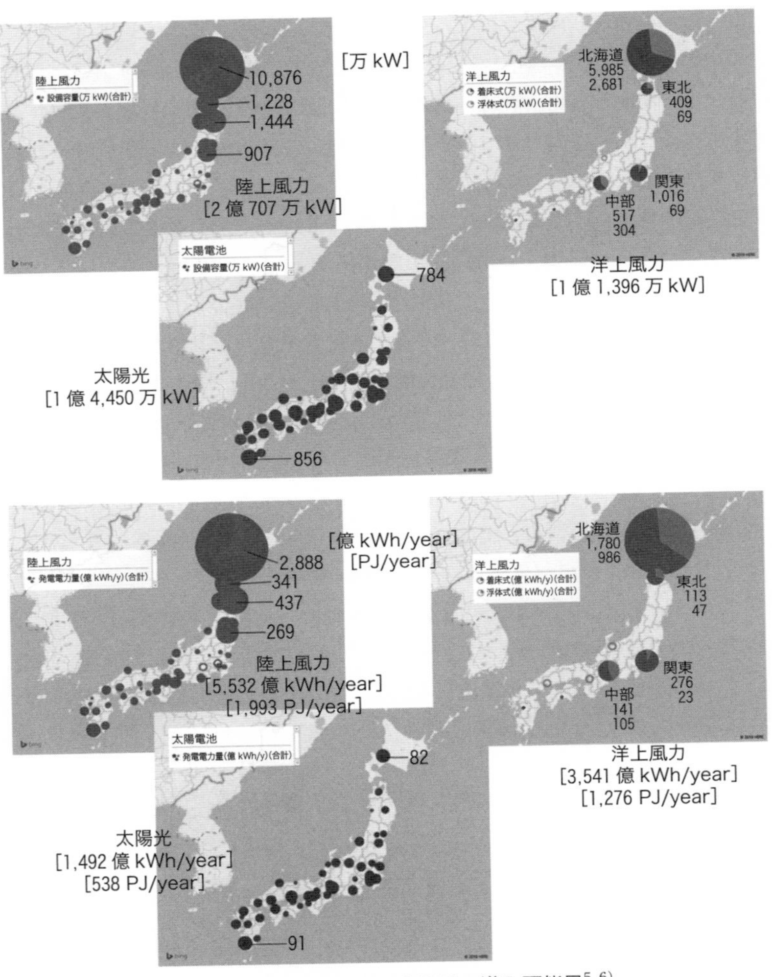

図 5.6　太陽光発電・風力発電の導入可能量[5,6)]
上図：kW ベース，下図：kWh/year ベース

満たさないもの」が含まれている．現在の固定価格買取制度（FIT 制度）のような補助金制度を設けても導入が経済的要因等で難しいものを含んだものが導入ポテンシャルと定義されている．

では，補助金制度を設けて導入できる再生可能エネルギー，すなわち，導入可能量はどのくらい存在すると推定されているのであろうか．**図 5.6** に日本における太陽光発電と風力発電の導入可能量（現状のFIT価格を想定した場合）を示す．FIT制度のような補助金制度を用いて，経済性をもたせるような施策を講じたとして，太陽光で約1億4,500万kW（年間発電量：1,500億kWh弱，540 PJ弱），陸上風力で約2億700万kW（年間発電量：5,500億kWh程度，2,000 PJ弱），洋上風力で約1億1,400万kW（年間発電量：3,500億kWh程度，1,300 PJ弱）である．

図5.3（右）と見比べてみるとよくわかるが，再生可能エネルギーを日本の主力一次エネルギー源とするためには，海外の再生可能エネルギーにも頼らざるを得ないことは明らかであり，ゆえに，水素を海外から輸入する施策も納得できる．

5.1.5　炭素循環エネルギーシステムによる大幅な CO_2 排出量の削減

海外から再生可能エネルギーの導入を図ることは，1969年11月，初めてアラスカからLNG輸入を始めた東京ガス/東京電力の大英断以来の出来事になることは間違いない．当時，LNG輸入の実現までに，実に12年の歳月を要している．

再生可能エネルギーから製造する CO_2 フリー燃料の水素はどうであろう．水素導入の検討は，1973年の第一次オイルショック時に研究開発が始まって以来，すでに50年近くが経とうとしている．水素は二次エネルギーであり，石油や石炭のような一次エネルギーにはコストの面で敵わず，不利とされてきたが，ここにきて再生可能エネルギー，とくに海外の太陽光発電電力の価格が1円台/kWhに突入したことで，水素の導入が現実味を浴び始めたのは誰しもが感じ取れるところであろう．筆者もWE-NET（World Energy Network）で固体高分子型水電解装置を用いた水素ステーションを開発・設計・製作したが，当時からすると「機は熟した感」がある．しかし，当時から問題だったのは，その導入法である．天然ガス輸入のときにも，−162℃常圧のLNGを輸送するか，常温常圧のメタノールを輸送するかの検討が行われている．結果として，LNGのほうが，経済性が高いと判断され選択された経緯がある．昨今，CO_2 削減対策として考えられているエネルギーキャリア（CO_2 フリー燃料）について，**表5.1**にその特性と現状技術をベースとした輸送船の仕様を示す．ちなみに炭化水素系燃料の利用については，利用の際に CO_2 分離回収が必要であることはいうまでもない．

現状のLNGの経済性は，船舶1隻1回のエネルギー輸送量約4.6 PJの上で成り立っている．これと同等のエネルギー輸送量を物理的に維持できるのはメタノールしかない．そのほかのエネルギーキャリア燃料は，船舶1隻1回のエネルギー輸送量が少なく，隻数の確保や運航管理などの点から主要なエネルギーキャリアとなり

表 5.1　各種エネルギーキャリアの特性と輸送船の仕様

	分子量	沸点（℃）	発熱量 [MJ/kg]	発熱量 [MJ/m³]	液体密度 [kg/m³]
メタン（CH_4）	16	−161.5	55.5	23,421	422
メタノール（CH_3OH）	32	64.7	22.7	17,978	792
液体水素（LH_2）	2	−253	141.8	10,054	70.9
アンモニア（NH_3）	17	−33.4	22.5	15,165	674
メチルシクロヘキサン（C_7H_{14}）	98	101	8.7（脱 H_2 ベース）	6,734（脱 H_2 ベース）	774
液化炭酸ガス（LCO_2）	44	−78.5	—	—	1,030

	載貨重量 [t]	載貨エネルギー量 [PJ]	タンク設計	輸送可能容量
メタン（CH_4）	83,400	4.6	常圧 −162 ℃	LNG 船ベース
メタノール（CH_3OH）	300,000	6.8	常温 常圧	30 万 t 級タンカーベース
液体水素（LH_2）	10,000	1.4	常圧 −253 ℃	30 万 t 級タンカー大きさベース
アンモニア（NH_3）	54,500	1.2	0.65 MPa −42 ℃　1.85 MPa 45 ℃	LNG 船ベース
メチルシクロヘキサン（C_7H_{14}）	300,000	2.6(2.0) *	常圧 常温	30 万 t 級タンカーベース
液化炭酸ガス（LCO_2）	50,000	—	0.7 MPa −50 ℃	LPG 船大きさベース

＊　水素脱離時の吸熱を考慮した場合

［文献 7)をもとに IAE が作成］

得るのは困難なことが予想される．そもそも液体水素船については，技術的なハードルも高い．

こうした実態を鑑み，炭素循環エネルギーシステムにアンモニアを組み合わせた日本独自の新しいエネルギーシステムが提唱されている．それが図 **5.7** に示す ACC with NH_3 エネルギーシステム（ACC：anthropogenic carbon cycle）である[8)]．アンモニアと液化炭酸ガス（CO_2）は兼用船として日本と再生可能エネル

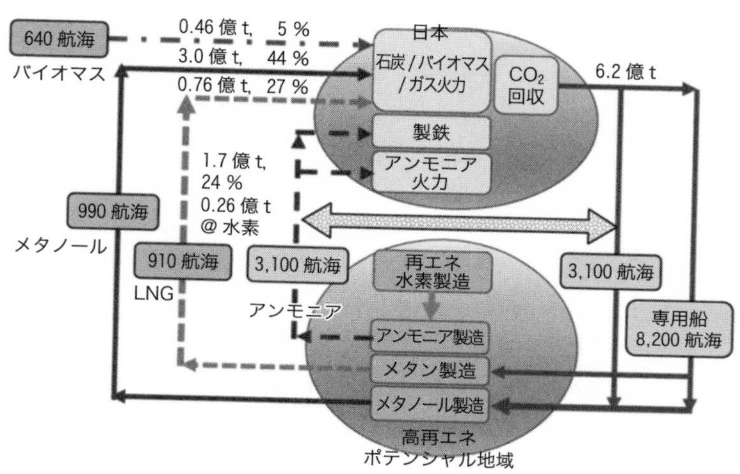

図 5.7 ACC with NH_3 エネルギーシステム[8)]

ギーポテンシャルの高い地域とを往復させることで，輸送船の利用効率を高めることができる．アンモニア船と液化炭酸ガス船の仕様に大きな差異はなく，兼用設計は容易である．一方，輸送した CO_2 は再生可能エネルギーポテンシャルの高い地域で製造された水素（グリーン水素）で還元し，メタンやメタノールを合成する．輸送船のインフラは，既存の LNG 船，石油需要の縮小に伴い余剰となる石油タンカーがそれぞれ活用できる．

これまで液化炭酸ガス船は無駄な投資のように感じられたが，最小限の費用の上乗せでアンモニアも輸送できるようになれば，その利用価値も上がり，経済性も高まる．いろいろなエネルギー用途，輸送形態，あるいは基幹物質としての用途に対して，LNG，メタノール，アンモニアがあれば，さまざまな産業へ対処可能である．極端な既存インフラの大きな改造をする必要もない．重要なのは，この先 30 年弱の間に，既存技術に立脚した CO_2 削減効果の高い確実な方法を早期に社会実装していくことである．しかも，その実装は 2050 年の段階で終わっていなければならない．今の LNG 社会の構築にも初導入からすでに約 50 年の歳月を要していることを忘れてはならない．

5.1.6 お わ り に

エネルギーキャリアの優劣については，長年にわたり比較検討が行われている．しかし，現実を考えれば一つのエネルギー（媒体，エネルギーキャリア）に頼ることは「3E+S（エネルギー自給率，経済効率性，環境適合，安全性）」の基本原則に反するものである．将来，再生可能エネルギーを主力一次エネルギー源に据えたとき，二次エネルギーもどのように効率よく利用するかということも考えていくべきではなかろうか．その場合，国の産業構造もよく把握したうえで，エネルギーシステム全体を考えなくてはならない．国内で分離回収した CO_2 を輸送し，海外で再生可能エネルギーを利用し CO_2 フリー燃料化して再輸入するエネルギーモデルは，国内のエネルギーコストが高くなるように思えるが，海外の再生可能エネルギーの安さと CO_2 フリー燃料の輸送のしやすさから，大幅なコストアップにはならないことも報告されている[9]．

当然，再生可能エネルギーポテンシャルの高い地域の CO_2 を利用することも考えられる．しかし，その場合は日本で排出権取引制度が整備されていることが前提となる．

参考文献（5.1 節）

1）IEA Sankey diagram, 2017.
2）IEA Sankey diagram, 2018.
3）経済産業省資源エネルギー庁：総合エネルギー統計，2018.
4）CLEAN ENERGY WIRE, 2019.
5）環境省：平成 24 年度 再生可能エネルギーに関するゾーニング基礎情報整備報告書.
6）環境省：平成 27 年度 再生可能エネルギーに関するゾーニング基礎情報整備報告書.
7）エネルギー総合工学研究所編著：図解でわかるカーボンリサイクル，技術評論社（2020）.
8）小野﨑正樹，橋﨑克雄：火力発電の脱炭素化に向けたカーボンリサイクル活用の検討，火力原子力発電，**72**，307-314（2021）.
9）電力中央研究所：「メタネーションによる海外水素の発電利用時の経済性および環境性評価」研究報告 M20002，2021.

5.2　再生可能エネルギー施設の導入における社会的摩擦と社会的受容

5.2.1　は じ め に

カーボンニュートラルに向け再生可能エネルギーは世界的に普及促進されている．とくに風力発電は再生可能エネルギーの中でも導入ポテンシャルが高く[1]，発電効率が高いため，主要な電力源として位置付けられている．「2050 年カーボンニュートラルに伴うグリーン成長戦略」では洋上風力発電が重要分野の一つに位置付けられ，政策的にも後押しされている．また，風力発電に対する一般市民の意見は肯定的な傾向がみられ，たとえば，アイルランドの調査では回答者の 84 % が風力発電を肯定的に評価しており[2)]，筆者らが 2010 年に 1,000 人を対象として日本で行ったインターネット調査においても，風力発電を支持すると回答した割合は 59 % であり，過半数が肯定的な意見を有している[3)]．

しかし，実際に風力発電所を建設する際には，地域住民や環境保護団体など地域のステークホルダーから反対される例は少なくない．こうしたことから，地域に受け入れられるという「社会的受容」の考え方が重視されるようになってきている．

そこで本節では，社会的受容とは何かについて解説したうえで，風力発電所を建設する際に問題となりやすい点と，実際に風力発電所の近隣に居住する住民は風力発電所をどのようにとらえているのかについて報告する．そして，今後，風力発電事業が地域に受け入れられながら導入が拡大するために重要となる再生可能エネルギー事業のあり方について考える．

5.2.2 社会的受容とは何か

社会的受容の定義については Wüstenhagen らが提唱する再生可能エネルギーの受容性に関する三次元的概念がある（図 5.8）．国レベル・国際レベルといったマクロなレベルと，実際の導入地域におけるミクロなレベルという二つに区分され，マクロレベルでは気候変動対策としての有効性をはじめとする社会政策面と経済性に依拠した技術導入の妥当性が扱われ，ミクロレベルでは地域住民との合意形成や

図 5.8 再生可能エネルギーの社会的受容の概念
［文献 4)をもとに筆者作成］

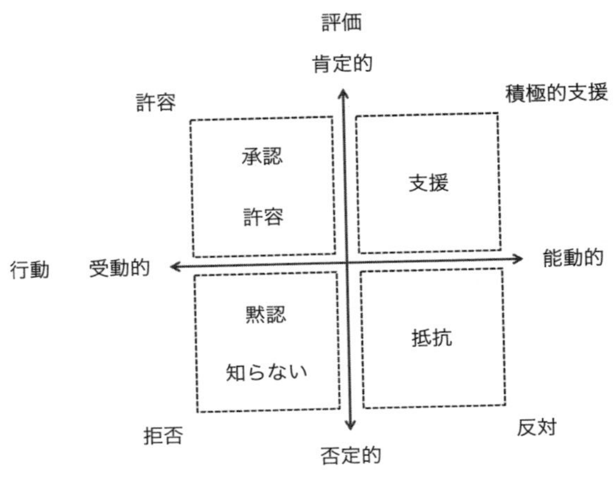

図 5.9　受容性の類型

［文献 5,6)をもとに筆者作成］

地域社会の合理性が扱われている．したがって，本節で論じる受容性とは厳密にいえば地域的受容であるが，本節では社会的受容と称し論を進める．

社会的受容の具体的内容については Schweizer-Ries が肯定的-否定的という評価の軸に受動的-能動的という行動の軸を掛け合わせたうえで，六つに類型化している（**図 5.9**）．これを国際エネルギー機関の風力発電技術協力プログラム（IEA Wind）における社会的受容性に関するタスク（Task 28）では，「反対（active opposition)」「拒否（passive rejection)」「許容（passive approval)」「積極的支援（active support)」の四つに分類している．風力発電の受容性は一般的に「許容」と「積極的支援」が“受容性がある”とみなされている．たとえば，地域住民が自ら資金を提供し風力発電所を建設する場合は「積極的支援」であり風力発電に対する受容性は高い．他方，「反対」と「拒否」は“受容性は低い”とみなされており，たとえば，風力発電所の建設に対して反対署名を集めることや反対集会を行うようなケースは受容性が低い．風力発電所の導入地が拡大するにつれマスメディアなどで反対運動が報道される機会が増えてきたが，現実では能動的な行動を起こす住民は一部であるため，そのほか多くの住民は肯定的な意見を有しているのか，もしくは否定的であるか明確にはわからない場合が多い．しかし，反対運動がなければ“受容性がある”という肯定的な側に分類されるのが一般的であるように思われる．

5.2.3 風力発電所による地域環境への影響

風力発電は発電時に温室効果ガスを排出しないことから，環境に優しいエネルギー技術として一般的には認識されている．しかし，実際に風力発電所が建設される地域では，必ずしも環境に優しいとは限らない．景観破壊，バードストライク，騒音，シャドウ・フリッカー（風車のブレードが回転する影）などは問題になりやすく，また，発生件数は少ないものの，風車からの油漏れや強風による風車の倒壊，落雷による火災なども起きており，事故に対する不安から風力発電が反対されることもある．また，再生可能エネルギーであっても風力発電事業は開発の一つであるため，山を切り開いて風力発電所を建設する際は地域の環境破壊としてとらえられる場合もある．さらに，日本ではほとんど問題にならないが，海外ではコウモリへの影響が高い関心を集めることもあり[7)]，国や地域によってとらえられる重要な問題は異なる場合もある．

日本ではとくに騒音をめぐる論争が散見される．環境省は 2017 年に「風力発電施設から発生する騒音に関する指針」を策定し，指針値を全国一律にするのではなく下限値を設けたうえで，残留騒音（一過性の特定できる騒音を除いた騒音）に 5 dB を加えた値とした[8)]．しかし，指針値が設定されても騒音問題がなくなるわけではない．人によっては音がうるさいと感じることや，音が大きいわけではないが気になることが原因となり，睡眠影響や不快感などが問題となっている[9)]．加えて，一部の住民から不眠，だるさ，めまい，吐き気，頭痛などが報告されており，その原因は一般的には聞き取りにくいとされる超低周波音であるという主張もある[10)]．こうした風力発電が健康に与える影響は海外でも報告されておりいくつかの調査研究があるが，現状では直接的に人体に害を及ぼすことは科学的には確認されていないという報告が多い[11)]．環境省の調査では，風車騒音のレベルとわずらわしさ（アノイアンス）の間には統計的な有意差があると報告する論文は複数あり，わずらわしさが睡眠影響を生じさせているのではないかと報告されている[9)]．

このように風力発電はさまざまな地域環境への影響の可能性があるため，風力発電は本当に環境に優しいのかと疑問が呈されるようになってきている．

5.2.4 近隣住民の認識

では，実際に風力発電所の近隣に居住する住民は風力発電所をどのように認識しているのだろうか．筆者らが 2019 年に行った国内 59 の大規模風力発電所の近隣住民を対象とする調査に基づき，居住地域に立地する風力発電所の風車音の可聴や健康影響の自覚症状，および，風力発電所に対する賛否について見てみよう．本項はMotosu，Maruyamaの論文[12)]に基づく．

風車音の可聴については，10.3％（93人）が聞こえたことがある，83.6％（749人）が聞こえたことがない，6.0％（54人）がわからないと回答し，聞こえたことがない回答者が大半を占めた．この聞こえたことがある回答者93人に，自宅の敷地内のうち屋外での風車音の可聴について尋ねたところ，51人が聞こえると回答した．さらに，この51人に窓の開閉による風車音の可聴を尋ねたところ，窓を開けた状態で聞こえると回答したのは32人で，この32人のうち窓を閉めた状態でも聞こえると回答したのは18人であった．アンケート調査では風車から自宅までの距離を尋ねており，自由記述による回答であるため実際の距離とは異なる可能性があるが，風力発電所から自宅までの距離が近いほど，風車音が聞こえたことがあると回答する割合は高かった．しかし，自宅の敷地内のうち屋外での可聴と窓の開閉による可聴は，距離との明確な関係はみられなかった．

風力発電所が原因と思われる身体的もしくは精神的な健康影響の自覚症状については，健康影響があると答えたのは3.1％（28人），ないと答えたのは84.4％（764人），わからないと答えたのは12.5％（113人）であり，健康影響を受けていないと回答する者が大半であった．屋内外問わず自宅の敷地内で風車音が聞こえると回答したのは51人であることを踏まえると，風車音の可聴と健康影響の自覚症状は必ずしも一致するわけではないといえる．次に，健康影響を受けていると回答した28人に，具体的な健康影響について尋ねたところ，睡眠に関するものが最も多く，次いで「集中できない」「不安になる」が多かった．本調査と同様の調査が欧米でも行われたが，健康に関する自覚症状は3～5％程度と報告されており，また，自覚症状については睡眠に関するものが多く[13)]，国際間における大きな違いは確認されなかった．

地域の風力発電所に対する賛否については，「大いに反対」から「大いに賛成」の5段階評価に「わからない」を加えた六つの選択肢で尋ねた．その結果，「どちらでもない」の回答の割合が42.9％で最も高く，次いで「やや賛成」が22.0％，「大いに賛成」が16.1％，「やや反対」が8.4％，「わからない」が6.2％，「大いに反対」が4.4％であり，全体として否定の声は少なかった．また，筆者らが2012年と2017年に行った風力発電所の近隣住民を対象とする調査でも，賛成のほうが反対よりも多いという同様の結果が得られている[14,15)]．

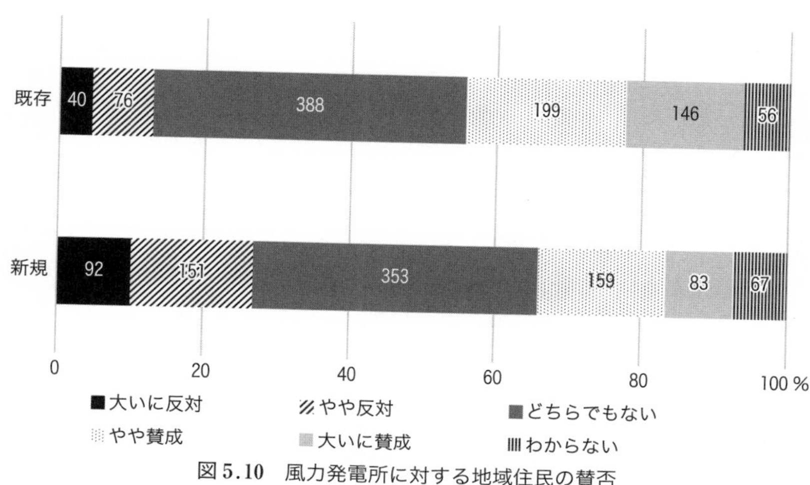

図 5.10 風力発電所に対する地域住民の賛否

環境影響の可能性があるにもかかわらず，なぜ近隣住民の多くは地域の風力発電所に賛成するのであろうか．本研究において既存の風力発電所に対する賛否と関連のある要因について相関分析した結果，「風車音による不快感」「事業者に対する不快感」「建設過程の公正性」などに中程度の相関関係が確認された．その一方で，風力発電所の見え方，敷地内における風車音の可聴，距離などは有意差が確認されないか，もしくは，ほとんど相関がないという結果であった．風力発電の導入問題においては，ドイツのバイエルン州のように風力発電所からの距離によって新規導入の禁止エリアを設定する例や，前述のように騒音基準をより厳しくする対応などがあるが，事業プロセスが賛否に関連することを踏まえると，従来のような風力発電所に対する物理的対応だけでは問題の解決は不十分であると思われる．

本調査では新規計画を想定した風力発電所の賛否について同様に尋ねた．その結果，「どちらでもない」の回答の割合が最も高い点は同様であるが，新規のほうが賛成の割合は低くなった（図 5.10）．新規に対し賛成の割合が低下する点は，筆者らが過去に行った質問紙調査と一貫している[14]．この理由について分析したところ，住民が意見を述べる機会を事業者は設けていたと評価するか，また，住民の要望に事業者は対応したと評価するかが，賛否の変化と関連することがわかった[14]．風力発電は一般的に，反対がないと賛成されているとみなされる傾向があるが，この結果からは既存の風力発電所に住民が反対していないからといって，必ずしも風力発電の継続的な開発に賛成しているとは限らないことがわかる．また，賛否の変

識者に問う

Q 日本のカーボンニュートラルの実現に向けて，個々人の行動変容のためにはどのような働きかけが必要でしょうか．

A 再生可能エネルギーの導入によるメリットはカーボンニュートラルという意味で社会に広く還元されますが，再生可能エネルギー施設の立地によるデメリットは，騒音，景観，地域の自然破壊など立地地域に限定して生じるため，カーボンニュートラルを進めるうえでは社会的不公正が生じる場合があります．そのため，カーボンニュートラルの実現のためには，ネガティブな影響を低減することはいうまでもなく重要ですが，個人がカーボンニュートラルに向けて取り組むと，それが別の価値を生むなどの波及効果があると，充実感や達成感が個人にフィードバックされ，個人の行動変容は起こりやすくなるのではないかと考えます．また，地域づくりのために選択したことが，結果としてカーボンニュートラルにつながるなど，意図しない方法がカーボンニュートラルに貢献するような仕掛けも必要でしょう．そうすることによって，ボトムアップ的にカーボンニュートラルの取り組みが拡大するはずです．

［回答者：名古屋大学大学院環境学研究科 特任准教授 本巣芽美］

化に関しても，事業プロセスに対する評価が関連することがこの分析からも明らかにされ，風力発電の社会的受容においては事業のやり方といった人が関わる部分が重要な要素の一つになっているといえる．

5.2.5　まとめと今後の風力発電事業のあり方

カーボンニュートラルに向けて，風力発電は今後さらに普及拡大することが予想される．しかし，風力発電は立地地域に環境影響を及ぼす可能性があるため，実際の建設においては近隣住民への十分な配慮が必要である．そうした際に，一般的には風力発電所からの騒音や景観など風力発電所そのものに対する対応に注意が向きがちである．ところが，筆者らが行った調査では，風力発電所による近隣住民の健康影響の自覚症状や賛否は，風力発電所からの距離や風車音の可聴などとの相関は低い一方で，事業の公正性や風車音の不快感などの要因との関係が強いことが示唆された．このことから，風力発電が地域に受け入れられるためには，今後は事業者

図 5.11 ドイツ・ダーデスハイムのウィンドファーム
ダイナミックプライシングの実証実験が行われ，風力発電が多く電力供給する際は，住民は安く電気を使うことができる．

との関わり方や地域への配慮の仕方といった社会科学の側面にも目を向けることが重要なのではないだろうか．例えば，ドイツのダーデスハイムでは，風力発電が多く電力供給する際に住民は安く電気を使うことができる仕組みが導入され，住民は風力発電所を利益を生み出すものと認識しているようである（図 **5.11**）．

風力発電所は見た目だけでは地域に受け入れられているのかどうかはほとんど識別できない．巨大な風車が林立していると，その圧倒的な見た目のインパクトから忌避感を得る人もいるだろう．しかし，その風力発電所が建設された過程や地域との関わり方によっては，住民にとって喜んで受け入れられる施設となっている場合もある．風力発電事業には可視化できない重要な要素があり，それが社会的受容と結びついている．

参考文献（5.2 節）

1）環境省：平成 22 年度環境省委託事業 平成 22 年度再生可能エネルギー導入ポテンシャル調査報告書，2011.

2）Sustainable Energy Ireland: Attitudes Towards The Development of Wind Farms in Ireland (2003).

3）本巣芽美：風力発電の社会的受容，pp. 48-49，ナカニシヤ出版（2016）.

4）Wüstenhagen, R.; Wolsink, M.; Bürer, M. J.: Social Acceptance of Renewable Energy Innovation: an Introduction to the Concept, *Energy Policy*, **35**, 2683-2691 (2007).

5）Schweizer-Ries, P.: Energy sustainable communities: Environmental psychological investigations, *Energy Policy*, **36**, 4126-4135 (2008).

6）IEA Wind Task28: Technical Report (2010).

7）Weaver, S.; Hein, C.; Simpson, T.; Evans, J.; Castro-Arellano, I.: Wind turbines are known to

cause bat fatalities worldwide, *Glob. Ecol. Conserv.*, **24**, e01099 (2020).
8) 環境省水・大気環境局長：風力発電施設から発生する騒音に関する指針について，環水大大発第1705261号，2017.
9) 風力発電施設から発生する騒音等の評価手法に関する検討会：風力発電施設から発生する騒音等への対応について，2016.
10) Pierpont, N.: Wind turbine syndrome: a report on a natural experiment, K-Selected Books (2009).
11) American Wind Energy Association and Canada Wind Energy Association: Wind turbine sound and health effects: an expert panel review (2009).
12) 本巣芽美，丸山康司：風力発電所による近隣住民への影響に関する社会調査，風力エネルギー，**44**，39-46 (2021).
13) Hübner, G.; Pohl, J.; Hoen, B.; Firestone, J.; Rand, J.; Elliott, D.; Haac, R.: Monitoring annoyance and stress effects of wind turbines on nearby residents: A comparison of U.S. and European samples, *Environ. Int.*, **132**, 1-9 (2019).
14) Motosu, M.; Maruyama, Y.: Local acceptance by people with unvoiced opinions living close to a wind farm: A case study from Japan, *Energy Pol.*, **91**, 362-370 (2016).
15) Motosu, M.; Maruyama, Y.: Local acceptance of wind energy projects in a community without negative campaign, Grand Renewable Energy 2018 International Conference and Exhibition (2018).

演習問題

問題5.1　これさえ押さえればあなたもエネルギー通になれる⁉

エネルギー関係の記事や評論文には様々な数値が登場するが，それらの数値に対する感度が十分でないと，記事や評論文を正確に読みこなすことはできない．数値に対する感度を高めるため，各種資料を参照のうえ，下記の○○部を埋めよ．また，それらから何が読み取れるか述べよ．なお，これらの値は時々刻々と変化する点に留意すること．

日本の一次エネルギー消費量	○○○ PJ＝5兆2,700億kWh
日本の一次エネルギー消費量（石油）	○○○ PJ＝約2兆3,600億kWh
日本の一次エネルギー消費量（天然ガス）	○○○ PJ＝約1兆1,700億kWh
日本の一次エネルギー消費量（石炭）	○○○ PJ＝約1兆3,600億kWh
日本の発電出力（最低）	○○○万kW
日本の発電出力（最大）	○○○万kW
日本の消費電力量	○○○ kWh＝○○○ PJ
原油の取引価格	US$ ○○/バレル＝○○円/kWh

天然ガスの取引価格（米国/欧州）	US$ ○○/100 万 BTU＝○○円/kWh
天然ガスの取引価格（日本）	US$ ○○/100 万 BTU＝○○円/kWh
石炭の取引価格	US$ ○○/t＝○○円/kWh
水素の価格（水素ステーション）	○○円/kg＝○円/Nm^3＝○円/kWh
水素の価格（2030 年）	○○円/Nm^3＝○○円/kWh
NH_3（アンモニア）の輸入価格（日本）	○○万円/t＝○○円/kWh
CH_3OH（メタノール）の輸入価格（日本）	○○円/kg＝○○円/kWh
都市ガスの価格（業務/産業）	○○円/Nm^3＝○○円/kWh
都市ガスの価格（家庭）	○○○円/Nm^3＝○○円/kWh
C_3H_8（プロパン）の輸入価格（日本）	US$ ○○○/t＝○○円/kWh
C_3H_8（プロパン）の小売価格（日本）	US$ ○○○/t＝○○円/kWh
ガソリンの価格（日本）	○○○円/L＝○○○円/kWh
軽油の価格（日本）	○○○円/L＝○○○円/kWh
灯油の価格（日本）	○○円/L＝○○円/kWh
電気料金（日本/家庭）	○○円/kWh
電気料金（日本/産業）	○○円/kWh
日本の CO_2 排出量	約○○億 t/year
CO_2 排出原単位（一般炭）	○○○ kg-CO_2/kg
CO_2 排出原単位（原油）	○○○ kg-CO_2/L
CO_2 排出原単位（ガソリン）	○○○ kg-CO_2/L
CO_2 排出原単位（軽油）	○○○ kg-CO_2/L
CO_2 排出原単位（灯油）	○○○ kg-CO_2/L
CO_2 排出原単位（LNG）	○○○ kg-CO_2/kg

問題 5.2　社会的摩擦と社会的受容

風力発電施設の立地では景観破壊，バードストライク，騒音など，風力発電の物理的インパクトに起因する問題が注目されやすい．その一方で，事業の進め方に関する社会科学的な問題が立地地域における社会的受容と結びつくことも報告されている．では，立地地域からの社会的受容を高めるためには，どのような方法があるか．

6

総　　論

6.1 はじめに

本書では，第1章「カーボンニュートラル実現に向けた技術展開と課題」において，カーボンニュートラルと低炭素・脱炭素に資する技術の今後の展開が俯瞰された．続く第2章ではCO_2分離回収，第3章では太陽光，風力発電，そしてこれらにより得られた電力から得られる水素およびアンモニアに係る技術の展開，そして第4章ではCO_2と水素からのメタン合成技術について解説されている．第5章では，低炭素～脱炭素に至る社会におけるエネルギーシステムのあり方が論じられ，併せて，今後主電源となる再生可能エネルギー（再エネ）の大規模導入に関する社会科学的考察も述べられた．

以上を踏まえ，本章では，まず，再生可能エネルギーのみで我が国のエネルギー需要を充たすことがどれだけ難しいことなのかを認識したうえで，カーボンニュートラルに至るまでの期間（期間Ⅰ；～2050年）とその後の期間（期間Ⅱ；2050年～）におけるエネルギーシステムの大略を想定し，前章までに解説，考察された技術ならびに本書では詳しく触れられていない技術を位置付けしてみたいと思う．

6.2 再エネ電力のみで将来の我が国のエネルギー需要を充たせるか

我が国の年間電力生産量（2018 年）は，約 10,500 億 kWh であったが，将来の電力需要は，以下に述べるようにその 2 倍を超える可能性がある．そのような莫大量の電力を再エネ発電のなかで最もポテンシャルが大きい太陽光発電と風力発電によって賄えるかどうか考えてみる．

6.2.1 情報化の進展による電力需要の増加

科学技術振興機構によるレポート[1)]では，2016 年の IT 関連電力消費は 410 億 kWh であったが，現在の技術で全く省エネルギー対策がなされないままにデータ量が膨大になれば，2030 年に 14,800 億 kWh に達し，さらに，2050 年にはその 120 倍に達するシナリオが示されるとともに，CPU/GPU，メモリ，電源およびストレージのいずれも消費電力性能を現在の 1,000 倍程度に向上させる目標が提案された．この目標を達成できれば 2050 年の IT 関連電力消費は，1,760 億 kWh 程度になるが，上記の性能向上達成度をたかだか 50 % と仮定すれば，電力消費量は少なくとも 3,520 億 kWh（現在の 8.6 倍）と予想される．

6.2.2 電力化の進展による電力需要の増加

まず，産業のなかでも CO_2 排出量が多い鉄鋼生産（我が国全体の約 14 %）およびセメント製造（約 3 %）を再エネ電力に由来する水素および熱（ジュール熱）で置き換えてみる．鉄鉱石の還元は鉄鋼生産において最も多くの CO_2 を排出するので，廃鉄などの鉄鋼材料リサイクルが CO_2 排出削減に有効であることは自明である．一方，世界の鉄鋼蓄積の増加に必要な鉄鋼生産のためには，当面は鉄鉱石還元による製鉄が必要[2)]というのが鉄鋼業界の考え方である．そこで，我が国の粗鋼生産量（0.95 億 t，2018 年）と同等量の粗鋼をもっぱら水素による鉄鉱石の還元と還元鉄融解によって生産することを考える．粗鋼を Fe とみなし，鉄鉱石（Fe_2O_3）を水素によって Fe に還元するために必要な水素を高効率水電解（未実用化，効率 4.0 kWh/Nm^3-H_2）[3)]によって製造するとともに，吸熱反応である水素還元と還元鉄融解（1,800 K）に必要な熱をジュール熱によって供給する場合に必要な総電力量は約 2,800 億 kWh である．セメント生産に必要なエネルギーは，その主要部分としての石灰石脱炭酸のみを考える．我が国のセメント生産年間に利用される石灰石（0.61 億 t/year，2018 年）を生石灰に転換するのに必要な熱量をジュール熱として供給する場合に必要な電力量は少なくとも約 300 億 kWh である．このように，鉄鋼・セメント生産に必要な電力量はここで想定したプロセスのみを考慮した場合でも 3,100 億 kWh 程度になる．

次に，天然ガス，石油およびこれらに由来する製品（燃料）のエネルギー消費も再エネ電力で置き換えてみる．資源エネルギー庁の統計に基づく我が国のエネルギーバランス・フロー（2018 年）[4]を解析すると，石油由来製品の最終消費は輸送用燃料（自動車などの燃料）：3.0 EJ（エクサジュール＝10^{18} J），加熱などのための燃料：3.4 EJ，天然ガスの場合は都市ガスとしての利用（加熱など）：1.1 EJ がある．それらに産業用の加熱・上記発生用途：0.9 EJ を合わせると，8.5 EJ のエネルギー消費となる．自動車や加熱の電化（ヒートポンプ加熱を含む）によるエネルギー効率の大幅な向上を 3 倍と仮定すると，上記の 8.5 EJ は約 7,800 億 kWh の電力で代替されると概算される．

6.2.3　太陽光発電および風力発電のポテンシャル

我が国の再エネ導入可能量は，環境省の推定[5]によれば①公共系等太陽光発電：3,668 億 kWh/year，②住宅用等太陽光発電：1,373 億 kWh/year，③陸上風力：4,539 億 kWh/year，④洋上風力：15,584 億 kWh/year である（いずれも導入量が最大となるシナリオに基づく）．導入可能量の詳しい定義や計算手法については文献 5)を参照されたい．①の公共系等太陽光発電は，その大部分が農地への設置を想定しているので，その分を除けば導入可能量は 21,500 億 kWh となり，その 94 % を陸上・洋上風力が占める．太陽光発電の効率は今後大きく伸びる可能性があるが，それでも風力発電のほうが大きなポテンシャルをもつといえる．

現在の電力需要（10,500 億 kWh），情報化進展による需要増加（3,520 億 kWh），製鉄・セメントの電力化による需要増加（3,100 億 kWh），天然ガス・石油ガス代替に伴う需要増加（7,800 億 kWh）を合計すると，約 25,000 億 kWh となる．この合計値は電力化の進展による電力需要の増加分のすべてを考慮したものではないが，それでも上記の 21,500 億 kWh を超えている．ただし，上記の再エネ導入可能量に含めていない水力（既存，約 900 億 kWh）やバイオマス，地熱を加えた再エネ導入可能量は約 24,000 億 kWh となり，再エネ導入可能量と将来の電力需要は，不確定性が大きいとはいえおおむね等しい．すなわち，再エネ電力は，設備を導入可能なところにすべて導入する，あるいはそれを超えて導入を拡大しない限りは，将来の電力需要を充たすのが難しいといえる．一方，再エネ発電の効率向上，設備導入可能サイト・面積のさらなる増加，プロセス，デバイスの効率向上や社会・産業システムの省エネ化を合わせれば，再エネ電力のみで将来の我が国エネルギー需要を充たせる可能性はある．再エネ発電設備および蓄電，水電解（水素製造）などの関連設備の大規模導入は，それにかかる莫大なコストをもって即実現不可能と判断することはできない（6.4 節に関連する経済的な課題を述べる）．我が国は 1,020 万 ha にも及ぶ面積の人工林をつくった実績がある．この面積は，上記の 24,000 億 kWh を実現するための面積よりもずっと大きい．

6.3 カーボンニュートラル実現のシナリオと技術の位置付け

本節では，我が国において 2050 年にカーボンニュートラルが実現すると想定して，考えられるシナリオを提示する．まず，期間Ⅱ（カーボンニュートラルが実現した 2050 年前後～）について，再エネ電力によるエネルギー自給率が異なる三つの将来像を提示する．続いて 6.3.4 項で，それに至る期間Ⅰ（現在から 2050 年前後まで）について示す．

6.3.1 期間Ⅱ/Case 1：再エネ電力によるエネルギー自給率 ≈ 100 % の場合

社会の電力化が相当に進んでいること，太陽光，風力および水力を主とする再エネに由来する電力の生産量が需要以上であること（再エネ電力の純国産化），加えて，十分な規模の蓄電インフラ（電池）が利用できる状況は，カーボンニュートラルおよび脱化石資源を達成した状況の一つである．この場合，再エネ電力の余剰分は，電池では困難な長期のエネルギー貯蔵に適した化学形態（水素，アンモニア，メタン，あるいはほかの有機物）に変換し，一時的に貯蔵あるいは備蓄されるだろう．これらの貯蔵エネルギーは，大災害などによって再エネ由来電力の供給が途絶する場合だけでなく，そこまでの危機ではない状況下（天候不順や風況に恵まれない期間など）のバックアップ燃料として利用できる．ただし，そのためには，バックアップ燃料を使用できる発電設備と関連インフラを整備しておく必要がある．緊急事態にのみ稼働するインフラは設備利用率がきわめて低いので，それを避けて利用率を高めようとすれば，設備に見合う量の燃料を通常時にも製造，利用するシステムを構築することになるが，通常時の稼働率を高めるほど，緊急事態では（備蓄した燃料はあっても）通常時を超えた発電が難しくなる．通常時に利用する燃料がメタンあるいはほかの有機物であれば，燃焼によって発生するCO_2を回収し，燃料を再生することが好ましいが，CO_2回収が不要な水素やアンモニアの場合は，集中電源だけでなく燃料電池などを動力源とする分散したエンドユースにも利用できる．余剰電力による水素生産は，炭素を主要な必須元素とする化学産業が成立するための必要条件にもなり得る．それは，バイオマスないしCO_2のみを炭素資源とするのか，あるいはそれらを併用するのかに関わらず，化学品の製造に水素が必須であるためである．

6.3.2 期間Ⅱ/Case 2：再エネ電力によるエネルギー自給率＜100 %の場合

再エネ電力の生産量が需要を充たすことができなければ，不足分を海外に依存する（水素，アンモニア，メタンなどを輸入する）ことになるだろう．そのような場合は，再エネ由来燃料を利用する集中および分散発電が電力生産の一部を担うことになり，通常時に稼働しないバックアップ設備（あれば）と併せ，再エネ電力の供給減や途絶の状況において大きな役割を果たすことになろう．ただし，再エネ由来燃料の海外への依存には，現在の化石資源と同様かそれ以上のリスクがあると考えるのが合理的であり，その意味で，エネルギー備蓄が不可欠である．現在の石油備蓄（国家備蓄＋民間備蓄）は約180日分[6)]だが，これと同等量の再エネ由来燃料を備蓄するためのインフラが必要だろう．

再エネ電力の蓄電は，再エネ自給率によるエネルギー自給率の高低によらず欠かせない．再エネ発電・蓄電システムは，蓄電容量を十分なものにしようとするとコスト高になるので，水電解によって水素に転換し，それを利用するほうが経済的に合理的と考えられている[7)]．一方，世界では，GWクラスの太陽光発電と蓄電からなるシステムの実装が進んでいる．たとえば，米国カリフォルニア州では，出力1.10 GWの太陽光発電（パネル数≈50万）と容量が2.17 GWhの蓄電（電池モジュール数≈11万）からなる最大級のシステムが建設中である[8)]．また，自動車などの移動体が搭載する電池を社会全体の蓄電（受電＋給電）デバイスとして位置付ける考え方もあり，カーボンニュートラル社会における新たな価値を提供する可能性がある．このように，「電池か水素か」の議論は生産的ではなく，今後も向上が続くと期待される双方のシステム効率と経済性，さらにエネルギーシステム全体を踏まえた相互補完の最適化が重要である．

6.3.3　期間Ⅱ/Case 3：化石資源を燃料とする発電が一定のシェアをもつ場合

5.2 節において図示，解説されているエネルギーシナリオでは，いずれも化石資源の一次エネルギーに占めるシェアは 2050 年においてもなお 40 % 以上であると想定されている．これは，エネルギー需要を再エネ電力のみによって賄うのは技術的，経済的に当面困難との判断による．一次エネルギーの一部を化石資源に依存しつつカーボンニュートラルを実現するには，CO_2 の回収・貯留（CCS）の大規模な実装が必要であり，そうでなければ，再エネ由来水素を使って CO_2 を有機物に変換し，それを大規模に貯留する必要がある（後述）．一方，電池による電力貯蔵と水素等の製造・利用の必要性に関しては，すでに述べた Case 1 および Case 2 と同様であるが，石油などの備蓄があると想定すれば，再エネ由来燃料の備蓄の必要性は低くなる．

6.3.4　期間Ⅰ：再エネ電力の生産量が増大し，化石資源の消費が減少する

上に述べた期間Ⅱに関する考察を踏まえ，期間Ⅰ（現在から 2050 年前後までの期間）を考える．期間Ⅰのなかでも，とくに 2030 年以降は再エネ電力生産量の増大と化石資源消費の減少が現在よりも顕著になると想定できる．この期間に化石資源を燃料とする発電が一定のシェアをもつ点は，すでに述べた期間Ⅱ/Case 3 と定性的には同様である．以下では，再エネ電力生産量の増加が電力および再エネ由来燃料の需要増加に少なくとも追いついている，すなわち，化石資源の消費量が減少する過程を想定しながら再エネ電力の利用に関して考察する．

図 6.1 は，再エネ電力をそのまま利用するか，あるいは CCS，電解による水素製造，水素燃焼による発電，CO_2 および水素からの有機物合成などに利用した場合の CO_2 削減量を比較したものである．それぞれのオプションにおける仮定や計算に用いた数値は図のキャプションに示しているので参照されたい．CCS は，それが想定されるスペックをもって CO_2 大量貯留法として実装できれば，再エネ電力の利用としての有効性が最も高いといえる．次いで，再エネ電力を電力としてそのまま利用し，かつそれが火力発電による電力を代替することによる効果が大きい．再エネ電力を水素に変換し，それを燃焼して電力を得る場合は，そのまま電力として利用するほどの効果は得られないが，上述したように，再エネ由来燃料には電池による蓄電の困難さを補う役割があるので，図に示した数値の比較のみをもって技術の意義を判断すべきではない．これは，メタン合成＋メタン燃焼の場合も同

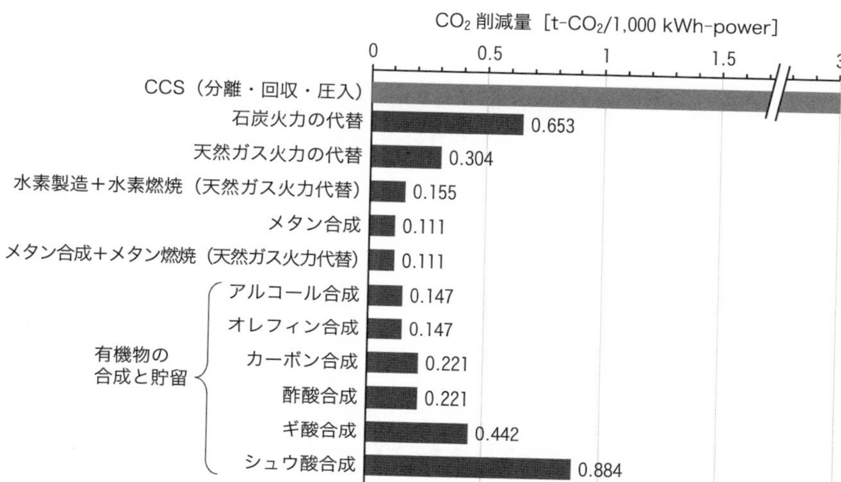

図 6.1　再エネ電力（1,000 kWh）の利用による化石由来 CO_2 発生量の削減量の比較（筆者試算）

各オプションにおける想定は以下のとおり．

(1) CCS：分離回収・圧入に必要なエネルギーを再エネ電力で賄うと想定．分離回収・圧入の CO_2 排出係数[9]を 0.15 t-CO_2/t-CO_2 と仮定．

(2) 石炭火力の代替：再エネ電力をそのまま使う（蓄電時の損失 0.1）．利用電力量を石炭火力における CO_2 発生量に換算（CO_2 排出係数 0.806 kg-CO_2/kWh）．

(3) 天然ガス火力の代替：再エネ電力をそのまま使う（蓄電時の損失 0.1）．利用電力量を天然ガス火力における CO_2 発生量に換算（CO_2 排出係数 0.375 kg-CO_2/kWh）．

(4) 水素製造＋水素燃焼：再エネ電力利用による水電解・水素製造（原単位 4.0 kWh/Nm^3-H_2，蓄電時の損失 0.1）および水素燃焼による発電（発電効率 55 %-LHV）．

(5) メタン合成：(4)と同条件で製造した水素と CO_2 からメタンを合成（収率 100 %）し，これを貯蔵．

(6) メタン合成＋メタン燃焼：(5)の条件で合成したメタンを燃焼して発電し，CO_2 を回収．生産電力量を天然ガス火力における CO_2 発生量に換算（CO_2 排出係数 0.375 kg-CO_2/kWh）．

(7) 有機物の合成と貯留：(4)と同条件で製造した水素と CO_2 から各種の有機物あるいは炭素を製造し，貯蔵．いずれの合成反応も正味で発熱であるため，外部からのエネルギー投入をゼロと仮定

様である．

CO_2 と水素からのメタン合成は発熱反応であるため，水素の化学エネルギーの一部が損失するのは不可避だが，化学エネルギー/エクセルギー回収率がいずれも 88 % であり，燃料の転換としてはかなり効率が高い（アンモニアもメタンと同様に化学エネルギー/エクセルギー回収率は 87/95 % と高い）．ただし，注意すべき点もある．CO_2・水素からのメタン合成およびメタン燃焼のシーケンスは，後者において発生する CO_2 を定量的に回収し，メタン合成に供することを繰り返せば，炭素あるいは CO_2 がメディアとなる炭素のクローズドサイクルを構成できるように見える．このサイクルをカーボンリサイクルと呼ぶ場合があるが，リサイクルすべき CO_2 の量は，化石資源を使って発電をし続ける限り増え続ける．これは元素としての炭素そのものを消去することが不可能なので当然である．しかも，図示したように，メタン合成＋メタン燃焼による CO_2 削減量は再エネ電力をそのまま使う場合よりもかなり小さい．このことを踏まえると，遷移期間においては，CO_2・水素からメタンあるいは他の有機物を合成し，次いで燃料として利用するオプションが成立するのは，相応の経済的合理性がある場合や期間 II における本格的な利用を見越した先行実装の場合になると考えられる．

図 6.1 には，メタン以外の有機物を合成する場合の CO_2 削減量も示している．削減量は，合成する有機物が水素 poor あるいは酸素 rich であるほど大きくなる．これは，炭素 1 mol あたりに必要な水素量が少ないためである．ギ酸およびシュウ酸は典型的な水素 poor/酸素 rich 化合物であり，ほかよりも明らかに削減量が大きい．ギ酸は，CO_2 をメディアとするエネルギーキャリアとして注目されて久しい．ギ酸を燃料とする燃料電池は Rice らによる研究の発表[10]以降，今日まで継続的に研究されている．CO_2 をシュウ酸として固定化する（ただし，燃焼しない）場合の削減量は，有機物のなかで最大であり，再エネ電力による石炭火力代替よりも大きい．このように CO_2 を水素 poor/酸素 rich 化合物として固定化，貯留ないし非燃料利用するのは CO_2 削減効果が大きいが，問題は大規模貯留ができるかどうかであり，また，大規模な非燃料利用の可否も有効性を判断するポイントになろう．Kudo ら[11]は，シュウ酸が酸化鉄（鉄鉱石）を溶解して塩となり，この塩の太陽光還元（常温）とこれに続く加熱（～500 ℃）によって還元鉄を与える一連の工程を CO_2 がメディアとなる製鉄法として提案している．貯留中の安定性という観点では，純炭素としての貯留や炭素材として利用しながらの半永久固定も可能性がある．メタン（天然ガス）を水素と炭素に熱分解し，前者を燃料などとして，後者

を貯留あるいは炭素材として利用するプロセスは，CCSとは異なるCO_2を介しない化石資源炭素の貯留として一定の役割を担う可能性がある．

6.4　おわりに—今後の技術開発とシステムの実装—

本書で解説したエネルギー変換技術（エネルギーシステムの構成要素＝技術モジュール）は，エネルギーシステムの構築やシナリオに関する解説に述べられているように，そのなかから一部を選択してほかを排除するのではなく，原理的な有効性，経済的な意義，社会受容性が認められる限り，換言すれば，期間Ⅰ，期間Ⅱにおいて「使われる可能性がある」限りは，できるだけ多くを個々の実装へのリードタイムや適切と考えられる実装時期に合わせて開発をすべきである．とくに重要なのは十分な投資をすることである．前述のように，我が国は，再エネ電力のみでエネルギー需要を充たすのが困難（不可能とはいえないが）な国の一つである．そのような国がすべきは，とくにエネルギーサプライヤーとなる可能性が高い国との連携とその強化・安定化であり，そのために，再エネ電力の生産や燃料などへの転換のための技術とシステムを包括的に提供し続けることだと考える．

上記の「十分な投資」は，実装のための投資を合わせて莫大なものになると思われるが，それを民間（企業と投資家）だけで支えるのは不可能である．それゆえに，政府による intensive かつ sustainable な投資が必要になる．我が国は，過去の20〜25年間にGDPがほとんど増加しなかった「世界でも珍しい国」になってしまった．その主因は，企業の努力不足でも産学官による研究開発のやり方の問題でもなく，過去から現在までの財政・経済政策の失敗に次ぐ失敗（たとえば1997年以降の数回の消費税率引き上げ）である．ここ数年の間，米国や欧州で議論を巻き起こした現代貨幣理論（modern monetary theory）[12]は，たとえば，我が国のように自国通貨と自国通貨建の国債を発行できる，対外純資産が十分にある，そして自国通貨が変動相場制にある国の政府がデフォルトに陥るリスクは事実上ゼロであること，政府債務の累積自体に問題はないこと（ほぼすべての先進国で政府債務は増加し続けている），政府の財政赤字はそのまま民間貯蓄（黒字）になること，税は政府の財源というよりもむしろインフレ率の調整手段であること，言い換えると，政府による財政支出に制限はないこと（ただし，GDPに見合わない大きな財政支出をし続けると悪性のインフレになる）などを事実として明らかにした．筆者は経済学者ではないが，以上のことを踏まえると，政府はエネルギーモジュール・システムの開発と実装に intensive かつ sustainable な投資を行い，民間による投資を先導できるはずである．「技術革新は民間主導が望ましく，政府が手を出すべきでない」との考えが民間に普及しているように見える．しかし，Mazzucato[13]は，自身のベストセラー著書 *The Entrepreneurial State* において「政府は投資家，冒険を冒す者，改革者であり，官民一体の研究開発や制度改革を通じて最強の innovator になれる」ことを，事実をベースに示した．

エネルギーに係る工学，社会科学の分野の研究者，技術者，実務者は，特定のモジュールやシステムあるいは経済モデルに拘ってほかを排除するのではなく（ABC 技術 vs. XYZ 技術をやっている場合ではない），共同・連携して，カーボンニュートラル実現のための研究開発・人材育成～政府による十分かつ継続的な投資＋民間投資の好循環を生み出す取り組みを続けるべきであろう．

参考文献（第 6 章）

1）科学技術振興機構低炭素社会戦略センター：情報化社会の進展がエネルギー消費に与える影響（Vol. 1）—IT 機器の消費電力の現状と将来予測—（2019）.
2）日本製鉄：カーボンニュートラルビジョン 2050，2021.
https://www.nipponsteel.com/ir/library/pdf/20210330_ZC.pdf
3）高江俊介：東芝レビュー，**74**，18-21（2019）.
4）経済産業省資源エネルギー庁：エネルギー白書 2018，2018.
5）環境省：わが国の再生可能エネルギー導入ポテンシャル〈概要資料導入編〉，2020.
6）経済産業省資源エネルギー庁：平成 29 年度から 33 年度までの石油備蓄目標（案）について，2017.　https://www.meti.go.jp/shingikai/enecho/shigen_nenryo/pdf/021_07_00.pdf
経済産業省資源エネルギー庁：石油備蓄の現況，2020.
https://www.enecho.meti.go.jp/statistics/petroleum_and_lpgas/pl001/pdf/2020/200415oil.pdf
7）市川貴之：再生可能エネルギー主力電源化のカギをにぎる水素，二次電池の技術展望，学術の動向，**24**，61-65（2019）.　https://www.jstage.jst.go.jp/article/tits/24/7/24_7_61/_pdf
8）世界最大「ギガソーラー＋蓄電池」プロジェクトが米加州に着工，日経 xTECH，2021.
https://project.nikkeibp.co.jp/ms/atcl/19/feature/00003/011400049/?ST=msb
9）新エネルギー・産業技術総合開発機構，日本 CCS 調査：苫小牧における CCS 大規模実証試験 30 万トン圧入時点報告書概要，2020.
https://www.meti.go.jp/press/2020/05/20200515002/20200515002-2.pdf
10）Rice, C.; Ha, S.; Masel, R. I.; Waszczuk, P.; Wieckowski, A.; Barnard. T.: Direct formic acid fuel cells, *J. Power Sources*, **111**, 83-89（2002）.
11）Santawaja, P.; Kudo, S.; Mori, A.; Tahara, A.; Asano, S.; Hayashi, J.-i.: Sustainable Iron-Making Using Oxalic Acid: The Concept, A Brief Review of Key Reactions, and An Experimental Demonstration of the Iron-Making Process, *ACS Sustain. Chem. Eng.*, **8**, 13292-13301（2020）.
12）Wray, L. R.: Modern Money Theory: A Primer on Macroeconomics for Sovereign Monetary

Systems, Palgrave Macmillan (2015).
13) Mazzucato, M.: The Entrepreneurial State, Public Affairs (2015).

演習問題

問題 6.1　化石資源の完全置換に必要となる電力量の推定

我が国おいて発電以外の目的で消費されている化石資源の主な用途は粗鋼生産，セメント生産，輸送用燃料，加熱の四つである．粗鋼生産における石炭消費をすべて電解水素とジュール熱で置き換え（①)，セメント生産における石炭消費をすべてジュール熱で置き換え（②)，さらに，輸送用燃料としての石油・天然ガス消費および加熱のための石油・天然ガス消費をすべて電力で置き換えた（③）場合に，合計でどれだけの電力量が必要になるか，6.2.2 項に示したデータを参考にしながら推定せよ．

略　解

1.1　省略

2.1　(a) 7.55 kJ/mol-CO_2　(b) 173 kJ/mol-CO_2　(c) $\eta_{2nd}=0.11$

2.2　(a) $Q_{WC,CO_2}=2.0$ mol/kg，$Q_{WC,N_2}=0.2$ mol/kg，$R_{pur}=91$ %

(b) $Q_{rec}=1.0$ t-CO_2/day　(c) $M=158.4$ kg

(d) $D=0.41$ m，$L=0.82$ m　(e) $E_{reg}=2.0\times10^3$ kJ/kg-CO_2，$Q_{steam}=37$ kg/h

2.3　(a) $Q_G=230$ m^3/h

(b) $D_{packA}=0.25$ m，$u_{G_{packA}}=1.3$ m/s，$D_{packB}=0.31$ m，$u_{G_{packB}}=0.85$ m/s

(c) $Z=1.6$ m　(d) $W=38$ kWh

3.1　(a) 65 %　(b) 34 %

3.2　省略

3.3　(a) $\Delta\varepsilon^\circ_{T_0}(H_2(g))=235$ kJ/mol　(b) $\Delta\varepsilon^\circ_{T_0}(NH_3(g))=369$ kJ/mol

(c) $\Delta\varepsilon^\circ_{T_0}(NH_3(l)@240\ K)=375$ kJ/mol

3.4　(a) $X_{coal}=0.824$ kg-CO_2/kWh，$X_{oil}=0.725$ kg-CO_2/kWh，
$X_{gas}=0.33$ kg-CO_2/kWh

(b) $U_{coal}=0.877$ 億 t，1.13 億 t 削減可能.

4.1　省略

4.2　省略

5.1　省略

5.2　省略

6.1　① 0.95 億 t の還元鉄（Fe）を製造するために必要な電力（ジュール熱を含む）は，約 2,800 億 kWh.

② 6,100 万 t の石灰石を生石灰に転換するのに必要な熱量（ジュール熱）は約 300 億 kWh.

③ 発電以外の石油・天然ガスのエネルギーとしての利用を電力で代替するために必要な電力は約 7,800 億 kWh.

合計，約 1 兆 900 億 kWh.

索　引

■数字・アルファベット

■あ行

■か行

■さ行

■た行

■な行

■は行

■ま行

■や行

■ら行

■わ行

カーボンニュートラルへの化学工学
CO_2 分離回収，資源化からエネルギーシステム構築まで

令和 5 年 1 月 30 日　発　　行
令和 5 年 5 月 20 日　第 2 刷発行

編　者　公益社団法人 化 学 工 学 会

発行者　池　田　和　博

発行所　丸善出版株式会社
〒101-0051　東京都千代田区神田神保町二丁目17番
編集：電話(03)3512-3263 ／ FAX(03)3512-3272
営業：電話(03)3512-3256 ／ FAX(03)3512-3270
https://www.maruzen-publishing.co.jp

組版印刷・創栄図書印刷株式会社／製本・株式会社 松岳社

ISBN 978-4-621-30772-4　C 3058　　Printed in Japan